EINSATZ!

Hubschrauberpiloten berichten aus dem Cockpit

Bildrechte

Cover und Titelei	ARA Flugrettung, Friesecke, Mühlberger/Bergwacht Füssen
Personnel Recovery im Hochgebirge Afghanistans:	Krautscheid
Humanitäre Hilfe im Südsudan:	Schaubensteiner
Ein arktischer Reisebericht - Fliegen im ewigen Eis:	Helwig
Verschollen im indischen Himalaya:	Biner
UN Mission am Horn von Afrika:	Vogel, von Scheffer
Notlandung im brennenden Rettungshubschrauber:	Petersik, Dorree
Ein Fliegerleben fernab der Norm:	Heilmann
Kunstflug mit Hindernissen in Arabien:	Wilke
Erdbebenhilfe in Pakistan:	Piotrowski, Classen, Sitter
Verfolgungsjagd aus der Luft:	Polizeifliegerstaffel NRW
Fliegen wo die Marineflotte kämpft:	Gawlitza, Kißling, Pannasch, Marinefliegergeschwader 5
Nächtliche Windenrettung in den Alpen:	Hommel, ARA Flugrettung
Hochwasserkatastrophe 2021:	Schaubensteiner, Tack, Schüller, DLRG Leichlingen, Bundeswehr, Süßmuth, Nico, König, Dierkes
Search and Rescue über See:	Nielsen
Gerade nochmal gut gegangen:	Stirn, Paul
Fliegen im Unruhestand – ein zweites Berufsleben in Afrika:	von Scheffer, Ziegler

Einbandgestaltung: schreiberVIS, Seeheim

ISBN 978-3-613-04754-9

Dieses Buch wurde nach den geltenden Vorschriften der General Product Safety Regulation (GPSR) entwickelt. Bei Fragen oder Problemen wenden Sie sich bitte an den Verlag unter folgender E-Mail-Adresse: gpsr@paul-pietsch-verlage.de

Ein Unternehmen der Paul Pietsch-Verlage GmbH & Co. KG

1. Auflage 2025

Layout, Satz und Prepress: schreiberVIS, Seeheim
Druck und Bindung: Graspo CZ, 76302
Printed in Czech Republic

Inhalt

Sehr geehrte Leser,
als aviatikbegeisterter Junge war ich in den Büchereien immer auf der Suche nach neuer Literatur aus der Hubschrauberfliegerei. Das Internet steckte noch in den Kinderschuhen, YouTube war noch nicht erfunden und außer den sowieso schon wenigen Fachbüchern über Drehflügler konnte ich nur äußerst selten niedergeschriebene Erlebnisse aus dem Cockpit in Buchform finden. Das wenige Material, das es gab, handelte meist von US Army-Piloten im Vietnamkrieg, was mir auf Dauer zu eintönig war.

Dem Militär war ich nie abgeneigt. Im Gegenteil, es sollte später Teil meines Lebens werden. Jedoch weiß wahrscheinlich jeder von Ihnen auch, wie weitaus vielschichtiger ein Hubschrauber eingesetzt werden kann als „nur" bei den Streitkräften. Warum fehlte also dann genau in diesem Bereich etwas persönlich erzähltes, wenn es doch so interessant wäre?

Die Jahre vergingen, mittlerweile hatte ich es selbst ins Cockpit geschafft und doch blieb eine Lücke: Die des für mich fehlenden Buches. In der Zwischenzeit hatte ich aber Alexander Burden vom Motorbuch Verlag kennengelernt, dem ich genau das eines Tages erläuterte: „Ihr habt wahnsinnig tolle Technikbücher aber kein einziges, das eine persönliche Geschichte darüber erzählt." Seine Antwort war so kurz wie prägnant: „Na dann mach doch einfach!"

Aus diesem Dialog und Vertrauensvorschuss entstand eine Idee: Eine Sammlung von Erlebnissen im Hubschraubercockpit. Für mich war klar, dass es die ganze Bandbreite sein musste. Luftrettung, Militär, Polizei und was die Hubschrauberei sonst noch so zu bieten hat. Dem Gedankengrundgerüst folgten viele Telefonate, Treffen, Emails und Chats.

Zwei Jahre nach Beginn dieses Projektes kann ich Dir – in der Heli-Fliegerei sagt man Du – nun stolz genau das präsentieren, was ich mir selbst vor 30 Jahren gewünscht habe: Eine Sammlung von Hubschraubergeschichten, wie es sie zuvor noch nicht gab. Jeder Autor hat seine eigene Story mit seiner eigenen Handschrift hinterlassen. Echt und authentisch. Nicht jede Geschichte beinhaltet Bilder aus den erzählten Geschehnissen, denn teilweise gab es schlichtweg keine Kamera oder keine Gelegenheit in diesen Momenten. Dennoch habe ich zusammen mit den Autoren versucht, Dir auch dann einen möglichst guten Einblick durch Abbildungen zu geben, indem wir Bilder ausgesucht haben, die im Kontext mit dem Erzählten stehen.

Ich bin stolz darauf, dass namhafte Autoren genauso wie Freunde, Kollegen und Vorbilder, nun Teil dieses Buches sind. Du wirst nicht enttäuscht sein. Denn fernab der komprimierten Nachrichten im Fernsehen oder dramatisch gestalteten Reportagen verrichten jeden Tag Profis ihren Dienst im Cockpit, die ohne viel Pathos Großartiges vollbringen. Und einen kleinen Teil davon haben sie hier mit Dir geteilt. Ich wünsche Dir viel Spaß mit diesem Buch.

Mein Dank geht an:
- Alle Autoren für die Beteiligung an diesem Buch. Ohne Euch würde dieses Werk nicht existieren. Ich bin mehr als stolz, Euch zu kennen und mit an Bord zu haben. Dreien möchte dabei besonders danken: Andy Helwig, ohne den ich vielleicht nicht in der Luftrettung gelandet wäre. Frank Krautscheid, der für mich immer ein Vorbild als Offizier war und als Fluglehrer mir unglaublich viele kleine Goldkörnchen mitgegeben hat. Sowie Andrej Classen, der uns als junge Piloten an die Hand nahm und Menschlichkeit, gepaart mit großem Fliegerfachwissen vorgelebt und vermittelt hat.

- Meine Liebsten, Familie, Freunde, Kollegen, Kameraden sowie alle Nazguls, insbesondere die der Zwoten. Ihr wisst, wer Ihr seid.
- Bruno Satzinger, Heinz Erber, Peter und Remelyn Thoma, Franz Mayer sowie Bernhard Stadler, die mich über Jahre hinweg auf meinem Weg ins Cockpit unterstützt haben.
- Günter Scharnagl (Militärgeschichtliche Sammlung Laupheim), Tanja Wendt (Mediendatenbank der Bundeswehr), Marinefliegergeschwader 5, Michael Schweiger und Christian Brunnlechner (ARA Flugrettung), Patrick Schüller (emergency-report.de), Frank Scheid (DLRG Leichlingen), Bergwacht Füssen, Tom Ziegler sowie Arno Sitter für die großartige Zuarbeit und fixen Freigaben von Bildmaterial.
- Alexander Burden für das Vertrauen in dieses Projekt, Joachim Schreiber für seine Geduld und Hingabe als Grafiker und Benni Kober für das Lektorat.
- Robert Busse, mein Schatten-Co, größter Kritiker und treuer Freund.

Der Reinerlös dieses Buches geht an eine Ergotherapie-Praxis für Kinder in Friedrichshafen.

Ich widme dieses Buch meinem Sohn. Mögen all Deine Träume in Erfüllung gehen. Und vergesse dabei nie: Gegenwind sorgt stets für Auftrieb.

Johannes Karl

Johannes Karl

Johannes Karl ist Rettungshubschrauberpilot und leidenschaftlicher Netzwerker. Aufgewachsen in der Nähe des Militärflugplatzes Manching und einer Klinik mit Hubschrauberlandeplatz, wurde seine Begeisterung für die Fliegerei bereits in jungen Jahren geweckt. Nach einer Ausbildung zum Kfz-Mechatroniker und dem anschließenden Fachabitur verpflichtete sich Johannes Karl bei der Bundeswehr, wo er zum Offizier und Hubschrauberpiloten ausgebildet wurde. Nach über einem Jahrzehnt bei der Bundeswehr wechselte er in die Luftrettung. Sein Berufsweg ermöglichte es ihm, zahlreiche Fliegerveteranen kennenzulernen und ihre faszinierenden Geschichten zu hören. Mit seinem Sammelwerk gewährt er einen exklusiven Einblick in die spannende Welt der Hubschrauberfliegerei. Packende Stories, erzählt von echten Profis.

Personnel Recovery im Hochgebirge Afghanistans

Denkt man an Afghanistan, so hat man Krieg, Armut, Wüste und unbarmherzige Berge vor Augen. Um den Terrorismus zu vertreiben und den Frieden herzustellen, hatte die Bundeswehr dort über zwei Jahrzehnte lang Truppen stationiert. Diese sollten auch CH-53 Hubschrauber umfassen, die im Oktober 2004 zu einer außergewöhnlichen Mission aufbrechen sollten: Die Rückführung von versprengten Soldaten im unzugänglichsten Teil des Landes.

von Frank Krautscheid

Seit April 2002 waren deutsche Heeresflieger mit Hubschraubern CH-53 GS im Rahmen des ISAF-Auftrags (International Security Assistance Force) in Afghanistan, zunächst im Raum KABUL, im Einsatz. Mit der UN-Resolution 1510 von Oktober 2003, wurde die Ausweitung des ISAF Engagements auf ganz Afghanistan beschlossen und Deutschland übernahm in Folge die Führung des Regional Command North (RC North) am Standort MAZAR-E SHARIF und war damit verantwortlich für Nordafghanistan. Mit diesem neuen Auftrag wurde die Heeresfliegerstaffel im Februar 2004 von KABUL nach TERMEZ, im Süden Usbekistans an der Grenze zu Afghanistan, verlegt. Der dort bereits seit dem Beginn der ISAF Mission von Deutschland betriebene Lufttransportstützpunkt, mit einem Luftwaffenkommando Transall C-160, wurde damit zum Einsatzgeschwader TERMEZ ausgebaut. Der Auftrag des Einsatzgeschwaders war im Wesentlichen den Lufttransport von Personal und Material für ISAF-Kräfte und die Bereitstellung der notfall-medizinischen Versorgung von Patienten (MEDEVAC Fähigkeit) mit CH-53 GS und Transall C-160 sicherzustellen. So kam es dazu, dass das Einsatzgeschwader, in dem ich als Staffelkapitän (Chef) der Transporthubschrauber CH-53 und Transall C-160 Besatzungen eingesetzt war, am 18.10.2004 den Auftrag für einen besonderen MEDEVAC Flug (Medizinischer Evakuierungsflug) erhielt.

Die Vorgeschichte zu diesem MEDEVAC Flug der „Mission Rescue 51" beginnt am 12.10.2004, Quelle „The Washington Times" vom 13.10.04:

„Am 12.10.2004 musste ein UN Hubschrauber vom Typ Mi 8 wegen eines Triebwerkfehlers im verschneiten Pamirgebirge der Provinz Badakhshan notlanden. Die drei Mann Besatzung, drei Wahlhelfer und zwei Polizisten hatten die Aufgabe, Wahlurnen im Nordosten Afghanistans einzusammeln. Eine amerikanische Hercules C-130 warf, nach Aussage der US-Armee, am gleichen Tag noch Versorgungsgüter für den Notfall, wie Schlafsäcke und Nahrungsmittel, mit dem Fallschirm ab. Die Gruppe hatte Unterschlupf in einer verlassenen Hütte gefunden. Am 13.10.04 sollte, nach Angaben des US-Militärs, ein amerikanischer Hubschrauber die Rettung der Gruppe versuchen."

Das Einsatzgeschwader TERMEZ wurde am 13.10.04 durch das Hauptquartier der International Security Assistance Force Afghanistan (HQ ISAF) über den Vorfall informiert. Ich sollte prüfen, ob der notgelandete Hubschrauber mit einer CH-53 geborgen werden könnte. Nach der gemeldeten Koordinate war die Mi 8 in ca. 17.500 ft (5330 m) MSL (= über dem Meeresspiegel) notgelandet. Zwei Tage später bekamen wir eine korrigierte Koordinate, etwa 8 km versetzt, mit einer etwas geringeren Höhe von ca. 16.500 ft (5030 m) MSL.

Die von Deutschland eingesetzte CH-53 GS hat gemäß ihrer Zulassung eine Dienstgipfelhöhe von 16.000 ft (4880 m) MSL. Da der Notlandeort der Mi 8 über diesem Limit lag und es nicht um Leib und Leben ging, hätte damit im Prinzip schon die Prüfung des Auftrags ablehnend abgeschlossen werden können. Hinzu kam, dass das Leergewicht einer nicht zer-

← Ausschnitt Nord-Ost Afghanistans. Rot unterstrichen Termez, Kunduz und Faizabad, die als Basis bzw. Zwischenlandeplätze fungierten. Im schmalen Zipfel rechts der Wakhan Corridor, wo sich die zu rettenden Personen befanden.

↓ Notlandegebiet des UN- Hubschraubers.

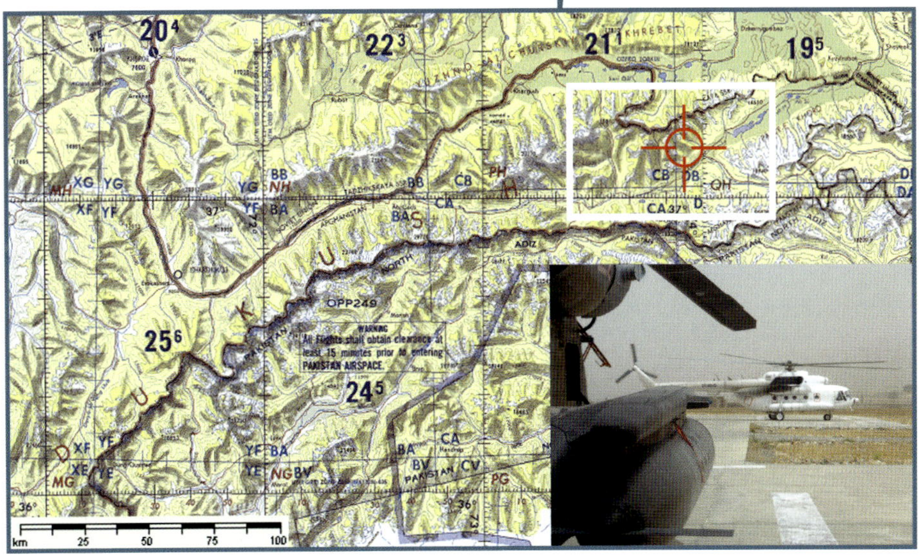

legten Mi 8, je nach Version, zwischen 7–8 Tonnen liegt. Mit diesem Gewicht, in Verbindung mit der Höhe, war eine Bergung an diesem Ort mit keinem Hubschrauber der Welt möglich.

In den folgenden Tagen wurde die Anfrage wiederholt gestellt. Dann ging es aber auch um die Rückholung des Personals. Da zu diesem Zeitpunkt keine akute Gefahr um Leib und Leben für das Personal bestand, wurde die Anfrage stets aus den bekannten Gründen (Höhe, Gewicht) abgelehnt.

Am 18.10.04 10:00 Uhr lcl (lokal = Ortszeit) in KABUL, erhielt das HQ ISAF und die amerikanische Combined Joint Task Force 76 (CJTF 76) in BAGRAM einen Anruf sowie eine schriftliche Anfrage von Vertretern der United Nations Assistance Mission in Afghanistan (UNAMA) für einen MEDEVAC Flug, da einer der sechs von der UNAMA beauftragten Joint Electoral Management Board (JEMB) Personals, an der lebensbedrohlichen Höhenkrankheit erkrankt sei und alle Personen unverzüglich evakuiert werden müssten. Der Standort des Personals sollte nun bei der Koordinate N 37.07.49 E 073.59.30 in ca. 12.600 ft (3840 m) MSL sein. Dies war ungefähr 7 km von der letztgenannten Koordinate entfernt.

Die Operationszentrale (OPZ) des Einsatzgeschwader TERMEZ wurde von dem Leiter des Combined Rescue Coordination Center (CRCC) im HQ ISAF über die neue Situation informiert und sollte erneut die Durchführbarkeit einer Rettungsmission prüfen. Sehr interessant war, dass nach diesen Informationen nun die Rettung von vier Wahlhelfern (vormals drei) und zwei Polizisten, aber nicht mehr von der Besatzung der Mi-8 die Rede war. Wo diese geblieben war, blieb unbeantwortet.

Mit dem Kriterium, dass es nun darum ging, Menschen in Lebensgefahr zu retten und es sich nur noch um Personen handelte, die sich auch nicht mehr in der ganz großen Höhe befanden, wurden nochmals alle Möglichkeiten für eine Rettungsmission von mir geprüft. Nach der Wettervorhersage und den Erfahrungen mit dem Wetterverlauf der vorherigen Tage, war eine Rettung nur in den frühen Morgenstunden möglich.

Drei Hubschrauber CH-53 GS, inklusive die als Großraumrettungshubschrauber (GRH) ausgestattete CH-53, mit einem Arzt und Rettungsassistenten an Bord, waren seit dem frühen Morgen des 18.10.2004 im Raum KUNDUZ, FAIZABAD unterwegs, um deutsche Verstärkungskräfte (Luftlandepanzer Wiesel und Soldaten) zu verlegen.

Um Zeit und Flugstunden zu sparen, plante ich die Mission mit diesen CH-53 durchzuführen. Sie befanden sich u.a. schon deutlich näher an dem Zielgebiet. Der Startplatz für die Rettungsmission sollte deshalb FAIZABAD sein. Für die Flugstrecke von FAIZABAD ins Zielgebiet, musste ich alleine schon ca. 01:45 h Flugzeit einplanen. Ebenso wollte ich den Beginn des Einsatzes in den sehr frühen Morgenstunden des Folgetags (19.10.) legen, um so gemäß der Wettervorhersage, das größtmögliche Zeitfenster für den Flug zur Verfügung zu haben.

Kurz darauf standen alle wesentlichen Eckdaten fest und so konnten wir bereits nur 01:15 h, nach Eingang der Anfrage an das Hauptquartier ISAF in Kabul und an das Provincial Reconstruction Team (PRT) KUNDUZ die ersten Informationen für die Durchführung einer Rescue Mission melden.

Im weiteren Verlauf der Vorbereitungen wurden vorsichtshalber eine Diplo Clearance (Erlaubnis für das Einfliegen in ein fremdes Hoheitsgebiet) für Tadschikistan über den deutschen Botschafter in Duschanbe eingeholt, Flugpläne erstellt und alle relevanten Dienststellen in Tadschikistan, Afghanistan, Usbekistan, möglichst direkt per Telefon, über die geplante Rescue Mission informiert. Denn ein großer Teil der geplanten Strecke verlief entlang von Landesgrenzen und reichte bis ca. 30 km an die chinesische Grenze heran.

Aber auch im Falle von eigenen Notlagen/Wetterverschlechterungen wären durch die höchsten Erhebungen des Hindukuschs, südlich der geplanten Flugroute mit Höhen bis 7700 m MSL, nur ein Ausweichen nach Norden, sprich nach Tadschikistan und Usbekistan möglich gewesen.

Einen Tag später (19.10.) erfuhren wir noch, dass genau an dem Tag der Rescue Mission Wladimir Putin, Präsident der russischen Föderation, zu Besuch in Tadschikistan weilte und die Grenztruppen zu Afghanistan, darunter eine Division russischer Soldaten, dafür in erhöhte Alarmbereitschaft versetzt worden waren. Während dieser fliegerischen Planungen, stellten Angehörige des Einsatzgeschwaders eiligst zusätzlich benötigtes Material für die Mission zusammen. Das waren z. B. Schlafsäcke, EPA-Verpflegungsrationen, Wolldecken, Überlebensausstattung Wüste/Polar/Hochgebirge, Trinkwasser und Nachtsichtbrillen (NVG = Night Vision Goggles). Dazu Sauerstoff-Notversorgung für die Besatzungen, sogenannte „Flowtimer", die für Flüge über 12.000 ft MSL zu verwenden sind, um der Hypoxie vorzubeugen. Nicht zu vergessen die medizinische Ausstattung und Medikamente für die zu erwartenden Krankheitsbilder, der zu rettenden Personen.

Was passierte noch so am frühen Nachmittag?

18.10., 13:25 lcl Kabul

Als am Nachmittag das HQ ISAF den Chef der JEMB der UNAMA anrief und mitteilte, dass wir die Rescue Mission durchführen, antwortete dieser, dass auch die amerikanische CJTF 76 in BAGRAM den Auftrag bestätigt hätten und ebenfalls fliegen wollten. Weitere Hilfe von den ISAF Kräften sei deshalb nicht mehr nötig. Das HQ ISAF beschloss aber die Vorbereitungen weiter laufen zu lassen, um eine zweite Option offen zu halten.

18.10., 13:30 lcl Kabul

Das HQ ISAF fragt bei der CJTF 76 bzgl. deren Operationsplanung nach und bietet die Unterstützung von ISAF an. Nach der Planung der Amerikaner soll eine US-Hercules C-130 noch an dem Tag „Pararescuemen" (PJs = Emergency Medical Technician = medizinisch ausgebildetes Rettungspersonal) über dem Gebiet abspringen lassen und man plant am 19.10. bei Tagesanbruch, mit drei US-MH-53-Hubschrauber, die PJs und das UNAMA Personal im Zielgebiet BUZAI GUMBAD auf zu nehmen. Die deutschen Hubschrauber sollen nur als Ausweichlösung in FAIZABAD verbleiben. Es würde keine Unterstützung benötigt.

18.10., 13:35 lcl Kabul

CJTF 76 informiert HQ ISAF, dass 4 US-Soldaten (2 Fallschirmjäger und 2 Paramedics) um 14:30 lcl KABUL über dem Zielgebiet abspringen. Zudem wollen sie am nächsten Morgen nun mit zwei MH-53, unterstützt von einem Tanker zur Luft zu Luft Betankung und einer Hercules C-130 als On Scene Commander (OSC = ein vor Ort befindlicher Koordinator einer Rettungsmission), die Abholung durchführen.

18.10., 14:00 lcl Kabul

HQ ISAF informiert die OPZ des Einsatzgeschwader TERMEZ über die Pläne der Amerikaner. Als Rückmeldung erhält das HQ ISAF die Information, dass es für uns kein Problem wäre ggf. die 4 US-Soldaten mit aufzunehmen.

→ Transall C-160 in TERMEZ rollt zum Start.

→ Flugplatz KUNDUZ.

↓ Verbindungsaufnahme mit der OPZ in TERMEZ über Satellitentelefon.

Als die Vorbereitungen und Planungen abgeschlossen waren, verlegte ich als taktischer Führer mit einem zusätzlichen Bordtechniker CH-53 der eine Gebirgsflugberechtigung hatte und ca. 1,5 to an Güter, gegen 15:30 lcl mit einer deutschen Transall C-160 von TERMEZ nach KUNDUZ.

Dort nahm ich dann mit den Besatzungen der drei CH-53 GS, die gerade ihren Einsatz beendet hatten und betankt wurden, Verbindung auf. Sie waren bereits über Satellitentelefon von meinem Eintreffen informiert worden. Nach einer kurzen Lageeinweisung fand mit vereinten Kräften per Hand die Umladung des Materials aus der Transall C-160 in die Hubschrauber statt, um dann so schnell wie möglich in Richtung FAIZABAD zu starten. Dort landeten wir dann mit Sonnenuntergang ca. 18:30 lcl.

Das deutsch geführte Provincial Reconstruction Team (PRT) FAIZABAD unterstützte die Aktion, trotz ihrer eigenen

↑ Auf dem Flugweg nach FAIZABAD.

← Landung am Flugplatz FAIZABAD.

nur sehr eng begrenzten Mittel, ganz hervorragend. Sie stellten die Bewachung der Hubschrauber auf dem Feldflugplatz sicher und sorgten sogar für Frischverpflegung, was die Besatzungen sehr freute, da sie bereits seit dem frühen Morgen ohne Pause unterwegs waren.

So haben wir uns gut verpflegt und konnten gestärkt die weiteren Vorbereitungen angehen.

Damit die für die Rettungsmission erforderliche Flughöhe erreicht werden konnte, um das Zielgebiet erreichen zu können, war es elementar wichtig, die Hubschrauber so leicht wie möglich zu machen. Auf dem Flugweg mussten wir definitiv die für diesen Hubschrauber erlaubte Flughöhe von 16.000 ft (4880 m) überschreiten.

Deshalb legte ich die nur absolut notwendig mitzunehmende Ausrüstung fest. Dazu ließ ich u. a. bei den zwei CH-53, die die Mission durchführen sollten, die Bewaffnung ausbauen und somit konnte ich damit auch auf die „Doorgunner" (Bordschützen) als Besat-

↑→ „Das Leben in der Lage“. Der Soldat mit der Schöpfkelle ist niemand anderes als Andrej Classen, Autor des Pakistan-Erdbeben-Berichts.

zungsmitglieder verzichten. Das war auch möglich, da es in dem abgelegenen Zielgebiet, bis dahin nie eine Kampfhandlung stattgefunden hatte. Ebenso brauchten wir bei einer Landung in der Region nicht mit der Gefahr von Minenfeldern zu rechnen.

Mit den ganzen Maßnahmen konnte das Grundgewicht der Hubschrauber so minimiert werden, dass ich nach entsprechender Leistungsberechnung für eine gedachte Flughöhe von 18.000 ft (5500 m), Treibstoff für ca. 5 h an Bord nehmen konnte. Dies war nötig, da planerisch allein für den Hin- und Rückflug eine Flugzeit von 3:30 h angenommen werden musste.

Für den Fall, dass wir am geplanten Landeplatz, mit dem dann vorhandenen Gesamtgewicht des Hubschraubers nicht landen oder nach Aufnahme der zu rettenden Personen, nicht starten könnten, würden wir dann ggf. nicht benötigten Treibstoff „dumpen“, sprich aus den Tanks ablassen.

Ich beschloss nach den letzten Wetterinformationen ca. 1 h vor Sonnenaufgang also 05:00 lcl von FAIZABAD aus zu starten. Abschließend hielt ich noch das Mission Briefing (Befehlsausgabe) im Hubschrauber ab. Dann noch letzte Checks und ab in die „Koje“ (Sitzbank im Hubschrauber).

Was passierte in der Zwischenzeit in KABUL, KUNDUZ, TERMEZ und BAGRAM?

18.10., 16:30 lcl Kabul

Das HQ ISAF bekam eine E-Mail vom PRT KUNDUZ und dem dortigen Verbindungsmann der UNAMA (United Nations Vertreter). Die vier afghanischen Wahlhelfer und zwei afghanische Polizisten haben ihre Position verlassen und sind auf dem Weg nach Westen um einen möglichen Hubschrauberlandeplatz aufzusuchen, Koordinate N 37°05,0 E 073°24,5. Diese Position war wiederum ca. 50 km Luftlinie von der letzt bekannten Position entfernt. Das amerikanische PARA Rescue Team war nicht bei den Afghanen.

18.10., 18:00 lcl Kabul

CJTF 76 informiert das HQ ISAF, dass sie Kontakt mit den 6 „Isolated Personel" (IPs = zu rettende Personen) haben und dass sie ihre Position halten sollen.

18.10., 18:30 lcl Kabul

CJTF 76 meldet die neue Position der 6 IPs und der 4 PJs, N 37°08,45 E 074°00,44, was schon wieder ca. 53 km in der entgegengesetzten Richtung der vom Verbindungsmann der UNAMA gemeldeten Position war.

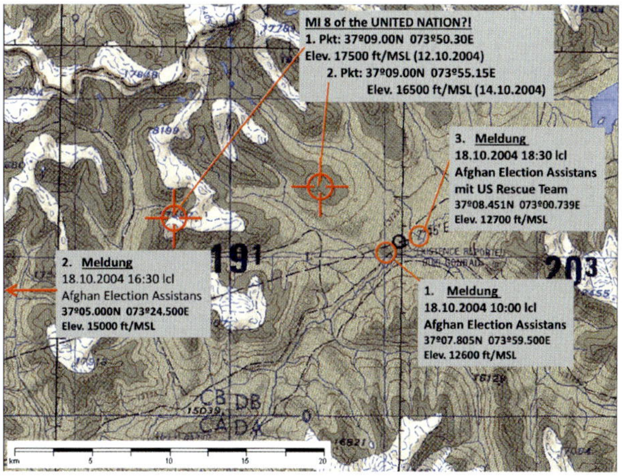

18.10., 18:40 lcl Kabul

HQ ISAF teilt der CJTF 76 mit, dass ich am 19.10. um 05:00 lcl starten will und aufgrund des schmalen Zeitfensters die Amerikaner mit deren geplanten Start um 05:30 lcl dann nur zweite Option sein sollten.

Zusätzlich wird nun auch von der OPZ des Einsatzgeschwader eine deutsche Transall C-160 als Relaisstation bzw. On Scene Commander (OSC) über dem Zielgebiet geplant und angemeldet.

18.10., 20:35 lcl Kabul

Immer noch keine Entscheidung der Amerikaner. Der HQ ISAF erklärt der CJTF 76 das wir bereit für den ersten Versuch sind, zumal wir auch näher an dem Zielgebiet wären. Wie auch immer, CJTF 76 besteht darauf erste Priorität zu haben, da es sich auch um ihre Männer am Boden handelt. Sie entscheiden sich jetzt auch um 05:00 lcl zu starten, sie wollen es weiterhin alleine durchführen.

Auf Bitten des HQ ISAF wird ein letzter GO NO GO Zeitpunkt, sprich Entscheidungszeitpunkt zur Durchführung der Rescue Mission für 02:30 lcl Kabul festgelegt. Im Falle von GO würden die CH-53 weiter als Ausweichlösung bereitgehalten.

Über all diese Vorgänge wurde ich persönlich in FAIZABAD zunächst nicht informiert. Zum einen weil man uns schlafen lassen wollte, zum anderen um uns nicht zu demotivieren.

18.10., 23:45 lcl Kabul

CJTF-76 RCC ruft HQ ISAF an und fragt nach der aktuellen Position der sechs IPs. HQ ISAF ist total überrascht, da die PJs und IPs ja zusammen sein sollten. Dies wurde nun nicht mehr bestätigt. Die PJs hatten nur Kontakt zu anderen einheimischen Afghanen, aber nicht zu den IPs.

19.10., 03:00 lcl Kabul

Die Amerikaner melden wegen der Wettervorhersage eine NO-GO Entscheidung. Eine stark gefallene Null Gradgrenze erfordert aus deren Sicht eine Verschiebung der Aktion um 24 h. Sie gaben noch einmal die Position der PJs durch und hatten aber weiterhin keine Information über den Standort der sechs IPs.

19.10., 04:30 lcl Kabul

Ich nahm wieder Kontakt mit der OPZ des Einsatzgeschwader TERMEZ über Satellitentelefon auf, um letzte Informationen zu erhalten.

Dabei erhielt ich erstmals Informationen bzgl. der geplanten amerikanischen Rettungsmission bzw. von deren Verschiebung um 24 h. Deshalb wurde mir nun Priorität eingeräumt und ich bekam die freie Entscheidung, ob wir die „Mission Rescue 51" durchführen.

Das Wetter, gem. unserem Wetterberater (Kapitänleutnant K.), sollte wie vorhergesagt für die ersten Stunden des Tages kein Problem sein. Der Blick nach draußen in FAIZABAD, zeigte mir auch einen fast noch sternenklaren Nachthimmel. Im Laufe des Tages sollten Wolken die Zugänge/Ausgänge der Täler blockieren. Ebenso ich erhielt die Information, dass die „PJs" doch keinen Kontakt mit den afghanischen IPs hatten sowie die Telefonnummer für das Satellitentelefon der IPs, wovon allerdings niemand Englisch sprach. Deshalb hatte ich mir auch schon vorsichtshalber einen Sprachmittler für Dari, Feldwebel N. vom PRT FAIZABAD mit an Bord geholt. Eine Verbindung zu den IPs konnten wir aber nicht aufbauen. Wie wir später erfuhren, war der Akku für das Satellitentelefon mittlerweile leer.

So hatten wir nur eine ca. drei Tage alte Koordinate über ihren möglichen Aufenthaltsort.

Deshalb beschloss ich zuerst zu den Amerikanern zu fliegen. Ihre Position war sicher. Ggf. hatten sie dort doch noch weitere neue Informationen.

Das Wetter ermöglichte uns den ersten Streckenabschnitt etwas abzukürzen. Dabei wurden bereits Flughöhen von über 16.500 ft MSL (ca. 5000 m) erreicht. Das Bild (Seite rechts oben) zeigt das Tal nach dem Navigationspunkt HIKU5, den Grenzfluss zwischen Tadschikistan (links) und Afghanistan (rechts) erkennbar.

← Kurz vor dem Start in FAIZABAD war zumindest ausrüstungsmäßig alles bereit. Die NVG (Night Vision Goggles) und Flow Timer (Sauerstoffversorgung) sind angelegt.

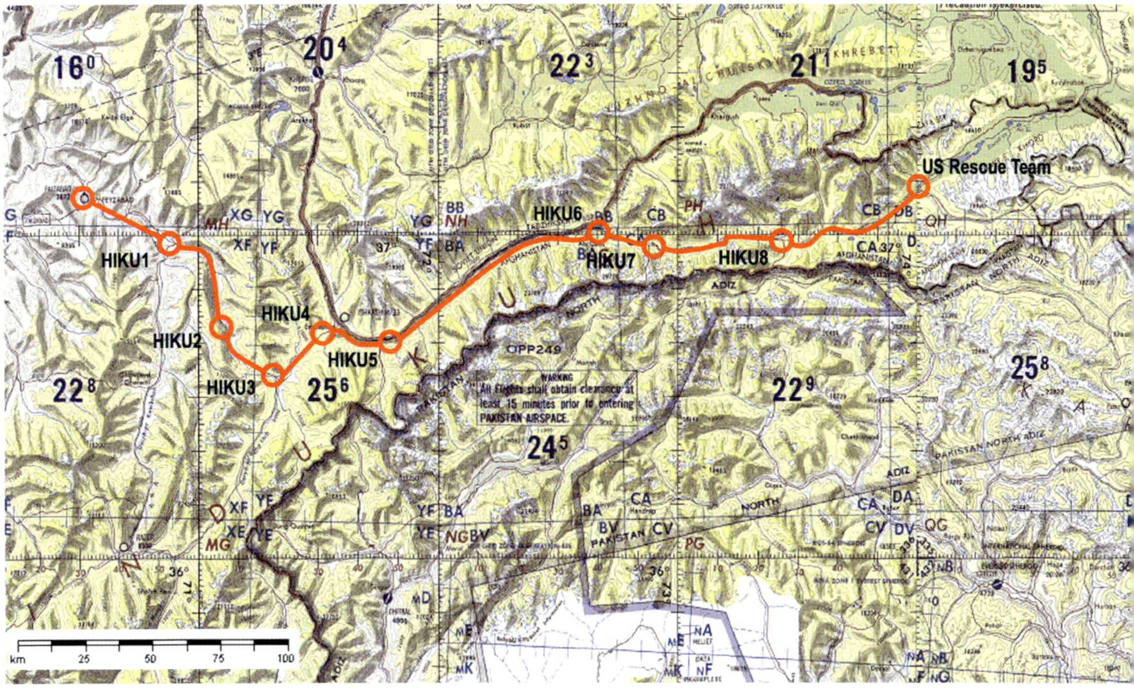

↑ Die geplante Route verlief überwiegend durch Täler, deren Talgrund aber schon mindestens die Höhe der Zugspitze hatte oder höher lag.

← Der Flug vorbei am Noshak, der höchste Berg Afghanistans mit etwa 7500 m MSL.

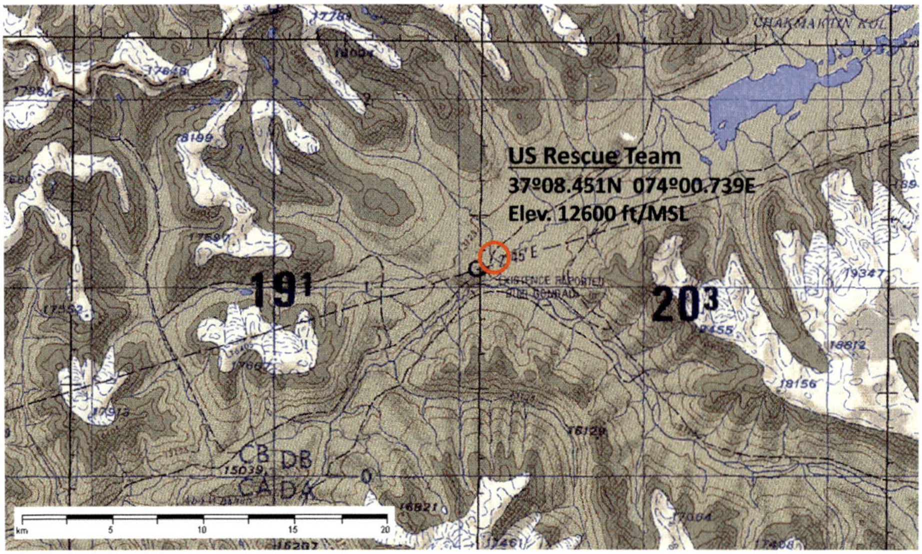

↑ Wir fanden die Amerikaner dann auch fast unmittelbar an der angegebenen Position. Funkkontakt konnten wir vorab nicht mit ihnen aufnehmen, da sie eine Frequenz nutzten, die wir in unseren Funkgeräten nicht einstellen konnten.

↑ Hier ein Eindruck des Landegebiets.

↑ US-Soldaten machten sofort mit einem gezündeten Rauchkörper auf sich aufmerksam.

← Abgekämpft aber glücklich – das gerettete US-Personal in der CH-53.

Nach Kontaktaufnahme und Identifizierung durch mich am Boden, wurden nun tatsächlich fünf und nicht wie gemeldet vier US-Soldaten und der größte Teil ihrer Ausrüstung an Bord einer CH-53 genommen.

Bei Ihnen hielt sich auch ein mit einem Kalaschnikow-Gewehr bewaffneter Afghane auf, der zuerst auch mit ins Tal mitgenommen werden wollte, dem ich zustimmte, wenn er mir vorher seine Waffe und Munition übergibt. Als er aber merkte, dass die Amerikaner, einen Teil ihrer Ausrüstung, wie z. B. die Fallschirme zurückließen, wollte der Afghane nicht mehr mitfliegen und dort verbleiben.

Zwei der US-Soldaten hatten schon nach einem Tag Probleme mit der Höhenluft und der Kälte, was bei nächtlichen Temperaturen von –15° bis –20° nicht überraschte.

Bereits auf dem Hinflug zu den US-Soldaten war mir eine Hütten- und Zeltansammlung aufgefallen, wo ich einen Mann auf einem kleinen Hügel erkannte, der wohl eine Flagge hochhielt.

↑ Mit Pfeil markiert die Person, die mir im Vorbeiflug auffiel.

Da ich keinen weiteren Anhaltspunkt hatte und auch von den PJs keine neuen Informationen über den möglichen Aufenthalt der IPs bekam, entschied ich dorthin zurückzufliegen, zu landen und Erkundigungen einzuholen. Dieser Punkt war etwa 15 km von dem Aufnahmepunkt der Amerikaner entfernt.

Normalerweise kann man in Afghanistan eine „Brown out" Landung erwarten, d. h. bei der Landung gibt es eine starke Sichteinschränkung durch den aufgewirbelten Staub/Dreck, was zu einer Desorientierung der Piloten führen kann. In diesem Fall war nun eine Landung mit der Gefahr eines „White out" zu berücksichtigen. Es lag allerdings nur eine recht dünne Schicht Pulverschnee, so dass sich nur eine mäßige „Schneewalze" bildete. Nach der Landung wurden wir freundlich von den Männern der Sippe empfangen und mit Hilfe meines Sprachmittlers stellten wir schnell fest, dass die sechs gesuchten Afghanen und vier Wahlurnen in einer Hütte sind.

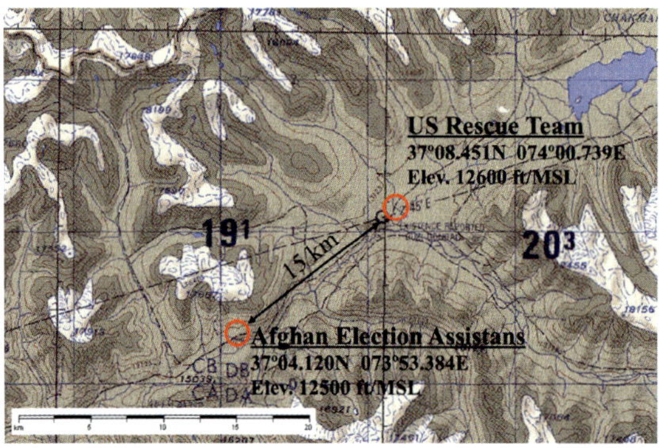

→ Die Aufnahmepunkte der beiden Gruppen.

Da die IPs zum Teil nicht mehr reisefähig waren und offensichtlich nicht mehr damit rechneten, abgeholt zu werden, hatten sie ein Abkommen mit der Sippe getroffen. Sie wollten sich mit neun Tragtieren, die für fünf Tage ausgeliehen werden sollten, nach FAIZABAD

← Schneelandung im verlassensten Zipfel Afghanistans.

tragen lassen. Die Tiere sollten pro Stück und Tag 20 $ kosten (durchschnittliches Monatseinkommen in AFG ca. 40 $). Sie wären eigentlich an diesem Tag losgezogen. Nun wollte die Sippe für den entgangenen Verdienst das Entgelt für wenigstens einen Tag erhalten, also 180 $. Da die Triebwerke der Hubschrauber im Hintergrund liefen, sie sollten in einer solchen Höhe nicht abgestellt werden, da man sie wegen der „dünnen" Luft (geringe Luftdichte) nicht wieder anlassen könnte und ich somit keine Zeit für längere Verhandlungen hatte, erklärte ich mich bereit, ihnen sogar 200 $ zu zahlen, nachdem sie die IPs, Wahlurnen und Unterlagen aus den Hütten geholt und

↑ Verhandlung mit den Männern der Sippe.

← Verladung der Gesuchten und der Wahlunterlagen.

zur den Hubschraubern gebracht hätten.

Gesagt getan, so konnten die IPs von unserem MEDEVAC-Team im Großraum-Rettungsubschrauber nach ca. 20 Minuten in Empfang genommen und versorgt werden. Nach einem ersten medizinischen Check war bei allen eine starke Dehydrierung und Unterkühlung festzustel-

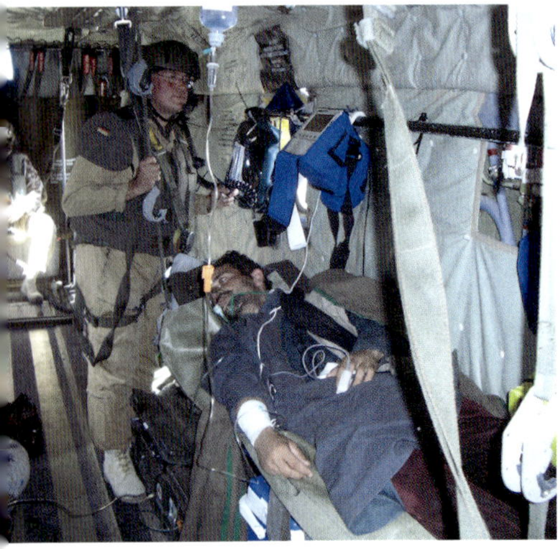

↑ Auch die geretteten Afghanen „genießen“ eine Cola und Sauerstoff, um in den großen Flughöhen nicht hypoxisch zu werden.

len. Bei zwei von ihnen kam noch eine Sauerstoffunterversorgung hinzu. Deshalb erhielten die IPs zunächst Decken, Sauerstoff und „westliche Glucose“ (Coca Cola). Die Versorgung des schwächsten Afghanen wurde mit Sauerstoff und einer vorgewärmten Infusion sichergestellt. Trotz der Beladung konnten wir mit Ausnutzung der ganzen verfügbaren Leistung der Triebwerke, auch ohne Treibstoff abzulassen, wieder starten und den Rückweg antreten.

Die Flugstrecke entsprach aufgrund des Geländes der des Hinflugs. Das Wetter entwickelte sich wie vorhergesagt. Es hatten sich schon „Cumulanten“ (Cumulus Congestus-Entwicklung zur Gewitterwolke mit nachhaltiger Wetterverschlechterung, Regen- und Schneeschauer) gebildet und begannen sich weiter auszubreiten. Sodass wir mehr die tiefst liegenden und windabgewandten Geländeabschnitte als Flugroute nutzten.

→ Beim Rückflug entwickelte sich Bewölkung in der beeindruckenden Gebirgskulisse.

↑ **Blick aus der Transall in das Zielgebiet. Eingesetzt als Relaisstation, zur weiteren Koordinierung der Rettung. Kommentar des Transallpiloten: „Ich hätte nicht gedacht, in 26 000 ft MSL noch Tiefflug machen zu können.“**

Eigentlich rechnete ich nun jederzeit damit, von der deutschen Transall C-160 als OSC gerufen zu werden. Da dies nicht erfolgte, versuchten wir in Abständen immer wieder Kontakt mit ihr aufzunehmen, was nicht gelang. Das erzeugte bei mir den ersten Moment der Sorge. Schafft es die Transall, aufgrund des sich verschlechternden Wetters schon nicht mehr in dieses Gebiet zu fliegen? Kommen wir noch aus dem Gebirge hinaus?

Dann ca. 20 Minuten vor FAIZABAD, endlich der Kontakt zur Transall. Der Funkkontakt war erst möglich geworden, als sich die Transall, aufgrund der topografischen Verhältnisse, unmittelbar über dem Zielgebiet befand. Sie hatten auch so viel Flugbetriebstoff wie möglich getankt, jedoch nicht bedacht, dass sie nicht, wie die CH-53 GS, im Bedarfsfall Treibstoff ablassen konnten. So benötigten sie viel mehr Zeit als geplant, die benötigte Flughöhe zu erreichen, um in das Zielgebiet einfliegen zu können.

15 Minuten vor Landung in FAIZABAD wurden wir überraschenderweise von dem On Scene Commander in der deutschen Transall darüber informiert, dass sich eine amerikanische Hercules C-130 bei ihnen gemeldet hat, mit der Anfrage, wann wir in FAIZABAD landen und ob sie die IPs und PJs dort aufnehmen sollen, damit sie schnellstmöglich nach KUNDUZ weitertransportiert werden könnten. Mit meiner Prüfung, dass der Treibstoff auch für die weitere Flugstunde bis KUNDUZ noch reichen würde, also eine langwierige Schwerkraftbetankung in FAIZABAD nicht notwendig war und aus Erfahrung das die Übergabe von Patienten und die Verladung des Materials per Hand in das andere Luftfahrzeug viel Zeit benötigte, sah ich keinen Vorteil/Notwendigkeit darin eine Übergabe an die Besatzung der Hercules zuzustimmen und bestand darauf, auch nach mehrmaliger Nachfrage der Amerikaner, selber alle Beteiligten nach KUNDUZ zu fliegen.

Wir landeten in FAIZABAD rüsteten schnell die Hubschrauber mit den dort verbliebenen Bordwaffen und verbliebenen Ausrüstung auf und verlegten zusammen mit dem dritten in FAIZABAD verbliebenen Hubschrauber, auf möglichst gerader Strecke, weiter nach KUNDUZ. In FAIZABAD gab es noch eine kurze Diskussion mit den IPs, die aussteigen wollten,

→ Zwischenlandung am Flugplatz FAIZABAD.

→ Auftrag ausgeführt: Übergabe der Geretteten in Kunduz.

da wohl einige von ihnen aus der Region von FAIZABAD kamen und glaubten, wenn wir sie nach KUNDUZ fliegen, sie wieder selber sehen müssen, wie sie nach Hause kommen. Wiederum mit Hilfe meines Sprachmittlers, Feldwebel N., konnte ich sie beruhigen, zum Bleiben überreden und versprach, dass sie sicher nach Hause gebracht werden.

Um 10:35 lcl landeten wir dann in KUNDUZ. Obwohl ich rechtzeitig vor der Landung über Funk den Transport der IPs zum PRT in der Stadt KUNDUZ angefordert hatte, interessierte sich nach der Landung niemand für uns. Ich lief in das Flugplatzgebäude und suchte mögliche Ansprechpartner. Dort traf ich u. a. einen deutschen Soldaten und mehrere Zivi-

↑→ Für die UN-Vertreter waren tatsächlich die Wahlurnen und Unterlagen wichtiger als das gerettete Personal. Denn mit den letzten vier noch auszuzählenden Wahlurnen, für die ersten freien Präsidentschaftswahlen in Afghanistan, war die Wahl nun nicht mehr anfechtbar, was die Opposition schon angedroht hatte und die UN natürlich unbedingt verhindern wollte.

↑→ Die IPs wurden zur medizinischen Kontrolle in das PRT KUNDUZ verbracht und die Wahlurnen ins COUNTING CENTER. In Folge wurde auch der Transport der Wahlhelfer und der Polizisten nach Hause sichergestellt.

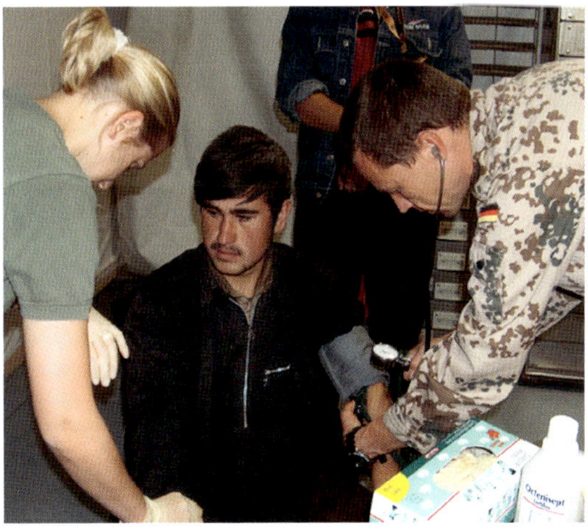

↑ Rückflug von KUNDUZ nach TERMEZ über das „Teletubby“ Land.

→ Three Ship Formation inbound TERMEZ.

← Ankunft in TERMEZ. Der obligatorische Überflug nach einer erfolgreichen Mission in TERMEZ. „Mission Rescue 51“ accomplished!

↑← Safe down – Erleichterung und Stolz auf das Geschaffte macht sich breit.

listen. Ich fragte den Kameraden, ob er wüsste das vom PRT ein Transportkonvoi zum Flugplatz unterwegs wäre. Ja, sie warteten hier auch auf den Konvoi und auf eine amerikanische Hercules, die gerettete Wahlhelfer und Wahlurnen bringen würden. Da konnte ich ihn und die anwesenden UNAMA Vertreter überraschen und forderte sie auf mir zu den Hubschraubern zu folgen. Dort übergab ich die afghanischen Wahlhelfer und Polizisten, sowie die sehnlichst erwarteten Wahlurnen und Wahlunterlagen. Kurz darauf landete die amerikanische Hercules C-130, nahm die PJs und deren Material auf und flog weiter nach BAGRAM.

Zur Person:

Geboren am 27.11.1960 in Eitorf, trat **Frank Krautscheid** im Juli 1980 als Heeresflieger-Offizieranwärter in die Bundeswehr ein. Er durchlief die Offiziersausbildung in Bückeburg und Hannover und absolvierte ein Studium Luft- und Raumfahrttechnik an der Universität der Bundeswehr in München. Anschließend folgte die Ausbildung zum Hubschrauberführer auf Alouette II und Bo 105. Daran schloss sich die erste Truppenverwendung als Hubschrauberführer und später auch als Fluglehrer in Itzehoe an. Hier kreuzten sich die Wege mit Andreas Helwig, dem Autor von „Ein arktischer Reisebericht – Fliegen im ewigen Eis“. Nach weiteren Verwendungen als Staffelkapitän der Versorgungsstaffel in Neuhausen ob Eck sowie als Schwarmführer in Fritzlar schlossen sich Mitte der 90er Jahre die Ausbildungen auf Bell UH-1D sowie CH-53 in Bückeburg an. Danach ging es für Frank Krautscheid nach Laupheim, wo er als Schwarmführer, Einsatzoffizier und Staffelkapitän eingesetzt wurde. In dieser Zeit führte er auch einen fliegerischen Austausch mit einer israelischen CH-53 Staffel durch. Von 2006 – 2008 als Branch Chief Battlefield Coordination Element bei der NATO eingesetzt, folgte bis 2009 die Verwendung im Stab der Division Luftbewegliche Operationen in der Gruppe Flugbetrieb. Im Anschluss diente er als Leiter des Special Operation Force Element in Laupheim, um 2013, zusammen mit der CH-53 vom Heer zur Luftwaffe in das Hubschraubergeschwader 64 zu wechseln. Dort diente er als Leiter Standardisierungsgruppe, S3 Spezialkräfte und Staffelkapitän der 4. Fliegenden Staffel des HSG 64. Im Oktober 2020 in den Ruhestand versetzt, wurde Krautscheid noch bis 2024 als Fluglehrer CH-53, im Status eines Reservedienstleistenden, weiter eingesetzt. Oberstleutnant Krautscheid nahm als Schwarmführer, Einsatzoffizier, Staffelkapitän und Kommandeur der fliegenden Kräfte an den Auslandseinsätzen SFOR sowie KFOR am Balkan, ISAF und RS in Afghanistan sowie im Kongo bei EUFOR RD Congo teil. Er ist Träger des Ehrenkreuzes der Bundeswehr für Tapferkeit, die höchste Auszeichnung im deutschen Militär.

Zwischen Himmel und Hoffnung – Humanitäre Hilfe im Südsudan

Es gibt Länder in der Welt, die kann nicht jeder sofort auf dem Globus zeigen. Der Süd-Sudan ist so ein Land. Die Entwicklungshilfe, die unter anderen das rote Kreuz in Afrika sicherstellt, wird dort durch Hubschrauber unterstützt. Und die Crews, die auf diesen Maschinen ihren Dienst versehen erleben oft Dinge, die in unserer, scheinbar heilen Welt nicht existieren.

Von Stefan Schaubensteiner

Liebe Leserinnen und Leser, was Sie gleich lesen werden, ist mehr als nur ein Rückblick auf erlebte Einsätze. Es ist ein persönlicher Einblick in ein Leben zwischen Extremen: Zwischen Kriegsgebieten und Katastrophenschutzeinsätzen, zwischen humanitärer Hilfe und Offshore-Missionen. Ich nehme Sie mit auf eine Reise in die Lüfte und an die Grenzen dessen, was wir Menschen leisten können, wenn wir Verantwortung übernehmen. Sie erzählt von Mut und von Zweifeln, von schwierigen Entscheidungen und von bewegender Menschlichkeit.

Am Anfang stand meine Bewerbung bei Heli Aviation in Augsburg. Der Auftrag, auf den ich mich bewarb, war klar und dennoch außergewöhnlich. Es ging um einen humanitären Einsatz im Südsudan für das ICRC (International Committee of the Red Cross). Unsere Aufgaben sollten hauptsächlich aus Evakuierungen, Transporten und medizinischen Hilfen bestehen. Nach dem Type Rating auf der H155 und einem Besuch in der Tropenklinik München begann die Reise in den Osten Afrikas. Wir flogen über Österreich, Kroatien, Griechenland, Ägypten und den Sudan bis nach Juba.

Fünf Tage waren wir unterwegs und allein vom Überstellungsflug in diese Gebiete könnte man schon ein Buch füllen. Es waren Tage voller Abenteuer, die geprägt waren von Improvisation, Intuition und mit Erfahrungen im Umgang mit einer mir fremden Kultur. Letztendlich landeten wir in Juba. Ein Erlebnis, das sich tief in mein Bewusstsein eingebrannt hat. Nicht nur wegen der flirrenden Hitze die wie ein Schleier über dem Flugfeld lag oder dem Durcheinander was überall herrschte. Vor allem auch wegen der bewaffneten Sicherheitskräfte die das Gelände sicherten und dem beißenden Geruch aus Staub, Treibstoff und Unvertrautem.

↑ Die zwei H 155 in Juba werden auf den Tag vorbereitet.

→ Unsere Unterkunft während der Jahre im Südsudan war das Rainbow Hotel. Ummauert und mit Nato-Draht verziert, hatte es trotzdem seinen Charm und gab uns schöne Momente im Team.

↑ Unsere Flüge führten uns in entlegene Gebiete mit medizinischem Personal, ICRC-Personal oder Gütern an Bord. In der Regenzeit wurde jede Mission zur Herausforderung, Gewitterfronten kamen blitzschnell und heftig.

← Wir begegneten Kindern, die aus Schlamm kleine Hubschrauber bauten.

→ Treffen mit dem Dorfältesten. Grundsätzlich wurden Fotos nicht gerne gesehen, da es als Spionage galt. Hier wurde es jedoch ausdrücklich Gewünscht. Unsere Dolmetscherin an Bord übersetzte das Gespräch und so konnten wir uns ein bisschen verständigen.

↓ Das Betanken unserer Maschine war kein alltäglicher Vorgang im Südsudan. Oft mussten wir Fässer mit Kerosin verwenden, die im ganzen Land für uns Stationiert wurden und mit manuellen Pumpen umgefüllt wurden. Dabei halfen oft Dorfbewohner oder das ICRC-Team.

← Tankstopp im Feld. Zusammenarbeit mit der lokalen Bevölkerung. Der Alltag war geprägt von Improvisation. Beispielsweise nutzten wir Damenstrümpfe als Krafstofffilter.

↓ Eisblöcke auf Motorrädern. Szenen, die zeigen, wie der Alltag unter einfachsten Bedingungen funktioniert.

Die Bilder, die sich uns boten, waren nur Momentaufnahmen als flüchtige Eindrücke einer Welt, die wir bald aus nächster Nähe erleben würden. Das, was uns wirklich erwartete, konnte keine Fotografie einfangen.

Es war ein normaler Morgen. Wir saßen gerade beim Frühstück mit Ananas, Wassermelone, Pancakes und schwarzem Kaffee, doch dann klingelte das Telefon früher als normal und die Stimmung am Tisch änderte sich schlagartig. Air Operations forderte sofortige Anwesenheit im Hauptquartier. Angekommen im Besprechungsraum, herrschte angespannte Stille. Diplomaten, Sicherheitsberater, ICRC-Vertreter und unser Einsatzleiter standen um eine große Karte des Südsudans. Rote Stecknadeln markierten Frontlinien, schwarze Kreise Rebellenstellungen und mittendrin ein roter Punkt. Dort, so hieß es, wurden in der Nacht zwei Tage davor, fünf Mitarbeiter des ICRC festgehalten von einer bewaffneten Gruppe. Unter ihnen Ärzte, Logistiker, Fahrer.

Die UN hatte bereits abgelehnt. Zu gefährlich, eine rote Zone und kein Hubschrauber von den United Nations (UN) würde dort landen. Doch das ICRC fragte uns und wir sagten Ja. Wir würden fliegen. Das ICRC hatte gute Kontakte vor Ort und stand in engem Austausch mit der zuständigen

Gruppe. Uns war klar: Wir wollten helfen. Gemeinsam mit allen Beteiligten verschafften wir uns einen Überblick über die Lage und planten den Einsatz sorgfältig und mit größter Genauigkeit. Als schließlich alle ihr Einverständnis gaben, ging es los. Wir stiegen in den Hubschrauber und überprüften unsere Ausrüstung, gurteten alles fest, machten die Maschine einsatzklar. Kein unnötiges Gewicht, nur das Nötigste an Bord. Unsere H155 stand bereit und wir legten los, während im Flug nochmal Funkkontakt zur Feuerpause bestätigt wurde. Wir hatten ein Zeitfenster von einer Stunde und nicht mehr, danach mussten wir raus sein. Der Flug dorthin war lang und aufregend von Juba über Rumbek. Ein Tankstopp und weiter nochmal zu den genannten Koordinaten.

Als wir das Gebiet erreichten, erfolgte ein letzter Anruf aus dem Cockpit. Die Bestätigung für das Landefenster und dann ging es in den Sinkflug. Der Landeplatz war in Sicht. Wir sahen die bewaffneten Rebellen, dicht gedrängt entlang einer alten Landepiste mit den Waffen im Anschlag. Die Geiseln standen in einer Reihe, die Hände erhoben. Wir manövrierten den Hubschrauber an die markierte Stelle bei +40 Grad Celsius. Es war kaum Wind und wir wussten, die Maschine wird beim Rausfliegen an ihre Leistungsgrenze kommen. Das Ziel fast erreicht, wurde die Anspannung im Cockpit immer größer. Während des Endanfluges ließen wir die Gruppe keine Sekunde aus den Augen.

Wir landeten den Hubschrauber und die Triebwerke liefen weiter. Im Fall einer Eskalation mussten wir binnen Sekunden abheben können. Die Tür ging auf, ich sprang hinaus, mein Blick fixierte die Gruppe am Rand der Piste, während der zweite Pilot die Maschine kontrollierte und die andere Seite überwachte. Ich öffnete langsam die Schiebetür, um zu zeigen, dass wir allein sind, dann winkte ich „Kommt, kommt!“ Langsam bewegten sich die Fünf auf uns zu, gezeichnet von den letzten Tage. Später erfuhren wir, dass sie sie alles abgeben mussten. Von Ausweis, Wasser, Essen, Laptops bis zu ihren Schuhen.

→ Ausschnitt der Flugroute.

↑ Anflug zur Evakuierungszone, Brown out sollte hier kein Problem sein.

Als der letzte an Bord war, schloss ich die Tür und ging zurück ins Cockpit. Wir hoben ab, die Leistung am Limit. Mit viel Fingerspitzengefühl nahmen wir Fahrt auf und durch jeden Knoten und Fuß mehr entspannte sich die fliegerische Anspannung. Die Silhouetten der Rebellen wurde kleiner und damit verbunden auch die Gefahr, die von ihnen ausging. Niemand schoss und wir waren raus aus der Gefahrenzone. An Bord herrschte eine Stimmung aus einer Mischung aus Weinen, Lachen, Freude. In den ersten fünf Minuten herrschte noch absolute Stille, dann hörte man das erste Weinen, gefolgt von Lachen, Applaus und schließlich die Tränen, die wirklich tief saßen. Der Schock und die Erleichterung mischten sich zu einem unvergesslichen Moment. Wir landeten in Rumbek zum Zwischenstopp und Tanken. Im Cockpit hatten wir Pancakes, Wasser und Süßigkeiten, alles was wir noch vom Frühstück eingesteckt hatten, und übergaben es an die ausgehungerten Passagiere. Wir nutzten die Zeit für kurze Gespräche. Nach dem Auftanken informierten wir das Headquarter in Juba: „Mission erfolgreich" Gefolgt von einem kurzen Status Bericht. Etwa 1 Sunde und 20 Minuten später landeten wir in Juba. Wir wurden empfangen von Diplomaten, Psychologen und ICRC-Mitarbeitenden. Der Moment, als die fünf ihre Füße auf

↑ Crew Change – letzter Blick zurück beim Heimflug nach mehr als vier Jahren Südsudan.

sicheren Boden setzten, war erleichternd für alle. Wir kehrten zurück ins Rainbow Hotel, ziemlich erschöpft, aber stolz.

In den Tagen darauf folgten viele Nachbesprechungen, aber der Alltag nahm langsam wieder seinen Lauf und wir kehrten zurück zum normalen Flugbetrieb. Nach vier Jahren im Südsudan trat ich den letzten Heimflug an. Ein letzter Blick auf Juba, auf ein Land und Leute die mich geprägt haben.

Vier Jahre voller Einsätze, Entbehrungen, großer Momente und innerem Wachstum. Als ich meine letzte Mission dort abschloss, wusste ich, dass ich einen Lebensabschnitt hinter mir ließ, der mich für immer prägen würde. Doch es war auch Zeit in ein neues Kapitel zu starten, zurück nach Europa, zurück in die Heimat, hinein in ein neues Team und neue Herausforderungen.

Im Jahr 2019 wechselte ich zu Northern Helikopter (NHC) in den Norden Deutschlands. Eine Organisation, die in Sachen Professionalität, Technik und Teamgeist keine Wünsche offenließ. Meine Aufgaben wechselten von humanitären Einsätzen in Kriegsgebieten hin zu Offshore Rettungseinsätzen über der Nord- und Ostsee. Anstatt Savanne und Busch erwarteten mich Offshoreplattformen, Seegang und medizinische Notfälle unter rauen Bedingungen. Aber es war mehr als nur ein Jobwechsel, es war ein Neuanfang. Und er kam genau zur richtigen Zeit, denn ich konnte meine Erfahrungen aus Afrika mit einbringen. Neue Technologien nutzen, strukturierter fliegen und Teil eines Teams werden, das genauso leidenschaftlich daran glaubt, dass jeder Einsatz zählt.

Und einer dieser Einsätze, der uns für immer in Erinnerung bleiben wird, kam im Sommer am 15. Juli 2021. Es handelte sich um die Flutkatastrophe in Westdeutschland. Ich saß beim Frühstück, als ich die ersten Nachrichten des Tages verfolgte. Der Fernseher zeigte Szenen wie sich binnen Stunden eine friedliche Landschaft in eine apokalyptische Szenerie verwandelte. Ein Anruf meiner Flugbetriebsleitung ging ein mit der Frage „Was machst du grade?" Während ich auf den Bildschirm im Esszimmer starte, begann ich bereits zu realisieren, worauf mein Flugbetriebsleiter abzielte. Ich packte meine Sachen und war innerhalb von 30 Minuten am Flugplatz. Der Einsatz bestand aus Menschenrettung, Evakuierung und Luftrettung unter extremen Bedingungen. Wir als NHC-Team gingen bis an unsere Grenzen. Wir ließen nichts unversucht, um jede Chance auf Rettung möglich zu machen. Wir wollten helfen und taten dies auch. Ich gehe hier nicht weiter ins Detail und verweise auf meinen Beitrag im eigenen Kapitel zur Hochwasserkatastrophe.

Diese Geschichte ist mein Beitrag für alle, die glauben, dass Fliegen mehr ist als nur Technik. Es ist Dienst am Menschen, Mut etwas zu wagen und ein Zeichen dafür, dass Menschlichkeit keine Grenzen kennt.

Zur Person:

Stefan Schaubensteiner wurde am 5. September 1984 in Zell am See, Österreich, geboren und ist seit vielen Jahren mit Leidenschaft als Berufshubschrauberpilot tätig. Seine fliegerische Laufbahn begann er 2008 in den USA, wo er bei Heli Pro seine CPL(H)-Ausbildung auf der Robinson R22 absolvierte. In den darauffolgenden Jahren sammelte er in Florida umfangreiche Flugerfahrung auf den Mustern R22 und R44. 2013 setzte er seine Ausbildung in Kanada fort und erwarb dort die kanadische CPL(H)-Lizenz auf dem R44.Ein Jahr später absolvierte er die EASA ATPL(H)-Lizenz sowie das Instrumentenflug Rating auf der AS355 in Schweden und England. Damit legte er die Basis für anspruchsvolle Einsätze im internationalen Umfeld. Von 2015 bis 2019 war er für Heli Aviation im Einsatz und flog unter anderem im Südsudan, wo er auf den Helikoptern EC155 und AS365 operierte. Seit 2019 ist Stefan Schaubensteiner Teil des Teams von Northern Helicopter, wo er vorwiegend auf den Mustern EC155 und BK117 Offshore fliegt. Seit 2022 wechselt er regelmäßig zwischen dem HEMS-Dienst und Einsätzen an Bord des Forschungseisbrechers Polarstern, über den sie in Andy Helwigs Beitrag mehr erfahren. Insgesamt hat Stefan bislang über 3000 Flugstunden auf verschiedenen Helikoptertypen im internationalen Umfeld gesammelt.

Ein arktischer Reisebericht – Fliegen im ewigen Eis

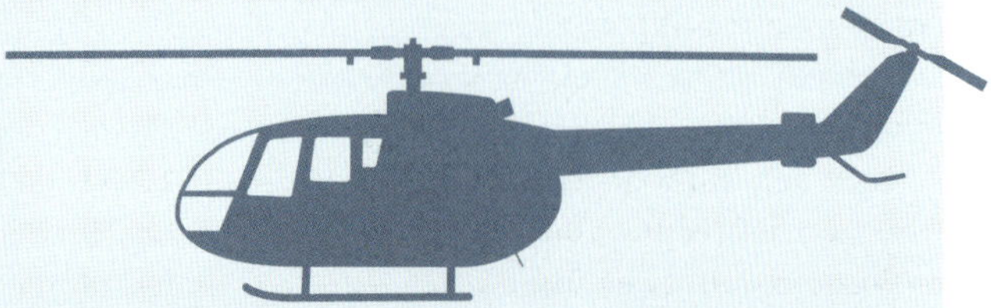

Schon immer haben die Extreme den Menschen am meisten angezogen. Der Nordpol ist solch ein Extrem. Dass es dort – fernab der Zivilisation – viel zu entdecken gibt, liegt in der Natur der Sache. Und was würde sich für die Erkundung einer solchen Gegend besser eignen als ein Hubschrauber, der von einem Schiff aus operiert. Heutzutage kein Problem mit GPS, Internet und modernem Equipment. Doch vor etlichen Jahrzehnten war noch Pioniergeist, Mut und maximale Flexibilität gefragt. Andy war ein solcher Pionier und erzählt aus seiner Zeit auf der „Polarstern".

Von Andy Helwig

Die fünfte Reise der FS „Polarstern" in die Arktis bestand aus drei Fahrtabschnitten. Im Abschnitt ARK V/1 nahm Polarstern eine mehr oder weniger stationäre Position an einer Eisscholle westlich von Spitzbergen ein. Hier sollten während einer mehrwöchigen Messphase meteorologische und ozeanographische Prozesse an den Grenzschichten Ozean, Eis und Atmosphäre untersucht werden. Die Scholle sollte 50–100 km innerhalb des Packeisgürtels liegen.

Unsere Hubschraubercrew bestand aus zwei BO 105, zwei Piloten und zwei Hubschraubertechnikern.

Auf dem Hinweg zu „unserer Scholle" wurde noch kurz in Longyearbyen in Spitzbergen zur Übernahme von diversen Containern festgemacht. Hier ergänzte sich die Expeditionscrew um zwei Eisbärenwächter, nun waren wir komplett. Auf dem Weg von Spitzbergen zur späteren Destination wurde fast unbemerkt am 29.04.1988 um 0450 Uhr der Polarkreis überquert, was für viele Ungetaufte an Bord noch Folgen nach sich ziehen sollte.

Der Weg ins Packeis gestaltete sich nicht ganz einfach, mehrfach musste sich die Polarstern mit wiederholten Rammstößen ihren Weg durch völlig verpresste Eisstreifen bahnen. Ein nur 100 Meter breiter Streifen wurde von Schiff und Besatzung in 6 Stunden im wahrsten Sinne durchgeboxt, am Ende gelangten wir dann in eine halbwegs offene Rinne. Unter den wachsamen Augen der Eisbärenwächter (während der Eisfahrt sichteten wir bereits 5 Eisbären relativ nah am Schiff) wurden auf dem Weg zur „Scholle" bereits die ersten Bojen ausgebracht und einige Eiskerne gebohrt und gezogen.

Das Eis wurde merklich dicker, das Wetter deutlich schlechter mit Nebel und eine Flugerkundung war zur „Schollensuche" vorerst nicht möglich. So wurden die Schollen der Um-

↑ Die BO 105, ein Erfolgsmodell deutscher Ingenieurskunst, eingesetzt als Bordhubschrauber.
← Die FS Polarstern im arktischen Eis. Am Heck des Schiffes ist das grüne Landedeck deutlich durch das gelb umkreiste „H" erkennbar.

gebung auf ihre Tauglichkeit untersucht, immer unter den Augen der Eisbärenwächter. Am Ende entschied man sich für eine etwa 2 km lange und 1 km breite Scholle. Die Eisdickenmessungen ergaben Werte zwischen 1,7 und 3 Metern, ausreichend und sicher für die Forschungsarbeiten.

Bei minus 19 Grad wurde die meteorologische Station am anderen Ende der Scholle und die biologische Station in der Nähe des „Dauerparkplatzes“ der Polarstern eingerichtet. Und los ging die Drift zusammen mit der Scholle, die den passenden Namen „Safe Island“ erhalten hatte.

Die Position war dann 80 25.7 N, 02 08.5 E. Die unterschiedlichsten Arbeitsrichtungen legten los.

Ozeanographie, Planktologie, Meereisbiologie, Meereisphysik und Meteorologie

Unsere fliegerischen Aufgaben waren wie immer recht vielfältig. Allem voran ging die Eiserkundung während der Eisfahrt hinein in den Packeisgürtel. Hier versuchten wir den besten (eisfreiesten) Weg / Kanal zu finden. Dazu war am Hubschrauber ein Transponder, der mit dem Schiffsradar korrespondierte, angebracht. Bei diesen Erkundungen war immer ein Nautiker mit im Hubschrauber und wir gaben dann sogenannte „Plots“ durch, die auf dem Radarschirm des Schiffes markiert wurden. Im Idealfall konnte Polarstern dann diesem Kurs nachfahren, immer in der Hoffnung, dass sich die Schollen und „Fahrrinnen“ nicht wieder verschoben hatten, weit voraus konnte man eh nicht planen, da die Geschwindigkeit dieses 118 Meter Schiffes bei Eisfahrt nicht wirklich hoch ist. Dann mussten wir halt wieder nach 2–3 Stunden in die Lüfte und neu planen.

Dies war immer mit ein wenig Muskelkraft verbunden, den Hubschrauber mit gefalteten Blättern auf dem Räderfahrwerk auf das Helideck über das „Tampengeflecht“ schieben, die Fahrwerke abbauen und die Blätter bei Wind und Wellengang entfalten, dasselbe nach der Landung retour.

→ **Auf dem Landedeck wurde ein Art Netz befestigt, um den Kufen mehr Halt zu geben.**

↑ Forschungsarbeit im ewigen Eis. Keine klassische Karte-Kompass-Fliegerei. Denn an den Polen gibt es keine festen „Landmarks“ wie wir sie als Straßen, Orte oder Wälder kennen und das Magnetfeld ist zudem stark missweisend.

← Daily (unusual) business: Verbringen von Forschungsmaterial in der menschenfeindlichen Umgebung des Nordpols.

→ Tierische Bekanntschaft in der Arktis: Ein Eisbär beobachtet das fremde Flugobjekt.

An der Eisscholle verankert änderten sich unsere Aufgaben in die Richtung verschiedener wissenschaftlicher Bereiche. So flogen wir mit sogenannten Argos-Bojen bis zu 50 Meilen entfernt vom Schiff und setzten diese in eine Scholle ein. Die Bojen können über einen langen Zeitraum sowohl Daten aus der Atmosphäre sammeln als auch mit den Unterwassermessgeräten Dinge wie Drift der Scholle, Wassertemperatur etc. aufzeichnen. Während des „Lochbohrens" war dann immer einer der Helicrew der „Eisbärenwächter", ausgestattet mit Flinte und Signalpistole und sich drehend wie ein Leuchtturm, um den ungebetenen Besucher in der unübersichtlichen Eiswüste rechtzeitig zu entdecken. Nicht leicht, vor allem wenn der Bär sich die Pfote vor die Augen hält.

Bei einer zurückliegenden Expedition „rettete" der Pilot (Eisbärenwächter) die Wissenschaftler, er entdeckte den nahenden Eisbären, konnte ihn mittels Signalpistole auf Abstand halten und die Wissenschaftler eilten zum Hubschrauber. Der startende Hubschrauber irritierte den Bären nur kurz, er nahm sich erst einmal die zurückgelassene Ausrüstung vor. Im weiteren Verlauf überzeugte der „lärmende Hubschrauber" den Bären, etwas Abstand zu halten und die wertvolle wissenschaftliche Ausrüstung konnte eingesammelt werden, so wurde die Episode berichtet.

Mit den Glaziologen suchten wir verschieden dicke Eisschollen, um dann Eiskerne zu bohren und zu ziehen. Das „Bohrgerät" war recht laut, und der geneigte Leser ahnt es schon, der Pilot drehte sich mit umgehangenem „Bärentöter" wieder wie ein „Leuchtturm". Eine Herausforderung der damaligen Zeit war es, dass es noch keinerlei navigatorische Unterstützung mittels GPS gab. Diese Tatsache gewinnt an Bedeutung, wenn man sich zum Beispiel überlegt, dass wir mit den Glaziologen 30 NM vom Schiff wegfliegen, die Polarstern selbst fährt oder mit der Scholle driftet und wir natürlich auf den Testschollen auch flott drifteten. Dabei ist es so, dass die Windrichtung oft nicht die Driftrichtung der Scholle ist, diese hält sich mehr an die Wasserströmung.

Worauf will ich hinaus: Hinkurs ist nicht gleich Rückkurs. Das Schiff verfügte über ein NDB (ein ungerichtetes Funkfeuer, allerdings reichweiten- und leistungseingeschränkt) und wir hatten ja den Transponder angebaut, der auf das Schiffsradar wirkte. Dazu hatten wir auf der Brücke einen eigenen Bereich, ausgestattet mit einem kleinen Radarbildschirm. Im Normalfall flog zu solchen Missionen immer nur ein Hubschrauber, der andere war Backup. Wir mussten bei allen Unternehmungen, die weiter vom Schiff weg gingen, immer die Wetterlage sehr gut im Auge behalten, denn beide Systeme, NDB und Transponder hingen maßgeblich mit der möglichen Flughöhe des „Polarheli" zusammen. Dies gilt auch für die Sprechfunkverbindung. So habe ich mich immer sehr gefreut, wenn ich auf meinen Funkspruch „DBLK (Kennung der Polarstern) für Polarheli 1" eine Antwort erhielt, die mir sagte „Ich habe Dich auf dem Radar" und mir dann auch den Heimatkurs nannte.

Eine andere wiederkehrende Aufgabe waren Video- und Linescan-Flüge. Dabei wurden außen am Hubschrauber an eigens konstruierten Gestängen zwischen den Biegerohren des Kufenlandegestells die entsprechenden Kameras, Messgeräte etc. angeschraubt. Bei diesen Messflügen mussten wir ein Raster in einer gewünschten Höhe sehr exakt abfliegen. Dabei sollten die Eisdicken der überflogenen Schollen gemessen werden. Es war also höchste Konzentration gefordert, die zu Beginn der Fliegerei erlernten Tools, wie – Höhe halten, Kurs halten, Zeit einhalten – waren gefragt.

Während also alle Fahrtteilnehmer mächtig zu tun hatten liefen die Eisbärenwächter mit ihren Langlaufski in regelmäßigen Runden unsere „Scholle" ab. Auch wir durften die eher schweigsamen Eisbärenwächter regelmäßig an Bord begrüßen. Wir flogen dann weitere Kreise um unsere Scholle und suchten nach Eisbärenspuren, die aus der Luft sehr gut zu erkennen waren.

In der dritten Woche wurde die Mannschaft und Wissenschaft bei einer der stattfindenden Vortragsveranstaltungen über Lautsprecher von der Brücke informiert, dass unsere Scholle Risse bekommt. Die Temperaturen der letzten Tage über dem Gefrierpunkt und der Eispress benachbarter Schollen sorgte letztendlich dafür, dass die Scholle in zwei gleich große Teile zerbrach. Und wie sollte es anders sein, Polarstern lag mit dem „Biologengarten" an der einen verankert, die Station der Meteorologen war auf der anderen. Erst einmal wurde alles Personal von der Station der Meteorologen abgezogen und wir führten noch in der Nacht mehrere Hubschrauberflüge durch, um die Situation aus der Luft abzuschätzen. Am nächsten Tag verlegte die Polarstern dann ihren Ankerplatz an den Schollen. Mittlerweise waren wir schon über 60 km mit unserer Scholle gedriftet.

↓ Die Driftstrecke der Eisscholle „Safe Island".

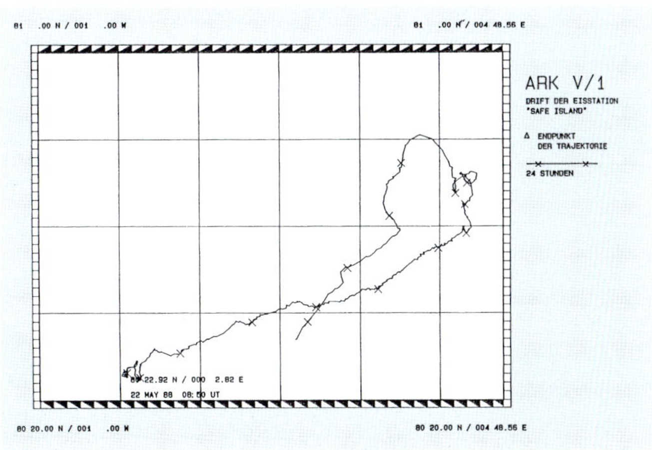

→ „Kniet nieder, wenn ihr Teil des Teams werden wollt!“

Logistisch wurde es nun etwas aufwendiger, wir mussten öfter als Shuttle für eine an sich kurze Distanz eingesetzt werden, die Eisbärenwächter hatten nun auch ein etwas größeres Areal zu versorgen. Die Temperaturen gingen wieder in den Keller und die Situation beruhigte sich.

FS „Polarstern“

Reise Ark. V/1

Taufschein

Wir, Neptun, Beherrscher aller Meere, Seen, Flüsse, Teiche und Moräste, beurkunden hiermit, daß der Erdgeborene Mensch

Andreas Helwig

an Bord des Uns immer wohlgesinnten Forschungsschiffes Polarstern heute vom Schmutz der gemäßigten Zonen gereinigt und nach Unserem Ritus auf den Namen

Seeschwalbe

getauft wurde.

Gehörigt gesalbet, auf seinen Gesundheitszustand eingehend untersuchet und wohl vorbereitet darf er Unsere reinen, freien Gewässer nördlich/[redacted] des Polarkreises zum Wohle der Forschung befahren!

In Unserem Polarschloß

am 21.05. 19 88

Bei besten Flugsichten konnten wir wieder „unsere Eisbohrer“, das Linescankamera-Team und die Laser- und Video-Flieger befliegen.

Gegen Ende der vierten Woche wurden dann unmotiviert Löcher in die Scholle gebohrt und gesägt, Iglus errichtet, es kündigte sich die Ankunft von Neptun an. Bei einer zünftigen Taufe wurden dann die 43 „Unreinen“ vom Schmutz der südlichen Breiten befreit – ich war einer davon.

Das war nichts für schwache Gemüter, Verspeisen von Undefinierbarem aus Neptuns Reich, Baden im Fischernetz im

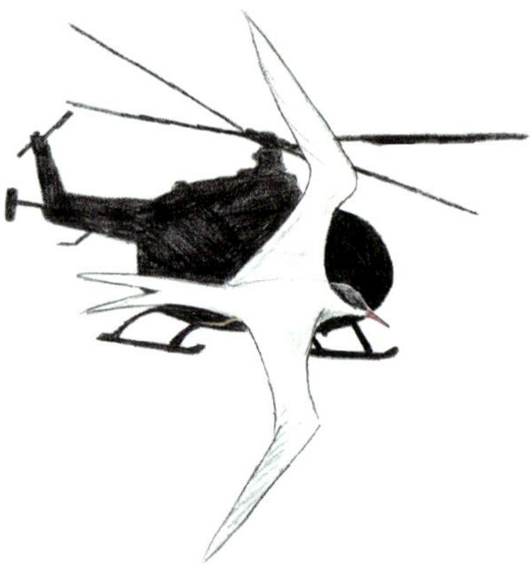

eigens dafür gesägten Meereispool, Getränke aus der Ecke „Ekelhaft", aber am Ende ist es uns allen gelungen Neptun gnädig zu stimmen. Ich darf mich nun in seinem Reich „Seeschwalbe" nennen.

Der Fahrtabschnitt ARK/V 1 neigte sich dem Ende zu. Mit etwas Wehmut haben wir unser „Safe Island I+II" dann verlassen.

One of these days

Es war geplant unsere treuen und wertvollen Eisbärenwächter, die ihrem Namen alle Ehre machten, verjagten sie doch zweimal einen Eisbären, der sich auf Safe Island tummelte, per Hubschrauber auf ihre Heimatinsel Spitzbergen zurückzubringen. Die Polarstern hielt direkten Kurs auf Island.

Ich durfte einen von Ihnen fliegen. Seine Hütte lag weiter landeinwärts, etwas erhöht und er verdiente sein Geld in der Hauptsache durch den Betrieb einer Wetterstation.

Die Wetterberatung unseres Bord-Meteorologen war weder Fisch noch Fleisch, Untergrenzen von 800–1000 ft, Sichtweite 5–8 km, leichter Sprühregen und zunehmend rauhe See. Spitzbergen war in weiter Ferne zu erahnen. Also den Hubschrauber raus auf das Helideck und volltanken. Besser ist es, dampfte die Polarstern doch während unserer Exkursion weiter mit 10–12 Knoten Richtung Island.

Wir beluden den Hubschrauber mit seinen persönlichen Gegenständen und seiner Langlaufausrüstung. Man merkte dem Einsiedler förmlich an, dass er froh war, endlich wieder zu seiner entlegenen Hütte zurückzukehren, weg von so vielen Leuten. Er wurde richtig gesprächig. Wir checkten noch einmal das Wetter und entschieden uns zur Durchführung. So hoben wir dann zu dritt (Eisbärenwächter, Hubschraubertechniker und Pilot) ab.

Der Hinflug zu seiner Hütte war relativ entspannt, je näher wir Spitzbergen kamen, desto besser wurde die Sicht und der Gute fing an zu plappern wie ein Wasserfall, zeigte hierhin, zeigte dorthin und freute sich sichtlich auf sein Heimkommen. Wir entschieden uns, nachdem wir einen halbwegs geeigneten (ebenen) Platz in der Nähe seiner Hütte gefunden hatten, nicht abzustellen. Wir wollten Zeit sparen, da die Wetterlage nun nicht Creme de la Creme war.

Der Bärenwächter (an sich absolut sicher im Umgang mit den Gefahren eines in Betrieb befindlichen Hubschraubers) sollte vor dem Hubschrauber in Sichtkontakt zum Piloten warten und mein Kollege, der Techniker sollte ihm seine Ausrüstung bringen. Das funktionierte hervorragend und war in Kürze erledigt. Mein „Bordwart" stieg auf dem CO-Sitz zu, dann die Hebel auf Flight, ein fröhliches Winken von unserer Seite und dann passierte es.

Vor lauter Abschiedsfreude streckte unser guter Eisbärenwächter seine Langlaufski in die Höhe und wurde Sekundenbruchteile später mitsamt der Langlaufski niedergestreckt. Unsere kleine BO 105 zeigte keinerlei „Wirkungstreffer". Das war's dann mit Zeitsparen, wir stellten die Triebwerke ab.

Unser „Einsiedler" hatte sich wieder aufgerappelt und war bis auf einen kleinen Cut an der Wange unverletzt, die Ski waren nur noch als Wanddeko zu verwenden.

Wir holten uns von der Hütte ein paar Kisten und eine Leiter und mein Hubschraubertechniker befundete die Rotorblätter. Aus heutiger Sicht bin ich froh, dass wir keine EC 135 unter dem Hintern hatten, sondern eine Bölkow, nur an zwei Blättern waren kleinste Spuren zu erkennen. Bei der EC 135 wären die Blätter im Eimer gewesen. Der Techniker gab sein OK zum Heimflug.

→ Die Hütte des Eisbärenwächters.

Also wieder den Riemen auf die Orgel geworfen, nochmal Winke Winke und ab gings Richtung Dampfer. Wir stiegen knapp unter die Ceiling und versuchten Funkkontakt zur Polarstern aufzunehmen – DBLK für Polarheli 1, können sie mich hören – sie wissen schon. Außer einem leichten Rauschen war aber noch nichts zu hören. Also nochmal „Into the blind, DBLK von Polarheli 1, wir sind gestartet und auf dem Weg zum Schiff".

Mehr als 800 Fuß waren nicht drin und wir kamen nun über offene See. Der Wind nahm spürbar zu und es setzte wieder Sprühregen ein. Außentemperatur so bei – 2 Grad, also die Heizung schon mal auf volle Pulle, da hätte ich aus heutiger Sicht dann doch lieber eine EC 135 gehabt.

Man kann es schon ahnen, MAC MURPHY suchte Kontakt zu uns. Aus dem Nichts bei halbwegs guten Sichten von um die 8 km waren unsere Frontscheiben innerhalb von 20 Sekunden vereist, bis auf ein kleines 20 × 20 Fleckchen oberhalb der Heizungsdüse an der Querstrebe der Frontscheibe. Nicht viel, aber besser als Nichts. Die Seitenscheiben waren nicht vereist.

Die Stressresilienz meines Technikers ließ sich aus den Worten „Scheiße, Scheiße, Scheiße" ableiten.

Ich nahm ihn in die Verantwortung und bat ihn, unsere Flughöhe genau mitzuplotten und mir bei 500, 400, und 300 Fuß Bescheid zu sagen. Zusätzlich sollte er in gewissen Abständen durch die oberen Scheiben Richtung Steuerstangen schauen, ob sich da Eis ansetzt. Mehr war bezüglich seiner Person nicht drin, das merkte ich recht schnell. Mir fiel dann ein Tipp meines Fluglehrers bei den Heeresfliegern ein: „Bei so 'nem Wetter DAUERZÜNDUNG an". Ich funktionierte noch sehr rational. Gut so, wer weiß was Murphy noch auf Lager hat.

Als nächstes entschied ich, ein wenig tiefer über die offene See zu gehen, vielleicht ist da eine wärmere Luftschicht. Nach vorne konnte ich so leidlich aus meinem kleinen Fensterchen schauen, die Vereisung wurde auch nicht mehr, obwohl auch an den BO 105 typischen Türfeststellern ein leichter Eisansatz sichtbar war.

Das tiefere Fliegen brachte nix, also vorsichtig wieder rauf, wäre schön, wenn ich einen Funkkontakt zur Polarstern bekäme. „DBLK für Polarheli 1, können sie mich aufnehmen".

Und da war sie, die Stimme aus dem Äther: „Polarheli 1 für DBLK, ich höre sie mit drei, habe sie auf dem Radar, das NDB sendet auf voller Leistung, fliegen sie Steuerkurs 240 Grad, Over."

YEAH, das tat gut (vor allem auch meinem „CO"). Und so präzise, großartige Kollegen. Aber Murphy war noch nicht am Ende mit seinem Latein.

„Polarheli 1 für DBLK, ihr seid jetzt noch 20 Meilen out und habt 30 Meilen zurück an Land, ist bei Euch alles ok, wo wart ihr so lange".

„DBLK für Polarheli 1, wir hatten ein kleines technisches Problem, nicht gravierend, das Baby läuft einwandfrei. Dafür haben wir nun aber vereiste Frontscheiben."

Sofort kam die Antwort: „Heizung volle Pulle?, Dauerzündung an?"

Ich bejahte und bekam ein „Gut so" von meinem erfahrenen Pilotenkollegen zu hören.

Nebenbei bemerkten wir eine deutliche Windzunahme und auch die See zeigte sich aufgewühlt, fast wie unser Gemütszustand. Mein Techniker hatte aus heutiger Sicht (2024) den typischen Startle und Surprise-Zustand, er wirkte wie erstarrt, ich musste ihn immer wieder „mitnehmen".

„Polarheli 1 für DBLK, wie gut kannst du nach vorne und zur Seite sehen?"

Antwort von mir: „Geht so, nicht prickelnd, zur Seite ok, nach vorne ein Guckloch."

„Polarheli 1 für DBLK, ooookay, wir stampfen mit der Polarstern durch eine starke Dünung, du weißt was der ‚Kutter' dann für ein Tänzchen macht. Ich melde mich gleich wieder, Dein Kurs passt, over."

Diese Information entlockte nun mir innerlich ein „Fuck, Fuck, Fuck", du siehst nicht vernünftig und der Kutter tanzt Rock'n' Roll, na prima (Murphy Du Sack).

„Polarheli 1 für DBLK, frage Spritvorrat und nochmals bestätigen, dass Dauerzündung an, over."

„DBLK für Polarheli 1, Sprit eine Stunde, Dauerzündung rechecked, is on und Schiff ist in Sicht, over."

„Polarheli 1 für DBLK, wir gehen jetzt mit dem Schiff in direktem Kurs in die Dünung, so vermeiden wir das Rollen des Schiffes, versuche Du in deutlicher Entfernung in die Rauchfahne der Polarstern zu fliegen, eventuell taut die Frontscheibe auf, Deine Entscheidung, mach langsam ‚Jung', Over."

Ich konnte die Rauchfahne der Polarstern sehr gut ausmachen und tastete mich langsam heran.

Meine geliebte Polarstern zeigte mit ihren 118 Metern Länge so richtig was in ihr steckte, rauf auf den Wellenberg und hinab ins Tal. Schön anzusehen mit meinem kleinen Ausblick, aber zum Landen alles andere als erstrebenswert. Was blieb, geduldig warten oder zurück an Land fliegen, Decision making war gefragt.

Al-so, wenn die Sicht nach vorne nicht besser wird, dann mache ich einen Versuch von der Seite, wenn der sich nicht gut anfühlt, fliege ich zurück nach Spitzbergen, Überlebenskiste haben wir hinten für 1 Woche drin. So waren meine Gedanken.

↑ Safe back on deck: Die Bo 105 auf der Polarstern.

„Polarheli 1 von DBLK, Schiff ist jetzt auf Kurs, wie ist die Sicht, wie Deine Entscheidung, over."

„DBLK von Polarheli 1, verstanden, ich warte noch ein paar Minuten, wenn die Scheibe nicht aufgeht, mache ich einen Versuch und wenn der nicht gut aussieht, fliege ich nach Spitzbergen zurück, das wäre mein Plan B, was meinst Du, over."

Und dann geschah es, es bildeten sich Wasserperlen und die Scheibe ging auf, Halleluja.

„DBLK von Polarheli 1, die Frontscheibe ist frei geworden, Danke Dir für den Tipp, ich taste mich dann mal ran, habt ihr alles vorbereitet, um mich flott festzuzurren, over."

„Polarheli 1 von DBLK, wunderbar, Boarding Crew wartet, mach langsam und bedacht, nimm den Rhythmus des Schiffes auf and come in, you are welcome, over."

Gesagt, getan, geduldig neben dem Schiff auf Höhe des Helidecks mittanzen war angesagt, der Schwerpunkt liegt auf der Geduld. Nach gefühlten 5 Minuten veränderte sich die Amplitude der Schiffsbewegung, sie wurde flacher und das war meine Chance, rauf aufs Deck und dann eine Landung die man auch als Passagier deutlich gemerkt hätte.

Tut mir leid Mister Murphy, heute bleibe ich Sieger.

Und das Schöne ist, dass er es auch bis zum Ende meiner fliegerischen Karriere nicht geschafft hat zu gewinnen (dieser Sack).

Es ist mir an dieser Stelle wichtig, mich bei den verschiedenen Kapitänen der Polarstern, die ich in den drei Jahren Polarfliegerei erleben durfte und den älteren Pilotenkollegen zu bedanken. Sie waren es, die als menschliche und fachliche Vorbilder in ihrer Ruhe und gleichzeitigen Expertise einem jungen Kerl mit noch nicht wirklich vielen Flugstunden sehr viel mit auf den Weg gegeben haben. Dazu gehört vor allem Sorgfalt und Verantwortung.

Auch das Nein sagen – mache ich nicht – und die Ehrfurcht und Demut vor der Natur und ihren Gewalten gehören dazu. Die „Polarsternfliegerei" war für meine gesamte fliegerische Laufbahn extrem prägend. Ich hatte das große Glück dieses Privileg erleben zu dürfen.

Zur Person:

Andreas Helwig wurde 1958 in Berlin geboren und wuchs bei Düsseldorf auf. 1977 verpflichtete er sich nach dem Abitur bei der Bundeswehr und wurde dort zum Offizier und BO 105 Einsatzpiloten ausgebildet und in Itzehoe stationiert. Nach zehn Jahren bei den Heeresfliegern verschlug es ihn zu Heli Service Wasserthal. Dort frönte er bis 1990 der Fliegerei an Nord- und Südpol. Im Anschluss wechselte er zur DRF Luftrettung, wo er an der Station Freiburg im Jahr 2023 mit exakt 10.000 Einsätzen und insgesamt 7287 unfallfreien Flugstunden in den wohlverdienten Ruhestand ging. Vorherige Stationen waren Hartenholm, Bad Saarow und Villingen-Schwenningen, wo er lange Zeit Stationsleiter war. Er steuerte in seiner Zeit als Flieger die Muster Aloutte II, BO 105, Bell 206 Jet & Long Ranger, BK 117, EC 135 sowie H145. Andreas Helwig ist verheiratet, Vater von zwei erwachsenen Kindern sowie mehrfacher Opa.

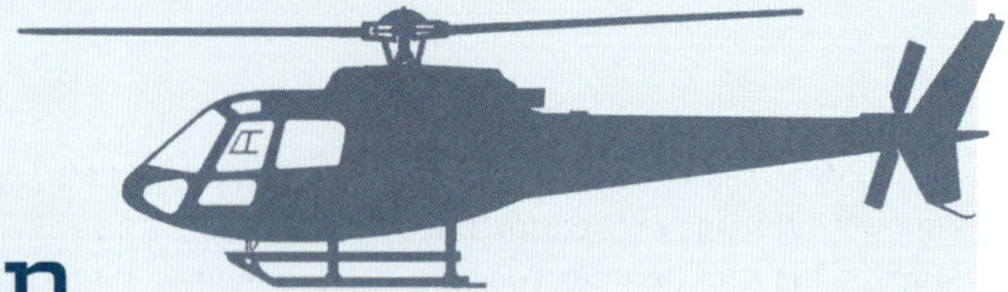

Verschollen im Himalaya-Gebirge

Wenn der Name Gerold Biner fällt, weiß jeder, was die Stunde geschlagen hat. Eine absolute Legende der Luftrettung und ein Ass im Gebirgsflug. Stets am Fortschritt interessiert, hat er sein Wissen nicht nur bei der Air Zermatt, sondern über die ganze Welt hinweg mit zahllosen Piloten geteilt. So kam es, dass gerade er, als mehrere Menschen Hilfe benötigten, zur richtigen Zeit am richtigen Ort war: Im Himalaya.

Von Gerold Biner

Es war im Jahre 2016, genauer am Donnerstag, den 10. März gegen 19:30, während einer Flugoperation im indischen Himalaya, als sich das Team von Himalayan Heli Adventures mit einer aussergewöhnlichen Anfrage beschäftigen musste. Acht indische Studenten aus dem Punjab waren im hochalpinen Dschungel im Kullu Valley vermisst und durch den anhaltenden Schneefall in grosser Gefahr. Eine Suche zu Fuss erwies sich als unmöglich und ein Suchflug mit dem grossen Mi-8-Helikopter brachte keine brauchbaren Hinweise. Über die lokalen Behörden wurden wir in Manali auf unserer Heliskibasis um Unterstützung gebeten.

Himachal Pradesh, das Tal der Götter

Seit 1990 existiert im nördlichen Teil von Indien eine Heliskioperation inmitten des schönsten Teils des gesamten Himalayas. Am oberen Ende dieses Tales der Götter, dem Kullu Valley, ragen die majestätischen Gipfel bis weit über 6000 m über dem Meer in die Höhe. Die geografische Lage und Exposition dieser Gegend garantieren bis heute eine dicke Schneeschicht während der Wintersaison, hauptsächlich in Höhen oberhalb von 2500 Metern über dem Meer. Bis zu 12 Meter Schnee können hier im Hochgebirge fallen und durch die Nähe zum Äquator und die oftmals klaren und kalten Nächte, wird der Schnee «rekristallisiert». Dieser aussergewöhnliche Pulverschnee nennen wir «Curry Powder». Oft konnten wir an den Abfahrten die Skispuren der Vortage kaum mehr erkennen und dies, obwohl kein Schneefall zu verzeichnen war.

1999 durfte ich zum ersten Male dieses unglaubliche Land bereisen und für Himalayan Heli Adventure (HHA), fliegen. Flüge in Höhen bis zu 6000 m über dem Meer gaben uns Piloten das nötige Rüstzeug und auch die Erfahrung, um später bei uns zuhause in Zermatt schwierige Einsätze unter extremen Verhältnissen zu fliegen. Bis zu 60 Landungen pro Tag schärften unsere Sinne und ließen eine Technik entstehen, welche heute hauptsächlich in der Schweiz, bei der Gebirgsausbildung für angehende Piloten, angewendet wird. Andererseits gab es in Indien oft auch Anfragen aus den für Monate abgeschnittenen Tälern für eine Evakuation oder eine Rettung von verunfallten Touristen oder Einheimischen. Bis zum Bau des Tunnels, welcher Manali mit dem nördlichen Chandra Tal verbindet, waren die bewohnten Dörfer nördlich des Rohtang Passes (4000 m über dem Meer) komplett von der Aussenwelt abgeschnitten. In den Wintermonaten wurden wir oft aufgeboten, wenn Kranke oder Verletzte sich in einem kritischen Zustand befanden und dringend in ein Spital mussten. Hier wiederum konnten wir unsere Kenntnisse für die Rettung im Gebirge oder im medizinischen Bereich anwenden, welche wir in Zermatt erlernt hatten. In sämtlichen Fällen schafften es die Unglücklichen zwar bis nach Manali oder ins Spital von Kullu, Mandi oder Chandigarh, aber in einigen Fällen war die Schwere der Verletzung oder der Krankheit zu schwerwiegend und die Patienten starben später im Spital. Ich kann mich gut an einige dieser Einsätze erinnern, bei denen nach der Landung jeweils das gesamte Dorf versammelt war, um den Patienten bis zum Helikopter zu begleiten. Im ansonsten sehr lauten und schrillen Indien verlief die Verladung dann ganz leise und man konnte den Menschen die Besorgnis in ihren Gesichtern ablesen.

Acht Studenten im hochalpinen Dschungel vermisst

Die eingangs erwähnte Anfrage vom 10. März 2016 erreichte uns über unseren lokalen Guide Chuni Thakur, einem der Teilinhaber der Operation und Skiguide. Zusammen mit Manjeev Bhalla, dem zweiten Mitbesitzer, arbeite ich seit meinem ersten Jahr hier in Manali, zusammen. Chuni ist dank seiner Tätigkeit als einziger lizenzierter Heliski-Führer aus Indien nicht nur bei der Bevölkerung bekannt, sondern wird auch bei jeder Rettung seitens der lokalen Behörden um Hilfe gebeten. An diesem Tag flog ich als Einsatzpilot in Manali während knapp 5 Flugstunden Gäste ins Jagatsukh Valley südöstlich von unserer Basis, dem Hotel Manuallaya Resort. Das Wetter war wunderbar und der Neuschnee vom 6. März liess den Himalaya im schönsten Weiss erstrahlen. Neben vielen tollen Tiefschneeabfahrten konnten die Gäste zu guter Letzt noch einen der längsten Runs von 5000 m über dem Meer, den Durga, unter die Bretter nehmen. Nach erledigter Büroarbeit machte ich mich frisch und betrat das Restaurant gegen 19:30. Jeweils um diese Zeit trafen sich in der Regel die gesamte Belegschaft der Operation und die Gäste zum gemeinsamen Nachtessen. Noch bevor wir uns an den Tisch setzen konnten, erklärte mir Chuni, dass er von der lokalen Administration, genauer gesagt vom Superintendent of Police Kullu, Herrn Padam Chand, dem sogenannten SP, über eine Suche nach 8 vermissten Studenten aus dem Bundesstaat Punjab unterrichtet worden sei. Die Familien der Studenten hätten sich bei der Polizei gemeldet und Alarm geschlagen. Die Gruppe befand sich auf einem Trekking zwischen Malana und Chanderkahni Pass und hätten sich verirrt, wären blockiert und würden Hilfe benötigen. Weitere Informationen seitens der Administration betraf die bisherige Suche durch 11 Personen, darunter Polizisten, Zivilschützer und lokale Trekking Führer, welche wegen dem vielen Schnee jedoch abgebrochen werden musste, sowie einem Flug mit einem riesigen Mil Mi-8-Helikopter, einem russischen Model älteren Datums. Dieses Monster ist viel weniger flexibel als unsere kleinen, wendigen und leistungsstarken AS 350 B3, mit welchen wir bis auf 5000 m über dem Meer noch 4 Personen mitführen können. Somit beschränkte sich die Suche mit dem Mil Mi-8-Helikopter auf einen horizontalen Flug aus relativ großer Höhe über Grund, was die Erfolgsaussichten auf ein Auffinden der Unglücklichen praktisch auf null sinken liess. Der Superintendent bat uns nun, bei der Suche behilflich zu sein.

Konfusion und schlechtes Wetter

Eigentlich wäre ich am liebsten gleich in eine von unseren Maschinen gestiegen, um loszufliegen und sofort mit der Suche zu beginnen, aber es war bereits dunkel und es fehlten uns eine Menge Informationen. Wir wussten, dass schlechtes Wetter mit ergiebigen Niederschlägen im Anmarsch war und diese Aussichten für die blockierten Jugendlichen alles andere als von Vorteil waren. Eine erneute Anfrage beim SP Chand ergab, dass die Polizei absolut keine Kenntnis der Vorgeschichte hatte. Über viele Ecken wurden nun noch am Abend versucht, an wichtige Zusatzinformationen und Details zu gelangen, was dazu führte, dass die ganze Geschichte so verwirrlich wurde, da die gesammelten Informationen diametral auseinandergingen und daher für eine grosse Konfusion sorgten. Gerüchte machten die Runde und jeder noch so gutgemeinte Anruf an Chuni und andere Jungs aus unserem Team, verwirrte uns nur noch mehr. Aus den Geschichten und Spekulationen hätte man gut und gerne ein paar Bollywood- oder Hollywoodfilme realisieren können. Was wir jedoch unbedingt brauchten, waren knallharte Fakten und Tatschen, und keine Geschichten von angehenden Starregisseuren!

In all den Jahren als Pilot bei der Air Zermatt wurden die Vermisstenmeldungen durch die Rettungschefs Bruno Jelk und später Anjan Truffer oder einen Bergrettungsspezialisten geleitet. Diese erfahrenen Bergretter hatten eine Art Checkliste, welche durchgegangen wurde, bevor man sich dazu entschied, mit dem Heli in die Luft zu gehen. Dazu gehörten Abklärungen bei Hotels, Bekannten, Familie, Bergbahnen und in Zusammenarbeit mit der Polizei wurde nach Autos gesucht, um sicherzustellen, dass sich die Vermissten nicht plötzlich in einer Beiz, einer Liebschaft oder gar zu Hause befanden. So einen Fall hatten wir in den 90iger Jahren mit einem Wissenschaftler des CERN in Genf. Dieser kam am Abend nicht in seinem Hotel in Zermatt an und wurde vermisst. Er war nicht erreichbar und wir hatten auch keinen Patienten mit dem Namen des Vermissten in eines der Spitäler geflogen. Seine privaten Sachen und Kleider waren im Hotelzimmer und die Frau war sich sicher, dass etwas Schreckliches passiert sei. Während der ganzen Nacht flogen wir sämtliche Pisten rund um Zermatt ab, ein Netz von über 300 Kilometern Länge, setzten an vielen Orten Bergretter, Patrouilleure und Helfer ab, welche jede Piste an beiden Rändern absuchten. Ergebnis gleich null! Als ich am nächsten Morgen gegen 8:00 Uhr erneut auf einem Suchflug nach dieser Person war, kam der Anruf der Polizei, dass sich der Wissenschaftler aus dem CERN in Genf gemeldet hätte. Er hatte wohl eine geniale Idee oder einen Geistesblitz, der ihn mitsamt der Skiausrüstung in Zermatt in den Zug steigen ließ, ohne seine Frau oder das Hotel zu benachrichtigen, um direkt im CERN an einer wichtigen Sache zu arbeiten!

Eine der letzten Vermisstensuchen, bei welcher ich persönlich beteiligt war, betraf den Deutschen Karl-Erivan «Charly» Haub, den Mitinhaber der Tengelmann Gruppe, welcher am 7. April 2018 in Zermatt verschwunden und später für tot erklärt wurde. Dieser Fall fand ein riesiges, mediales Echo und sorgt heute noch für Schlagzeilen und Räubergeschichten. Im Raume Zermatt sind immer noch 20 Personen allein am Matterhorn vermisst und weitere 20 auf übrigem Gemeindegebiet. Sehr ähnlich sieht es im indischen Himalaya, im Tal der Götter aus. Seit 1991 gelten in diesem Distrikt 18 Ausländer als vermisst und von ihnen fehlt bis heute jede Spur.

Um zu verhindern, dass sich diese Bilanz noch verschlechtern sollte, versuchten wir, wie immer, unser Bestes zu geben. Dank unzähligen Telefonaten fanden wir schliesslich heraus, dass es sich um 7 Studenten vom Sant Longowal Institute of Engineering and Technology

(SLIET) aus Sangrur im Distrikt Punjab handelte und diese bereits am Dienstag, den 8. März angereist waren. Hier heuerten sie einen ehemaligen Studenten vom selben Institut SLIET als «Trekking Guide» an und hatten vor, erst zum Tempel nach Bijli Mahadev und dann nach Malana zu trekken. Der Tempel steht an einem Ort oberhalb des Kullutales auf knapp 2500 m über Null mit einem atemberaubenden Ausblick ins Tal in Richtung Süden nach Bhuntar, wo sich der Flugplatz von Kullu/Manali befindet. Beim Bijli Mahadev handelt es sich um einen der ältesten Tempel Indiens, welcher dem Lord Shiva gewidmet ist. Das Dorf Malana ist sagenumwoben und liegt im gleichnamigen Tal, einem Seitenarm des Parvati Valleys. Es ist hauptsächlich bekannt für das beste Marijuana (Cannabis), dass es angeblich auf diesem Planeten geben soll. Dieser Hash nennt sich «Malana Cream» oder «Magic Cream».

Erstes Lebenszeichen nach 3 Tagen

Die Presse ging schnell einmal davon aus, dass die arbeitslosen Studenten sich wohl ein wenig Geld mit dem Handel von Malana Cream verdienen wollten. Das Dorf liegt auf 2600 m über dem Meer und ist nur zu Fuss erreichbar. Um dies zu tun, gibt es 3 Möglichkeiten. Entweder steigt man aus dem Parvati Tal auf, oder tut dies aus dem Kullu Tal von Rumsu aus, um den Chandrakhani Pass auf 3660 m über dem Meer zu überqueren. Die dritte Variante, welche sich die Studenten ausgesucht hatten, verläuft dem langen Bergrücken vom Tempel Bijli Mahadev folgend bis zum Chandrakhani Pass. Dabei hätten die Jugendlichen mit ihrem unerfahrenen «Trekking Guide» durch meterhohen Schnee stapfen müssen. Dieser Guide war es dann auch, welcher sich am Freitag, den 11. März morgens bei seinem Bruder meldete und ihm mitteilte, dass sie irgendwo in der Nähe des Chadrakhani Passes feststecken und einen Helikopter für die Evakuierung bräuchten. Danach brach jeglicher Kontakt zu den Vermissten ab und bei sämtlichen Telefonen der Studenten fielen wohl die Batterien aus. Somit verloren auch wir die Möglichkeit, direkt mit den Betroffenen zu reden. Via den Bruder gelangte die Information an die Mutter, welche diese wiederum an die Polizei weitergab. Wenigstens wusste man nun, dass die Jungs nach 3 Tagen in dieser Höhe, noch am Leben waren. Aber warum haben sich die Studenten nicht schon früher gemeldet? Warum besuchten sie erst den Tempel Bijli Mahadev, um dann nach Malana zu gelangen? Waren sie wirklich zum Tempel unterwegs oder nahmen sie eine der beiden anderen Routen? Warum erzählte uns die Polizei andauernd, dass sich die Vermissten zwischen Malana und dem Chandrakhani Pass in Not befänden? Sie hatten wohl schlicht keine Ahnung, wie man mit diesen Vermisstenmeldungen umgeht und waren ob all den verschiedenen Informationen komplett verwirrt, so wie wir! Man wollte selbst die "National Disaster Response Force of India (NDRF)», also den Nationalen Katastrophendienst Indiens, um Hilfe bitten, sollten bis am Samstag keine Resultate vorliegen. Diese Massnahme war absolut verständlich, machten sich doch 8 Familien grosse Sorgen über das Verbleiben ihrer jungen Söhne.

Während der Nacht vom Donnerstag auf den Freitag und bis am Samstag gegen Mittag, fiel bis auf 2000 m über dem Meer über einen Meter Neuschnee. Die Polizei sendete eine zweite Suchtruppe los und diese stieg aus dem Parvati Tal auf und gelangte fast auf den Bergrücken, welcher zum Bijli Tempel führt. Ein Wunder, dass sich bei dieser riskanten Aktion niemand verletzte oder eine Lawine allesamt verschüttete. An einen Erkundungsflug war nicht zu denken, da sich der Nebel bis hinunter ins Tal ausbreitete. Die Rettung musste erneut unterbrochen werden. Somit schwand die Hoffnung, die 8 jungen Leute aus dem Punjab in Sicherheit zu bringen. Ob sie noch lebten? Auf alle Fälle stieg der Druck auf die Behörden und Chuni war laufend mit dem SP in Kontakt. Es meldeten sich bereits die ersten Journalisten und langsam verspürten auch wir den Druck, etwas zu unternehmen, um diesen armen Kerlen zu helfen.

Bereit für den ersten Erkundungsflug

Intern besprachen wir Piloten und Bergführer alle möglichen Szenarien und legten uns einen Plan zurecht, sollte das Wetter endlich aufreissen. Unsere lokalen Helfer, die sogenannten Fuelboys, wurden angewiesen, das gesamte Rettungsmaterial vorzubereiten und bereitzustellen. Für die Heliskibasis in Manali haben wir in all den Jahren immer wieder neues Rettungsmaterial aus der Schweiz gesammelt und hierhergebracht, damit wir in einem Falle einer Rettung bestens ausgerüstet waren. Dani Lerjen, mein Pilotenkollege aus Zermatt, wollte, dass ich den primären Einsatz fliege und er auf Standby darauf warten wollte, bis wir etwas gefunden hätten. So verbrachten wir auch den gesamten Freitag damit, Telefonate zu führen, um neue Informationen zu kriegen. Die ersten Presseleute und Fernsehstationen kamen auf die Basis in Manali, ins Hotel Manuallaya und wir waren froh, dass unser lokaler Heliskiguide Chuni sich diesen «wissensbegierigen» Menschen annahm. Der Abend kam und ohne dass wir etwas hätten unternehmen können, mussten wir zuwarten und hoffen, dass sich das Wetter besserte und wir endlich in die Luft konnten. Das Wetter blieb jedoch schlecht und so wurde auch der Samstag zur Geduldsprobe. Gemäss den Wetterprognosen sollte es erst in der Nacht auf Sonntag aufklaren und obwohl der Schneefall sich am Samstag gegen Mittag langsam legte, war die Luft noch derart feucht, dass Nebel und Wolken jegliche Rettungsaktionen, ob zu Fuss terrestrisch, oder in der Luft, verunmöglichten.

Ich ging früh ins Bett und wollte beim ersten Tageslicht bereit sein, damit wir mit der Suche endlich beginnen konnten. Erst lag noch Nebel im Tal der Götter und weiter oben, ab 3500 m über dem Meer, verdeckte eine zweite Wolkenschicht die Sicht auf die gigantischen Berge des indischen Himalayas, welche in dieser Region über 6000 m hochragen. Gegen 8:00 Uhr, am Sonntag, den 13. März, machten wir uns dann startklar. Neben dem lokalen Skiführer Chuni Thakur, welcher die gesamten Informationen sammelte, nahmen noch die beiden Führer Marcel Frank und Roger Kingston in der Maschine Platz. Somit war jedes Fenster besetzt und wir konnten nach 2 Tagen endlich losfliegen. Wir wollten erst beim Shiva Tempel von Bijli Mahadev beginnen und dann entlang dem Bergkamm in Richtung Norden nach den Studenten Ausschau halten. Durch die ergiebigen Niederschläge der vergangenen Tage waren sämtliche Spuren unter dem meterhohen Neuschnee begraben und selbst die Spuren der Retter, welche aus dem Parvati Tal aufgestiegen waren, kamen nur vereinzelt zum Vorschein und man konnte gerade noch erkennen, wo die Bergretter ihre Suche am Vorabend aufgegeben hatten. Der dichte Wald aus Fichten, Kiefern und Tannen erschwerte unsere Suche, da die Waldgrenze in diesem Teil der Erde bis auf 3500 m geht. Die Einheimischen reden von einem «Dschungel» und genauso kam es mir beim ersten Suchflug vor. Da sich die Wolkendecke ein wenig auflöste, gab es einen kleinen Moment, an dem wir bis zum Chandrakhani Pass fliegen konnten. Unser Flug führte uns östlich an einem unserer Heliski-Landeplätze vorbei und wir staunten über die Distanz, welche sich die Studenten für dieses Trekking ausgesucht hatten. Wir waren überzeugt, dass die über 15 Kilometer lange Strecke in diesem Gelände und bei meterhohem Schnee nicht zu bewältigen war, zumal keiner der Jungs über die nötige Erfahrung verfügte. Kurz vor dem Chandrakhani Pass führte die Route an einer steilen Flanke auf der Ostseite der Bergkette entlang, also bereits im Malana Tal und dieser Hang war dermassen mit Neuschnee beladen, dass eine Querung mit grosser Sicherheit eine Lawine ausgelöst hätte. Gottseidank gab es hier keine Anzeichen von Spuren oder Anrissen im Schnee. Wenn sie diese Flanke nicht durchsteigen konnten, mussten sie bis auf 4000 m aufsteigen und über unseren Landeplatz in Richtung Pass wieder absteigen. Auch hier fanden sich keine Anzeichen von einer Gruppe von 8 Personen. Die kurze Aufhellung reichte noch, bis nach Malana und den Weg in Richtung Chandrakhani Pass abzufliegen. Hier war das Gelände offen und man konnte weit und breit keine Menschenseele sehen und keine Spuren entdecken.

Der Suchradius wird eingegrenzt

Dann mussten wir den Suchflug wegen dem schlechten Wetter erneut unterbrechen und zurück zur Basis fliegen. Es war nun gegen 10 Uhr vormittags und die Pause nutzten wir, um weitere Abklärungen zu treffen. Es war wichtig, persönlich mit einer Person des Suchtrupps zu sprechen, welcher am Samstag aus dem Parvati Tal bis zum Bergkamm aufsteigen konnte, weil es Gerüchte darüber gab, dass diese Truppe noch Spuren der Vermissten gesehen hätte. Chuni schaffte es schlussendlich, Kontakt mit einem dieser Retter aufzunehmen. Dieser bestätigte, dass sie unter schwierigsten Bedingungen den Wanderweg hochsteigen konnten und vermeintlich Spuren entlang des Kammes gesehen hätten. In Richtung Parvati sei mit Sicherheit niemand abgestiegen. Obwohl sich der Schneefall gelegt hätte, bangten die terrestrischen Retter um ihre Sicherheit und kamen im tiefen Schnee kaum mehr vorwärts. Daher wurde die Suche verständlicherweise abgebrochen. Endlich konnte auch der Kontakt zum Bruder des «Trekking Guides» hergestellt werden und dieser lieferte die schon längst benötigten und kleinen Details, welche die Suche massiv einschränkte. Nun war mehr oder weniger klar, dass der letzte Kontakt mit den Vermissten bestand, als diese sich noch im Wald, dem Dschungel wie sie es nannten, befanden und somit nicht nördlicher als der Beginn der Traverse oder der Gipfel unseres Landeplatzes auf knapp 4000 m sein konnten. Den Bereich von der Traverse bis zum Chandrakhani Pass und weiter nach Malana konnten wir somit als Suchgebiet ausschliessen. Falls die Informationen der terrestrischen Gruppe stimmen sollten, waren die Spuren der Studenten nördlich des Abzweigers der Wanderwege vom Tempel und dem Parvati Tal noch sichtbar. Dies schränkte unseren Suchradius ungemein ein, auch wenn das Terrain dermassen stark bewaldet und mit Buschen übersät war, dass ein Auffinden einem Sechser im Lotto gleichkam. Aber wir mussten es versuchen.

Intern mussten wir uns darüber im Klaren sein, dass es im Suchgebiet keine Landemöglichkeiten gab und wir uns überlegen mussten, wie wir am effektivsten mit der Feinsuche beginnen können. Wir legten zusammen mit den Bergführern fest, dass wir die Ausrüstung für eine Seilbergung, der sogenannten Fixtaubergung, mitführen wollten und zusätzlich einen unserer Fuelboys mitnehmen. Sony Thakur war bereits in der Schweiz und wurde hier neben den Aufgaben als Flughelfer, auch in dieser Rettungstechnik, eingewiesen. Seine Aufgabe bestand darin, die Kabinensicherung, ein Seil, welches durch die Kabine geführt wird und das Fixtau zusätzlich mit dem Helikopter verbindet, mit Hilfe eines scharfen Messers zu kappen, sollte der Pilot dies verlangen. Diese Redundanz sicherte das am Lastenhaken befestigte Fixtau und sollte dazu dienen, dass bei einer ungewollten Auslösung des Hakens durch den Piloten oder anderen Umständen, der am Seil hängende Retter nicht abstürzte. Die Bergführer bereiteten ihre gesamte Skiausrüstung vor und nahmen zusätzlich noch ein Lawinenverschütteten-Suchgerät mit, sowie Klettergurte und den Lawinenrucksack samt Sonde und Schaufel. Wir wollten die Bergführer an verschiedenen Punkten zuoberst am Kamm mit dem Fixtau absetzen und diese sollten sich dann mit den Skiern in einem vorgegebenen Sektor talwärts bewegen. Eine sehr riskante Aufgabe. Wir konnten im besagten Gebiet auch grosse Felsblöcke und Absätze ausmachen, was eine Fahrt mit den Skiern gefährlich machte, und die Retter mussten sich sehr vorsichtig in diesem Gelände bewegen. Sie wollten durch Rufe auf sich aufmerksam machen und wir hofften insgeheim, dass wir damit die vermissten Studenten finden konnten. Gleichzeitig sollte ich mit dem Heli in einer Art Raster das Gebiet von unten nach oben im langsamen Tiefflug scannen und den Bergführern melden, wenn ich irgendetwas sehen würde, was nicht in die Natur passt. Die Augen eines Bergrettungspiloten sind speziell auf diese Sachen geschult und wir erkennen sehr rasch, wenn die Farbe oder die Form eines Teiles nicht in die Natur passt, sei es ein Stück von einem Rucksack, einer Jacke, ein Stock, Pickel oder selbst eine Sonnenbrille können uns auffallen und dann geht es meistens eine Weile, bis man sich gegenseitig erklärt hat, wo man was gesehen hat. Bei Suchflügen in der Ostwand des Matterhorns war das jeweils ein groteskes Spiel. Wir suchten in einer horizontalen Linie das Gebiet nach rechts ab, stiegen dann jeweils 20–30 Meter senkrecht hoch und flogen dann die gesamte Strecke nach links wieder zurück, immer mit der Nase des Helikopters gegen den Hang gerichtet, um so Sektor für Sektor zu kontrollieren. Meistens redete man nicht viel, weil man so konzentriert suchte und irgendwann sagte wieder einer: «Da ist der Rucksack vom jungen Südamerikaner, der vor vier Jahren hier ums Leben kam» oder «Das rote Teil, welches mit Sand fast zugedeckt ist, könnte eine Jacke sein, aber das ist alt». Das ging dann jeweils so lange, bis man «frische» Spuren fand und die Bergung vorbereiten konnte. Suchflüge in der Ostwand des Matterhorns verheissen nichts Gutes und man ist sich bewusst, dass man mit hoher Wahrscheinlichkeit einen zerschmetterten Körper bergen muss und der Anblick alles andere als schön sein wird. Hinzukommt die Exposition zuunterst in der Ostwand, wo man sich dem Steinschlag aussetzen muss und hofft, dass der Berg nicht mit grossen Dingern nach dir wirft, denn ein Treffer eines handgrossen Steines in den Rotor und der Helikopter würde unkontrolliert abstürzen.

Bergretter werden abgesetzt

Gegen 15:00 Uhr, starteten die Bergführer Roger Kingston aus Tasmanien, Marcel Frank aus der Schweiz, Chuni Thakur und sein Neffe Sony Thakur beide aus Vashist bei Manali, sowie meine Wenigkeit, zu einem weiteren Suchflug von der Basis des Hotels Manuallaya in Manali. Manjeev Bhalla, der Mitinhaber und Basis Manager von Himalayan Heli Adventures, informierte die lokalen Behörden und den SP über den Start. Unser Flug führte 12 Minuten nach Süden, dem Kullu Tal folgend in Richtung Rumsu und weiter zum Bergkamm in der Nähe des Tempels Bijli Mahadev. Dem Kamm während gut 2 Kilometern nach Norden folgend, bemerkten wir an der Abzweigung die Spuren der Retter vom Samstag und weiter oben gab es keine Zeichen von Fussabdrücken oder anderen Lebenszeichen. Der viele Neuschnee hatte alle Spuren verwischt. Auch ein kurzer Flug in Richtung Parvati Tal brachte keine neuen Erkenntnisse. Wir versuchten, das Gebiet in einem ersten Überflug grob zu scannen und entschieden uns dann, Chuni zu einer bestimmten Stelle zu fliegen und mittels dem Fixtau abzusetzen. Die kleine Lichtung von 5 Metern zuoberst am Kamm war zwar exponiert auf beiden Seiten, war jedoch die einzige vernünftige Stelle, um den Retter nicht in dem dichten Wald absetzen zu müssen. Die Wolken fingen erneut an sich zu verdichten und nun mussten wir uns beeilen. Als zweiter sollte Marcel Frank folgen, und zwar weiter südlich, ebenfalls am Kamm. Nun ging es darum, in der Gegend einen Landeplatz zu suchen, der nicht allzu weit vom Geschehen lag. Oberhalb des Wasserfalles von Jana fand ich eine kleine Fläche auf 2900 m über dem Meer, landete und ließ den Helikopter entladen. Ich ließ beide vorderen Türen ausbauen und wies Sony an, die Schiebetüre ebenfalls zu öffnen. Ich musste gerade nach unten sehen können, um die Führer präzise abzusetzen. Diese Technik nennt sich fliegen nach vertikaler Referenz. Die Jungs bereiteten alles für die Fixtauaktion vor und Chuni hängte sich am Ende des Seils ein. Der Typ hat echt Mut, dachte ich mir und nahm ihn sachte vom Boden weg. Über Funk bestätigte er mir, dass alles in Ordnung sei, und ich steuerte den Helikopter wieder zurück zum Kamm auf 3200 m über dem Meer. Er hatte die Skier bereits am Startplatz montiert und war für eine Pulverschneeabfahrt bereit. Nun folgte Frank und auch dieses Manöver verlief ohne Schwierigkeiten. Nachdem Sony und ich zum Startplatz flogen, um das Seil vom Helikopter zu lösen und um Roger aufzunehmen, begannen wir mit der Suche in Bodennähe. Wir wählten für den Start den Bach im kleinen Matikochhar Nalla aus, einer Art Couloir, und begannen den rechten oder südlichen Teil dieses Baches in 30 m über Grund abzufliegen. Diese Höhe erlaubte es uns auch, schräg nach oben schauend, unter den Ästen der Bäume, den Boden zu scannen. Plötzlich sehe ich sie vor mir! «I got them», rufe ich im Funk aus und ich denke, dass mich alle für verrückt hielten. Innerhalb von weniger als 5 Minuten hatte unser System bereits zum Erfolg geführt. Die Studenten hatten versucht, unter einem Baum ihr Zelt aufzustellen und hörten wohl den Helikopter.

↑ Die Studenten und ihr Zelt, umgeben von den Schneemassen.

Volltreffer

Erst sah ich eine rote Jacke und einen Student, der mir versuchte zuzuwinken. Dann entdeckte ich weitere Personen, einer in einer blauen Jacke und ein weiterer in einer dunklen Jacke. Sie sassen am Boden und schauten in meine Richtung auf, ohne auch nur ein Zeichen zu geben. Ich dachte: »He Jungs, nach 5 Tagen kommt hier endlich euer Taxi, ein wenig mehr Enthusiasmus bitte!». Das Zelt schien halb am Zerfallen zu sein und nun entdeckte ich einen vierten Vermissten. Sie alle schienen erschöpft, aber immerhin am Leben zu sein. Sofort gab ich die Meldung über Funk an unsere Basis weiter und informierte Chuni, dass ich mir sofort das Seil schnappen würde und dann erst den Marcel holen und bei den Studenten absetzen würde, weil er noch in der Lichtung stand, und Chuni sich bereits einige Meter nach unten begeben hatte. Er musste erst wieder hochsteigen, weil der Wald zu dicht war und ich ihn an dieser Stelle nicht holen konnte. Ich befürchtete, dass nur 4 der Vermissten es geschafft hatten. Aber wo waren die übrigen Trekker? Als ich Marcel abgesetzt hatte, meldete er mir: «Gerold, hier sind 6 Studenten, teils apathisch und am Ende ihrer Kräfte. Ich habe 2 Klettergurte bei mir und bereite schon mal die vor, die am besten bei Kräften sind. Ich blieb in der Nähe und funkte zur Basis zurück, dass sie unbedingt

↑ Einer der blockierten Studenten ist mit seiner roten Jacke unter dem Felsen gut zu erkennen.

Dani mit dem zweiten Helikopter losschicken sollen, um die Patienten abzuholen. Der Stimme von Manjeev konnte ich das Zittern entnehmen, die Freude und Erleichterung und er fragte erneut, ob alle noch am Leben seien. Er rief die lokalen Behörden an und bestellte die Ambulanzen zu einem Ort namens Rumsu. Diesen Ort besuchten wir oft mit unseren Kunden, wenn das Wetter keine Flüge zuliess. Oben am Kamm kämpfte sich Chuni den Hang hoch und bei der zweiten Rotation der Evakuation bemerkte ich, dass sich der Nebel wieder zu formen begann und drängte Chuni, sich sofort bereitzumachen, ansonsten müsse er die Nacht in diesem Wald verbringen.

Auch der zweite Flug mit zweien der Trekker verlief gut und dann überschlugen sich die Ereignisse. Im Anflug zur Stelle, wo ich Marcel abgesetzt hatte, schrie plötzlich Sony hinter mir durch die helikopterinterne Sprechanlage: »Geri, I can see two more students in a cave on the other side of the river!». Sony hatte ganz locker, während ich mich aus dem Helikopter lehnte, um Marcel die Klettergurte für die letzte Rotation zu bringen, die Co-Pilotenseite abgesucht und tatsächlich die beiden letzten Vermissten auf der gegenüberliegenden Bachseite, 100 m weiter oben in einer großen Höhle, gesichtet. Sie winkten uns zu und schienen sich tatsächlich zu freuen. Einer der beiden war barfuss und der andere Student hatte noch einen kleinen Hund neben sich. Somit stand nun der kurzfristig geänderte Schlachtplan darin, Chuni abzuholen und ihn bei den Höhlenmenschen abzusetzen. Marcel sollte in dieser Zeit die beiden letzten Athleten vorbereiten, aber er schaffte es kaum, die entkräfteten Jungs vorzubereiten. Er musste sie erst aus dem Zelt zerren. Sie konnten kaum stehen und waren am absoluten Ende ihrer Kräfte. Oben am Kamm war Chuni immer noch nicht in der richtigen Abholposition und der Nebel drückte von der Malanaseite beängstigend schnell noch oben. Ich gab Chuni genau 30 Sekunden Zeit, sich in den neben ihm schwebenden Haken einzuhängen, ansonsten müsse ich wegziehen, bevor mich der Nebel verschlucke. In der allerletzten Sekunde schaffte es Chuni und ich konnte gerade noch in Richtung Kullu abschwenken. Jetzt meldete sich Marcel weiter unten und erklärte mir, dass er es nicht alleine schaffen würde, die beiden Studenten vorzubereiten. Also setzte ich Chuni bei Marcel ab und nach einer gefühlten Ewigkeit meldeten sie sich bereit. Ich überlegte kurz, ob ich auf dieser Höhe, immerhin waren es über 300 m über dem Meer, alle 4 gleichzeitig nehmen konnte und meldete dann meinem Team, dass sich alle einhängen sollen. Chuni gab mir zur Antwort, dass das nicht gehen würde, da sie nur 2 Ankerstruppen zur Verfügung hätten. Mist, also konnte ich nur 2 Leute ans Seil nehmen. Ich überlegte kurz und meinte dann zu Marcel: «Gib mir die beiden Studenten, ihr habt Skier und die nötige Ausrüstung und könnt im Falle, wenn ich euch nicht mehr holen kann, versuchen, selbständig ins Tal zu gelangen.» Eine Ankerstruppe ist ein circa 1 Meter langes Seil, welches zwischen den Haken am Ende des Seiles und dem Klettergurt eingehängt werden muss, damit genügend Platz vorhanden ist. Nachdem mir Marcel die beiden letzten Studenten der Südseite angehängt hatte, flog ich zu meinem Landeplatz in der Nähe des Wasserfalles von Jana an. Hier hatte Roger die zweite Maschine mit Dani eingewiesen und ihm die Geretteten in den Helikopter geladen. Bereits beim ersten Anflug auf Rumsu war wohl das halbe

Tal anwesend und Dani hatte Mühe, seine Patienten auszuladen. Er hatte Narayan Dev aus Manali dabei, der die Masse im Zaum hielt und die Studenten bei der Ambulanz abgeben konnte. Zwischenzeitlich war die Wolkendecke vom Kamm abgesunken. Nachdem sich Marcel und Chuni einhängen und den Ort der ersten Evakuation verlassen konnten, flog ich sie direkt am Seil hängend, zur Höhle. Leider war der Nebel bereits so tief, dass wir 50 m vor den beiden letzten Trekkern, die Rettung abbrechen mussten. Die Zeit reichte gerade noch, um den Unglücklichen Zeichen zu geben, dass sie ausharren sollten und vor allem in der Höhle bleiben sollten. Sony gab ihnen Handzeichen aus der geöffneten Schiebetüre und die Retter am Seil fuchtelten ebenfalls wie wild. Sony rollte seine Hände übereinander und zeigte zum Schluss in Richtung des Nebels. Beide nickten und wir hofften, dass sie die Zeichen auch richtig interpretiert hatten. Es blieb nicht einmal Zeit, etwas abzuwerfen, denn erneut wollte uns der Nebel verschlucken, wir mussten schleunigst weg von diesem Ort.

Nebel verhindert die Rettung der beiden letzten Studenten

Obwohl wir nun die Gewissheit hatten, dass es alle bis dahin geschafft hatten, traten wir den Rückflug zur Basis mit gemischten Gefühlen an. Wir freuten uns enorm über den raschen Sucherfolg und waren auf der anderen Seite enttäuscht, dass wir beiden letzten Studenten zurücklassen mussten. Wir konnten nur hoffen, dass sie eine weitere Nacht durchhalten und wir sie bei der nächsten Gelegenheit aus ihrer misslichen Lage befreien konnten. Es war bereits ihre fünfte Nacht, welche sie draussen verbringen mussten. Alle hofften, dass die Jugendlichen diese letzte, bitterkalte Nacht überleben mögen. Zurück auf der Basis im Hotel Manuallaya war im wahrsten Sinne des Wortes der Teufel los. Es befanden sich so viele Leute am Helipad, im Skiraum und in unserem Aufenthaltsraum und alle wollten etwas wissen. Die Eltern der letzten beiden Studenten warteten auf die Rückkehr ihrer Söhne und leider mussten wir ihnen mitteilen, dass wir sie nicht retten konnten. Alle wussten, dass die bevorstehende Nacht die wohl härteste im Leben dieser Unglücklichen werden sollte. Die übrigen 6 Studenten wurden ja nach Rumsu geflogen, auf die wartenden Ambulanzen verteilt und ins Spital nach Kullu gefahren. Die ersten Rückmeldungen waren sehr positiv. Es gab zwar Erfrierungen, aber die Jungs waren ansonsten wohlauf und hatten das Abenteuer mehr oder weniger schadlos überstanden. Verschiedene Fernsehstationen berichteten teils live über das Ereignis und auch die ranghöchsten Personen des Tales waren auf der Basis anwesend. Neben Frau Jyoti Rana, der Subdevisional Magistrate oder SDM genannt, war auch der District Commissioner auf der Basis und sie standen der Presse Rede und Antwort. Obwohl wir erst ganz zum Schluss um Hilfe gebeten wurden, als man mit dem Latein oder dem Hindi am Ende war, wollte man uns nun über allen Klee loben, aber für Gratulationen war es noch zu früh, wir mussten noch die beiden letzten Studenten holen und hofften auch auf einigermaßen gutes Flugwetter für den Montag. Es war nun bereits die sechste Nacht, welche die beiden übriggebliebenen Studenten im Dschungel des Himalayas auf 3000 m über dem Meer bei Minustemperaturen, verbringen mussten. Hoffentlich geht für sie das Abenteuer Malana gut aus!

↑ Erschöpft klammern sich die Geretteten an das Fixtau, das unter dem Hubschrauber hängt.

Happy End

Das tat es, denn kurz nach 7 Uhr, am Montag, den 14. März 2016, beluden wir das Rettungsmaterial und machten uns auf den Weg in Richtung von unserem Zwischenlandeplatz in der Nähe des Wasserfalles von Jana. Dort montierte die Crew, welche bereits am Vortag im Einsatz stand, das Fixtau am Lastenhaken des Helikopters und sicherte das Seil mittels der Kabinensicherung. Sony nahm hinten in der Maschine Platz und übernahm den Part des Flughelfers, welcher im schlimmsten Falle und auf mein Kommando hin, die Sicherung mit einem scharfen Schweizer Messer von Victorinox hätte durschneiden sollen. Mit an Bord war auch Roger Kingston, unser Leadguide mit seiner Kamera und filmte die Evakuation der Blockierten. Wir waren sehr gespannt, wie es den Jungs gehen würde und waren natürlich erleichtert, als wir sie im tiefverschneiten Dschungel in der Höhle entdeckten. Als Chuni und Marcel unten an der Leine hängend zur Höhle schwebten, wirbelte der Abwind des Helikopters enorm viel Schnee auf und blies die Höhle voll damit. Am Rande des Felsvorsprunges konnte ich beide sicher absetzen und um die Vorbereitungen nicht mit Lärm und dem aufwirbelnden Schnee zu stören, gab ich das Kommando zum Aushängen. Dann flog ich von der Höhle weg. Es war ausgemacht, dass ich alle vier Personen in einem Flug nehmen konnte. Dieses Mal hatten wir die benötigten Ankerstruppen dabei. Selbst für den jungen Hund führten wir extra eine kleine Tasche mit, der wollte jedoch partout nicht dort rein. Jedes Mal, wenn Chuni ihn zu fassen versuchte, schnappte er nach seiner Hand. Nun mussten wir uns aber beeilen. Erneut bildete sich der Nebel und drohte die Aktion zu gefährden. Ich trieb die Retter zur Eile an, denn ich wollte keine Zeit mehr verlieren und die letzte Evakuation vorzeitig abbrechen zu müssen. Wir waren knapp davor, diese Rettung mit einem Happy End abzuschliessen. Ein letzter Versuch der beiden Retter, den Hund zu bändigen, endete mit blutigen Fingern und schweren Herzens mussten wir das arme Geschöpf zurücklassen.

↑ Gerold blickt konzentriert auf das Fixtau hinab.

↓ Wie schlecht das Wetter vor Ort war,lässt sich hier nur erahnen.

Sobald wir die Nebelzone verlassen konnten, fühlten wir eine enorme Erleichterung und nachdem alle wieder richtigen Boden unter den Füssen hatten, beluden wir die Helikopter mit Material und Personen. Ein letztes Mal hob ich von diesem Zwischenlandeplatz ab, gab dem Tower in Kullu Bescheid, dass wir die Aktion beendet hätten und uns auf den Weg nach Manali machten. Auch der Mann am Funk schien die News am Vorabend verfolgt zu haben, denn von ihm bekamen wir die ersten Glückwünsche zur gelungenen Aktion. Im Anflug auf die Basis konnten wir bereits erkennen, dass der Rummel nun wohl richtig losgehen würde. Kaum standen die Rotoren unseres Helikopters still, kam Manjeev zu mir her. Ich öffnete die Pilotentüre und konnte sogleich erkennen, dass unser Manager, der sehr na-

↑Ankunft der Überlebenden – sie werden wohl noch nie glücklicher gewesen sein als in diesem Moment.
Erst einmal Auftauen – und das wortwörtlich – durften die Studenten nach ihrer Rettung.

he am Wasser gebaut hat, Tränen in den Augen hatte. Er zitterte am ganzen Körper und brachte keinen Ton aus sich heraus. Er ließ mich aussteigen und drückte mich ganz fest. Es brauchte keine Worte, denn wir alle wussten, dass wir unser Bestes gegeben hatten und das Schicksal es dieses Mal gut mit uns und den 8 gestrandeten Trekkern meinte. Sie bekamen wohl ein neues Leben geschenkt.

Zur Person:

Nach der Lehre als Mechaniker auf dem Flugplatz in Sitten hat **Gerold Biner** seine Karriere beim Oberwalliser Helikopterunternehmen Air Zermatt als «Fensterputzer» begonnen – man könnte sagen „vom Fensterputzer zum Visionär." Seine Pilotenausbildung absolvierte er 1988 privat in Kanada, von 1989 bis 2024 war er bei der Air Zermatt als Pilot und später CEO tätig.

16.000 Flugstunden, über 2000 als Fluglehrer, 5000 Rettungseinsätze, 250.000 Unterlastflüge und über 110.000 Landungen, davon mehr als 100 auf Höhen von 6000 m und darüber, sind in seinen Flugbüchern festgehalten. All diese Erfahrungen haben ihn zu einem der erfahrensten und erfolgreichsten Helikopterpiloten der Welt gemacht. Als Ehemann und Vater zweier Töchter fliegt er auch nach all den Jahren immer noch am liebsten in seiner Heimat ums Matterhorn. 23 Jahre lang ist Gerold im indischen Himalaya als Pilot unterwegs gewesen und hat auch hier viel erlebt.
Seinen heutigen Unruhestand verbringt er fliegerisch beim Heliskiing in Island, Zuhause bei seinen Liebsten oder in warmen Gefilden, wo er auch mal die Ruhe um sich herum genießt, die er in seinem Arbeitsumfeld turbinenbedingt nie hatte.

UN-Mission am Horn von Afrika

„Black Hawk Down" ist für viele ein Begriff. Doch kaum einer weiß, dass sich 1993 neben den Amerikanern auch noch andere, internationale Streitkräfte für die UN Mission Unosom I&II in Somalia befanden, darunter auch die deutschen Heeresflieger. Dass es in einem solch kriegsgebeutelten Land sowohl in als auch außerhalb des Cockpits spannend bis skurril werden kann, zeigen uns die nächsten für Sie festgehaltenen Erinnerungen.

Von Eddy Vogel

Im April 1993 entschied der Deutsche Bundestag, der Bitte der Vereinten Nationen zu folgen und zur Unterstützung ein deutlich verstärktes Nachschub- und Transportbattaillon nach Somalia zu entsenden.

Im Mai 1993 erfolgte dann die Verlegung des ersten Pakets von 3 LTH (Leichter Transporthubschrauber) Bell UH-1D und 12 Soldaten des Heeresfliegerregiments 10 aus Faßberg, als Vorauskräfte für die technische Begleitung dieser Hubschrauber. Diese Verlegung erfolgte mit ILJUSCHIN IL-76. In der Folge wuchs dann das Vorkommando des Deutschen Einsatzverbands zunehmend personell und materiell auf, um das Feldlager zu errichten und die Aufnahmebereitschaft für das erste Hauptkontingent (mit dem zweiten wurde der Einsatz beendet) herzustellen.

Neben der vorbereitenden „Zentralen UN-Ausbildung" für alle Einsatzteilnehmer auf dem Truppenübungsplatz HAMMELBURG wurde zusätzlich auch noch im Heimatverband versucht, diesem kompletten Einsatz-Neuland, durch vielfältige weitere Zusatzausbildungen, so gut es eben ging Herr zu werden. Es gab nur wenig wirklich faktisch bekanntes, sodass „Phantasie" gefragt war. Es gab besondere Waffen- und Schießausbildung (sogar mit K98- und ENFIELD MK III Karabiner, als dort vermutlich verwendeten Waffen), Inbetriebnahme und kurze Fahrten mit Transportpanzer FUCHS und sogar Spähpanzer LUCHS, Schießen mit Pistole P1 auf Entfernungen bis zu 150 m, erweiterte Selbst- und Kameradenhilfe und etliches mehr.

Auch die persönlichen Vorbereitungen eines jeden wurden auf ganz unterschiedliche Weise und Intensität betrieben. Vielleicht angetrieben von der Sorge um das Unbekannte und dem Respekt vor einer unbestimmbaren Gefahr durch Land, Klima, Mensch und Getier auf dem afrikanischen Kontinent.

So hat sich der Autor dieser somalischen Geschichte zusammen mit einem weiteren Kameraden einen Moskitonetz-Kubus mit 2 × 2 × 2m Seitenlänge gefertigt. Samt Reißverschluss-Eingang und fest, per Klettstreifen verbundenem Bodenteil; das ergab Stehhöhe im Kubus und damit Komfort. Andere hatten sich die Innenzelte (manchmal sogar „selbststehend“) eines Campingzeltes besorgt… man musste sich Gedanken machen, wie der eigene Unterkunftsbereich dort ausgestaltet sein sollte… mindestens aber „mückendicht“ und wie sich später ergab, auch „spinnendicht“. Eine Wohnung, eine Art kleine „Privat-Insel“ für mindestens vier Monate oder möglicherweise länger.

Obgleich das Land, seinerzeit nach einer Feststellung des UN-Generalsekretärs, als befriedete Region galt, machten wir uns Sorgen um die wahren Verhältnisse dort. In der Folge wurde dies auf vielfältige Art bestätigt. Ganz bekannt ist die spätere Hollywood-Verfilmung „Black Hawk down“. Diese Tragödie, um den Absturz einer US-Hubschrauber-Crew im Stadtgebiet MOGADISCHUs und den blutigen Versuch ihrer Rettung, trug sich während unseres Aufenthalts dort zu. War übrigens (zu dieser Zeit konnte man noch nicht über die nachts freien, unbenutzten und zur Verfügung gestellten dienstlichen Satelliten-Kommunikationskanäle telefonieren) ein ziemliches Problem für unsere Lieben daheim, denn eine Schlagzeile wie „Hubschrauberabsturz in SOMALIA“ hätte ja durchaus eine unserer HUEYs gewesen sein können. Das Drama nahm seinen unschönen Verlauf, mit den kurze Zeit später ausgestrahlten Bilder des getöteten Crewmen im Fliegerkombi, dessen Leichnam durch die Straßen von MOGADISCHU gezogen wurde. Bis die „Alles ist gut“-Meldung (eine schnelle Feldpostkarte brauchte locker mindestens eine Woche) zu Hause ankam, vergingen einige Tage.

Es braucht immer erst einen besonderen Anlass. So wurde erstmals, mit der bevorstehenden Entsendung in den Einsatz UNOSOM, über ein Fliegen mit Körperschutz nachgedacht. Rückblickend recht verwunderlich, dass niemand vorher darüber gesprochen hatte, geschweige denn, damit fliegen wollte. Bei Veränderungen des festgelegten Flugdienstanzuges ging es immer nur um das heute noch präsente Dauerthema eines Verzichts auf flammhemmende lange Fliegerunterwäsche an warmen Tagen, alles andere, insbesondere Verstärkung, war abwegig, ja geradezu unaussprechlich. Für diesen „neuen“ Zweck fand sich nichts, direkt geeignetes im Fundus der Bundeswehr, außer der jüngst eingeführten Splitterschutzweste. Für den Splitterschutz war diese auf jeden Fall in Ordnung, aber da wir in der Vorbereitung alle verfügbaren Selbstschutzmöglichkeiten eigenhändig beschossen hatten, fiel diese Weste, als erste Wahl für den Körperschutz, aus. Obgleich im Cockpitsitz durchaus gut zu tragen und eingeschränkt bequem, war die Splitterschutzweste eben nicht „dicht“. Aus dem Bereich des SEK Hannover wurden Körperschutzwesten beschafft, die allerdings oberhalb von „langsamer“ 9mm-Munition leider schnell die Segel streichen mussten. Aber besser als nichts. Interessant wurde es dann mit per Zufall, quasi auf einem Flohmarkt im Osten Deutschlands, ergatterten NVA-/russischen Westen. Mit dem seinerzeit stattfindenden Ausverkauf ehemaliger NVA-Bestände konnte ein Kamerad sich und mir jeweils eine dieser besonderen Körperschutzwesten besorgen. Der Beschussversuch zeigte schließlich, dass diese „Weste“ auf 100 m sogar 7.62 aushielt (auf dem Sand-Kugelfang der Standort-Schießanlagen-Gewehrbahn abgelegt). Das hatte noch keine andere Variante geschafft. Zu den „heißen“ Phasen, bei diversen Flügen während des UNOSOM-Einsatzes, wurden dann tatsächlich diese Weste getragen und sorgte für ein recht gutes Gefühl… während ich diese „Ungeheuerlichkeit“ hier so schreibe, erinnere ich mich noch an den späteren Kontingentsbesuch einer Abordnung des Generals der Flugsicherheit der Bundeswehr. Das General Flugsicherheit Team fiel damals aus allen Wolken, dass wir zum Flugdienst nicht die lange Fliegerunterwäsche trugen. Ach ja, geflogen wurde wahlweise auch in einem unifarbigen, NATO-oliven, französischen Zweiteiler, aber dieser wurde nur gelegentlich und nicht von allen im Flugdienst getragen. War aber dafür frei gegeben worden… schließlich war es deutlich warm dort unten. Die aufkeimende Diskussion ob bei diesen Temperaturbedingungen nicht doch lieber mit Headset anstelle des Fliegerhelms geflogen werden sollte, war zu diesem Zeitpunkt längst Geschichte und es „gewann" der Ansatz: „Jetzt sind wir hier, zu einem ersten echten Einsatz und da soll dann, weil's warm wird, gleich auf den Helm verzichtet werden….!?" Hätte mich aber auch, bei all der vorherigen Vorausbildung, vielen gemachten Gedanken und den verschiedenen, mehr oder weniger ausgeprägten 'Paranoia' doch deutlich enttäuscht. Es blieb beim Fliegerhelm und einem angepassten (manchmal verstärkten) Flugdienstanzug. Wenn man dies durch die „Brille von heute" zurückblickend betrachtet schon sehr abenteuerlich.

↑ Blick in den vollgepackten Laderaum der CH-53, die Personal und Material zum Weitertransport von Faßberg nach Köln verbrachte.

Aber kommen wir zurück zur Verlegung ins Einsatzland: Das Vorkommando war nun bereits in BELET-UEN (Kontingents-Kurzform, es aber gibt diverse Schreibweisen für den Ortsnamen, z. B. BELET- WEYNE oder BELEDWEYNE), unserem Stationierungsort in SOMALIA und übernahm die dortige Feldlager-Teilstruktur von den kanadischen Kräften, die dort vorher stationiert waren. Ohne die Mittel der Kanadier wäre einiges deutlich schwieriger geworden. So hatte man keinerlei eigene Entlademittel/Flurfördergerät, also Gabelstapler. Zum Glück gab es kanadisches Gerät! Die Stromversorgung erfolgte ebenfalls über kanadische Generatoren und das bedeutete 120 V/60 Hz-US-System! So gab es eine dringende Empfehlung des Vor-Kommando: „Bringt euch 120 V-Technik zur Wandlung auf 230 V mit, sonst kann nichts geladen oder betrieben werden!"

Am 03.August 1993 war es dann soweit. Die Teile der Heeresfliegerstaffel sollten über KÖLN nach DJIBOUTI und von dort dann nach BELET-UEN (SOMALIA) verlegt werden. Der erste Teil des Weges wurde mit zwei CH-53 aus Rheine zurückgelegt. Die beiden Maschinen wurden mit den knapp 40 Heeresfliegern samt ihrem „Handgepäck" beladen und nach KÖLN-WAHN geflogen. Dort sollte dann umgestiegen werden in eine LUFTHANSA 747-CARGO, für den Weiterflug nach DJIBOUTI.

In dem großen 747-Flieger waren Unmengen an Material geladen und ganz hinten im Heck gab es eine Bestuhlung mit 6 Sitzreihen. Nachdem endlich alle saßen und die Türen geschlossen wurden, übertönte ein spitzer Schrei die ersten Betriebsgeräusche: "ALLE SOFORT RAUS, DORT DRÜBEN, DIE ANDERE TÜR!!" Glück war, dass die Treppe außen noch nicht weggefahren war und so sind wir quasi evakuiert worden, denn beim Schließen der letzten Tür in unserem Heckbereich, wurde versehentlich die Notrutsche ausgelöst. Und dies bedeutete, bei geschlossener Tür, dass sich diese Riesenrutsche nach innen aufblasen sollte.

Also Übernachtung in KÖLN, denn niemand hatte eine 747-Notrutsche vorrätig. Es musste eine aus FRANKFURT geholt werden.

Es war bereits spät und da wir unser Gepäck schon im JUMBO hatten, war auch nichts an Waschzeug für die Übernachtung verfügbar. KÖLN hatte längst Dienstschluss und konnte nichts beisteuern. Ein kleines Team ist dann kurz entschlossen „halblegal" rüber, ins Zivile und hat Einwegrasierer, Zahnbürsten und benötigtes Waschzeug besorgt. Danach wurde die UHG (gab es damals noch) belagert bis dort geschlossen wurde, aber da es ein warmer Augustabend war, ließ sich dort auch weiter gut sitzen. Wo sollten wir auch hin.

Der Flug mit der 747-CARGO, am Folgetag, war dann beinahe ereignislos. Beinahe. An die in Flugrichtung vorderste Sitzreihe schloss sich, um den Raum einer über-Businessclass-Beinfreiheit, eine teilweise fast laderaumbreite Beladung u. a. mit zig Stapeln ehemaliger NVA-Betten an. Übermannshoch, beeindruckende Stapel. Soweit so gut, der geneigte Leser denkt sich: „Na und?" Aber mit dem Moment des Anrollens zum Start wurde es der ersten Reihe dann doch ein klein wenig enger. Die Freude über die üppige Beinfreiheit wich einer kurzen Panik, denn die ganzen Betten-Stapel rutschen, aufgrund einer augenscheinlich unzureichenden Verzurrung auf den Lade-Paletten, mit einem beängstigenden Ruck, schichtweise einen gefühlten Meter Richtung Heck. Es blieben alle unversehrt, aber mit diesem Schrecken in den Knochen verzichteten dann doch einige auf ihre Logen-Plätze.

Übrigens, an der gesamten Beladung vorbei, konnte man bis ganz nach vorne, quasi hinter die Luftfahrzeugnase (zumindest war dort von innen ein ovaler Abschluss der Schallisolierung/ Verkleidung zu sehen) gehen. Dort ist es beinahe geräuschlos, richtig still, ein toller Platz, zu dem man ja sonst niemals gelangen würde.

Ich glaube es war etwa 0300 DJIBOUTI-Ortszeit, als wir am Horn von Afrika, über die hintere Treppe, ausstiegen und ich erinnere mich noch an den Ausruf eines Kameraden: „Mann, haben die denn immer noch die Triebwerke laufen?" Es war unbeschreiblich. Ich würde sagen locker über +30° C bei mindestens 100 % Luftfeuchtigkeit.

Die sehr kurze Nacht war der reinste Horror. An Schlaf war natürlich nicht zu denken. Am späteren Vormittag wurde für unseren Weiterflug dann eine TRALL bereitgestellt. Drei C-160 TRANSALL waren dort in DJIBOUTI, mit allem zum Betrieb nötigen Personal stationiert. Später von uns durchaus beneidet, in einer Hotelunterkunft, womöglich sogar klimatisiert. Von der Wartezeit auf den Abflug Richtung BELET-UEN gibt es noch einige „schöne" Fotos. Der Sprung aus KÖLN lag gerade mal Stunden zurück, konnte ein klimatischer Sprung kaum größer sein. Selbst wenn man sich konzentriert, ganz fest vornahm, nicht zu denken, um ja nicht noch mehr zu schwitzen, war allein das ausrei-

↓ Eddy (links) neben anderen Kameraden völlig verschwitzt und ausgelaugt in der Transall.

↑→ Im Tiefflug durch das beeindruckende, heiße und staubige Somalia.

chend, um nassgeschwitzt im Schatten (es gab kein Abfertigungsgebäude) an einem Gehsteig zu sitzen. Diese „schönen" Fotos zeigen ein echtes Häufchen Elend… ein anderes Wort fällt mir dazu nicht ein. Nun würde ich gerne sagen: „Wer schon mal TRALL mitfliegen durfte, weiß um die gelegentlich etwas ungleichmäßige Heizung hinten, im Laderaum. Und da wir, wenn ich mich korrekt erinnere, in Flugfläche 190 +/– unterwegs waren (deutlich feucht, wie gesagt) haben die meisten im Verlauf des Fluges gefroren und zwar richtig.

Nach der Landung wurden wir auf Lkw-Ladeflächen verladen und fuhren im Konvoi vom Flugplatz durch die Stadt zum Feldlager. Das Abenteuer sollte also beginnen.

Es wurden uns ein paar Tage zum Ankommen und Einrichten gegeben. Also Innenzelte in den alten Kompaniezelten (als das VorKdo, nach Übernahme durchs 1.Hauptkontingent, heimgereist war, lagen wir insgesamt zu sechst in einem Zelt) aufstellen/befestigen,

↓← Weite Steppen, deren einzig sichtbare Lebensadern stets die Straßen waren.

Belehrungen (heute: ‚Briefings') über sich ergehen lassen, Vorkommando ausquetschen und auf den ersten Einweisungsflug warten.

In dieser Zeit wurden auch schon mal die Karten angefertigt und sich nochmal mit dem recht neuen GARMIN 150-GPS vertraut gemacht.

Der Erstflug beeindruckte mich mit dem recht großflächigen Ort BELET-UEN und der weiten, doch recht flachen umgebenden Landschaft. So gut wie keine sichtbaren Tiere, manchmal die eine oder andere Gazellenfamilie. Etliche Frauen, einige von ihnen in kleinen Gruppen, waren gefühlt überall zu sehen, wie sie Brennholz von weit her, auf ihren Köpfen, zu Fuß Richtung Stadtgebiet trugen. Wenig hoher Bewuchs, eher strauchförmig, höhere Bäume noch seltener und nur wenige Hügelketten/Höhenzüge ringsum.

Der Kernauftrag der Heeresflieger (HFlg) war, mit 2 LTH 24h-AIR-MEDEVAC (Aero Medical Evacuation, kurz: AE)-Bereitschaft für das deutsche Kontingent zu stellen. Für diese relativ neue Rolle mussten also erst einmal angepasste Verfahren her, denn wir kamen ja aus dem heute so häufig zitierten LV/BV-Szenar (Landesverteidigung/Bündnisverteidigung) und waren gewohnt, in Schwärmen zu mehreren/vielen Hubschraubern entsprechende Transportaufträge jeglicher Art für Personal und Material durchzuführen. Folgende Vorgehensweisen ergaben sich:

1. Rottenweiser Einsatz:

Aufgrund der Weitläufigkeit und der, obwohl recht flaches Umland das nicht erwarten ließ, schlechten Funkverbindung, wurden Aufträge, die den unmittelbaren Nahbereich des Feld-

↑ Das Gunship folgt der Medevac Maschine. Gut erkennbar sind die zwei seitlich montierten Maschinengewehre.

lagers verließen, immer in einer Rotte von mindestens 2 LTH durchgeführt. Ein MEDEVAC-Hubschrauber wurde also grundsätzlich durch einen weiteren Hubschrauber begleitet. Und hier kommen wir zum Novum für die damalige ‚Leichte-Transporthubschrauber-Welt': Begleitung durch einen mit 2 Maschinengewehren bewaffneten Hubschrauber. Demnach bestand eine Einsatzrotte aus dem MEDEVAC-LTH, sichtbar, mit roten Kreuzen in den Seitenfenstern der beiden seitlichen Schiebetüren, gekennzeichnet sowie entsprechendem Sanitätspersonal und entsprechender Sanitätsausstattung und dazu einem „Gun-Ship" mit zwei M60-Maschinengewehren. Neben den Armored Seats (gepanzerte Cockpit-Sitze) für beide Piloten waren die Außenstation für die DOORGUNS von den US-Streitkräften für diesen Einsatz, soweit ich mich entsinne je SEAT und GUN für jeweils 50 $ pro Tag, entliehen.

Die „MEDEVAC" (natürlich ohne Bewaffnung) sollte grundsätzlich tief, sehr tief fliegen und die „GUNSHIP"-Begleitung flog sicht- und hörbar überhöht hinterher. Aus dieser Überhöhung wäre auch die Landung der MEDEVAC überwacht und nötigenfalls geschützt worden.

2. Waffeneinsatz:

In den ersten Wochen heiß diskutiert, war der mögliche scharfe Waffeneinsatz vielleicht einer der größeren Herausforderungen. Es wurde durchaus gestritten. Rules of Engagements waren ja im Prinzip so ausgelegt, dass es nur die Selbstverteidigung sei, die einzig das Ausüben von Zwang u.a. auch den Waffeneinsatz rechtfertigen könnte. Niemand hatte bis dato aus einem deutschen Transporthubschrauber in derlei Art und Weise geschossen. Wie fliegt die Rotte? Wer führt: MEDEVAC oder GUN-SHIP? Wie wird der Begleithubschrauber bei einem Waffeneinsatz geflogen (Höhe, Geschwindigkeit, Abstand zum Ziel)? Wer befiehlt den Waffeneinsatz? Was geschieht bei Waffenstörung? Wieviel Munition wird mitgeführt? Wer wird DOORGUNNER? Wann, wo und wie beginnen wir mit der Ausbildung, samt scharfem Schuss? Auch hier erinnere ich mich an den lautstark vorgetragenen Einwand, ich glaube eines Bordmechanikers, ganz zu Anfang der Waffen-Diskussion: „Wenn ihr glaubt, dass ich einfach so, mir-nichts-dir-nichts, anfange auf Menschen zu ballern, wenn ihr das befehlt, dann habt ihr euch aber geschnitten!!" Man mag darüber verärgert sein oder auch schmunzeln, aber im Endeffekt war es diese Ehrlichkeit im Umgang, die diese kleine Kampfgemeinschaft aushalten konnte und weiter voran brachte.

3. Der DOORGUNNER:

Wer wird zum Schützen, als Teil der fliegerischen Besatzung? Die Standardbesatzung, daheim in DEUTSCHLAND genauso wie hier im Einsatzland, bestand aus 2 Piloten und 1 Bordmechaniker. Natürlich gab es anfangs, mit nur 3 LTH (wir sollten ja in Kürze auf 5 Maschinen aufwachsen) genug „Stamm-Besatzungsangehörige", um aus diesem Pool an Flight-Crews ausreichend Schützen zu gewinnen, aber sobald dann alle 5 Hubschrauber da sein würden.... Was dann? Zwei „Kutscher" vorn, ein „Mixer" besetzt im Flug eine Waffe; dann bliebe ja eine Waffe unbesetzt! Somit wäre mangels ausreichendem Besatzungsfaktor, also entsprechende Reserve- bzw. Tauschbesatzungen, ein gleichzeitiger Einsatz aller Hubschrauber (2 Rotten gleichzeitig mit dem fünften Hubschrauber als technische Reserve) nur mit Einschränkungen möglich.

So begann also eine Art ‚Casting/Auswahl' gewillter und dazu geeigneter Kameraden, die eine Weiterbildung zum „Aushilfs-Crew-Member & Bordschützen" bekommen sollten, um unsere Fliegerischen Besatzungen zu verstärken. Wenn ich mich recht erinnere, unser Anteil an der Gesamtstärke des Hauptkontingents war ja nicht sonderlich groß mit knapp über 40 Köpfen, kamen unsere „Aushilfs-Gunner" durchweg aus dem 'HFlg-Haufen'. Zumindest in unserem Ersten Hauptkontingent UNOSOM II.

In relativer Nähe zum Camp, ein gutes Stück außerhalb der Stadt BELET-UEN, gegen die Schräghangseite eines Hügelstreifens, konnte eine Schießstrecke eingerichtet werden. Trotz sorgfältiger, vorheriger Kontrolle aus der Luft, herrschte aber immer die Sorge, das doch noch irgendwo somalische Bevölkerung, z.B. auf Feuerholzsuche, auftauchen würde. Die Beobachtung des ländlichen Umfeldes, während der verschiedenen Übungsschießen, wurde also deutlich zum Schwerpunkt erklärt.

In Ermangelung eines richtigen Zielbaus/echter Übungsziele wurden auf der Hangseite hilfsweise auch markante Pflanzen- oder Geröllstrukturen als Ziel angesprochen. Mit zunehmender Übung entwickelten sich geeignete Umkehrverfahren, mit denen die Schießstrecke beflogen werden konnte, um dabei wechselseitig mit den Seitenwaffen zu feuern

↓ Einflug in die Schießbahn.

bzw. Nachladetätigkeiten auszuführen. Die vergleichsweise langsame Schlussfolge (Kadenz etwa 550 Schuss pro Minute) des Gasdruckladers M60 war dabei durchaus hilfreich. Aufgrund nicht ausreichender Verfügbarkeit von gegurteter Leuchtspurmunition (zur Verfolgung/Korrektur der Trefferlage durch den Schützen können Geschosse mit pyrotechnisch rot leuchtender Rückseite abwechselnd in den Munitionsgurt eingesetzt werden), konnte, je nach Deutschieß-Talent, über die sichtbaren Staubwölckchen der Geschoss-Einschläge in den Boden, das Feuer ins Ziel geführt werden.

↑ **Anflug auf die Helipads. Hier erkennt man deutlich, wie primitiv das Feldlager mitten im Nirgendwo errichtet wurde.**

Vielleicht waren es nicht die allerbesten Waffen, die uns zur Verfügung gestellt worden waren, aber so viele Störungen hatten wir doch nicht erwartet. Das größte Problem war ganz eindeutig das Zuführen der gegurteten Munition oder vielmehr das Ziehen des Munitionsgurtes aus dem großen Gurtkasten durch den flexiblen Gurtführungskanal. Andauernd gab es hier eine Störung. So konnte es nicht weitergehen. Wir brauchten zuverlässige Waffen. Schlussendlich blieb als Lösung, auf den 400er-Gurtkasten zu verzichten und stattdessen einen Standard-Kunststoff-Gurtkasten-Umbau einzusetzen, der allerdings grundsätzlich nur 120 Schuss gegurtete Munition fassen konnte. Mit leichter Modifikation ergab sich dann später eine Gurtlänge von, so glaube ich, irgendwas um 150 Schuss. Immerhin.

Der gesamte fliegerische Auftrag für die HUEYs ließe sich im Prinzip vierteilen. Dies waren neben der bereits erwähnten wichtigsten Aufgabe MEDEVAC, insbesondere auch für die Konvoi-Fahrten der Transporteinheiten von und nach MOGADISCHU, Verbindungsflüge, der VIP- und Presse-Flugbetrieb sowie Eigenbedarf. Unter Eigenbedarf sammelten sich Einweisungs- und Übungsflüge, das Schießen mit den Bordwaffen, Nachtflug (auch mit BIV-Brillen/Restlichtverstärker-Brillen) sowie „Sonderaufträge“ wie z.B. Fallschirmsprungdienst oder Außenlastflüge z.B. für die Unterstützung einer Schule, aber auch anlassbezogen bewaffnete Kontrollflüge entlang der Straßen/Wege im nahegelegen Grenzbereich zu ÄTHIOPIEN.

Gefühlt nahm allerdings der „Gefechtsfeldtourismus“ anzahlmäßig einen großen Block am Auftragsvolumen ein. Mit diesem ersten, größeren Auslandseinsatz war naturgemäß auch das Interesse aus Presse, Politik und Militär stark erhöht. Insbesondere nach Fertigstellung des neuen Feldflugplatzes, jetzt so gelegen, dass man nicht mehr durch die Stadt zum Camp fahren musste (übrigens eine großartige Pionier- und Transport-Leistung vieler Kameraden des 1.Kontingents (Ktgt) UNOSOM II) wurden sehr viele der bekannten bzw. besonderen Persönlichkeiten oder politischen Größen nach Ankunft an oder für den Abflug vom Feldflugplatz per Hubschrauber transportiert. Ohne den einen oder anderen kleinen „Schlenker" betrug die direkte Flugstrecke, mit Beschleunigung zum Start und dem Reduzieren der Fahrt zur Landung (mögliche Staublandegefahr auf die Einzel-Abstellflächen innerhalb des Camps!), gerade mal gut 2 Minuten.

Wo wir gerade über die Landeflächen oder „Pads", wie wir sie nannten, sprechen… Die Pads waren quasi mitten im Lager, im Areal des südlichen Camp-Bereichs, denn das deutsche Feldlager war geteilt. Der Nord- und der größere Süd-Teil waren getrennt durch eine gerade durchlaufendende öffentliche Straße. Es war die nach Osten führende Ausfall-Straße von/nach BELET-UEN. Einen Steinwurf weit von dieser Straße lagen die großen, nicht abgedeckten Kraftstoffblasen in ihren Bodenmulden (bei Google-Earth sind diese 8 Mulden heute noch zu erkennen). Alles sollte/wurde mit einem Treibstoff betrieben (single fuel concept: JP-5 / NATO F-4), geliefert durch US-Logistik Einheiten aus MOGADISCHU. Nicht allen Geräten, Fahrzeugen oder Generatoren bekam das gut, abgesehen natürlich von unseren Hubschraubern, denn JP-5 ist ja ein zulässiger Flugkraftstoff.

Südlich dieses „Tanklagers" waren dann die LdgPads. Es gab einige haarsträubende aber zum Glück immer gut verlaufende An- bzw. Anflüge auf diese/von diesen Pads, wohlgemerkt mitten im Camp. Hier war immer der äußerst feine, beinahe an Zementpulver erinnernde rötlich-gelbe Staub maßgeblich beitragend. Und es ist immer gut gegangen.

← **Abflug aus dem Camp. Der aufgewirbelte Staub stellte für die Crews die größte Herausforderung dar.**

↑ Ein Schiffswrack am Rande des Hafens verdeutlichte einmal mehr, in welcher Gegend man sich aufhielt.

Auf nach MOGADISCHU. Sind die US-Amerikaner im Krieg, dann rücken die so schnell keine Informationen heraus. So bekamen auch wir nicht einmal aktuelle Wetterinformation aus MOGA (kurz für MOGADISCHU) für die Flüge dorthin. So blieb es manchmal spannend, aber solange das durchweg schöne Wetter vorherrschte (Regenzeit kam erst im Spätherbst) war das zu verschmerzen. Die einfache Entfernung nach MOGA waren etwa 300km Luftlinie und je nach gewählter Route kamen natürlich einige Kilometer dazu. Meistens war es die lange, oft schnurgerade Straße von MOGA nach Norden, Richtung BELET-UEN und in der Folge bis zur äthiopischen Grenze, der wir folgten. Hier war auch die größte Chance auf eine mögliche Unterstützung z.B. durch UN-Konvois oder Patrouillen (eine stehende Funkverbindung zu Bodenstellen, gab es ja nicht, erst recht nicht zum eigenen Camp. HF-Funk für die HUEYs gab erst viel später, als eine Erkenntnis aus dem Einsatz), falls wir eine solche gebraucht hätten. Bin mir nicht mehr ganz sicher und nachprüfen geht nicht, da mein verfügbares Atlas- bzw. Kartenmaterial hier nicht weiterhilft, aber die ehemaligen Kolonialherren waren ja Italiener und diese lange Straße wurde von ihnen als „Strada Imperiale" bezeichnet. Hin und wieder wurde der Flugweg variiert und anteilig flogen wir ab und zu auch dem SHEBELE-Fluss (auch WEBI-SHEBELLE) entlang. Solche „Bauernlineale" waren manchmal wirklich wichtig, da unsere GARMIN 150-GPS, oben auf das Cockpit-Panel aufgebaut, immer mal wieder ausstiegen und dann war guter Rat teuer, denn mit den nicht wirklich guten Karten war eine sichere „querfeldein"-Navigation kaum möglich.

So konnte es auch mit dem Kraftstoff manchmal durchaus eng werden. Ich hatte ja die Informationseinschränkungen der US-Kräfte erwähnt und so geschah es im September 1993, dass wir (eine Rotte aus zwei UH-1D) in MOGA deutsches Personal, nach deren Besuch der DEU Teile sowie des UN-Hauptquartiers in MOGADISCHU, abzuholen hatten. Also leer „runter" geflogen, am Flugplatz, auf der UN-Ramp, so passend wie möglich für den folgenden Auftrag getankt und anschließend auf dem Landeplatz in der ehemaligen Embassy (US Botschaft), jetzt in UN-Hand, auf die Passagiere (kurz PX) gewartet. Zur Landung dort hatte der Wind bereits etwas gedreht, sodass wir die Landerichtung anpassen mussten. Noch genau kann ich mich nämlich an den Moment erinnern, als während unserer Wartezeit am Boden ein UH-60 BLACKHAWK zur Landung reinkam. Es stiegen 12 Leute aus. Danach, ohne abzustellen, stieg die Maschine wieder senkrecht auf, drehte um 180° und flog unbeeindruckt (wir waren allerdings beeindruckt), einfach so mit deutlich Rückenwind weg. Ganz so werden wir nachher hier nicht raus kommen… Nun gut.

Die PX kamen, wurden auf die beiden HUEYs aufgeteilt und es ging zurück nach BELET-UEN. Die Mühlen waren schwer. Zum Start in den knappen Nachmittagswind sind wir gerade so raus gekommen und danach sofort in das sich west-/südwestlich von MOGA (kürzest mögliche Verweildauer über dem Stadtgebiet) anschließende Dünenareal abgetaucht, um möglichst nur kurzzeitig ein langsames und vielleicht lohnendes Ziel am strahlend blauen Himmel abzugeben. Der Wind hatte ja schon zur Embassy-Landung gedreht. Dazu kam nun noch eine Auffrischung und mit schlussendlich nordöstlicher Ausrichtung ergab sich eine anfangs unkritische Gegenwindlage von vorne rechts, vermutlich für den Löwenanteil der Strecke. Der erfahrene HUEY-Kutscher ist hier geneigt zu sagen: „330–340 km ist doch keine Distanz für ne HUEY…“ Nun ja, soweit waren wir auch, aber man darf nicht außer Acht lassen, dass die „Mühle“ mit offenen und in hinterer Stellung arretierten Seitenschiebetüren sowie den beiden Bordwaffen auf ihren Außenstationen mal eben knapp 300 kg pro Stunde „soff“, um 90–100 Knoten zu halten. Wurde schneller geflogen 110–120 Knoten (z. B. bei Dringlichkeit im MEDEVAC-Einsatz) gerne noch “ein/zwei Schnapsgläser“ mehr. Der normale Kraftstoffverbrauch in der Heimat lag etwa bei 210kg/hr bzw. wurde angegeben mit bis zu 240 kg/hr. OPEN DOORS und mit Bordbewaffnung (gab es ja vorher auch nicht) wurde in DEU nicht geflogen, sodass diese Erfahrungswerte erst im Einsatzland geschaffen wurden. Zu allem Übel stiegen an beiden Maschinen kurz nacheinander die GPS aus und mit der West-Route aus MOGA raus waren wir nicht an unseren praktischen Bauernlinealen. Erst einmal mit HEADING und TIME gemäß Flugplanung weitergemacht, aber irgendwas passte da ganz und gar nicht. Keine klare Position mehr, auch nicht in der anderen Maschine. Die Karten waren auch keine echte Hilfe. Ohne GPS war auch die Geschwindigkeit über Grund nicht zu ermitteln. Noch Sprit bis BURN-OUT für etwa 01:30 hrs und (ungenau) geschätzte Flugzeit eigentlich weniger als eine Stunde. Aufgestiegen und in der Höhe versucht etwas wieder zu erkennen. Das Camp in BELET-UEN war sandfarben in einer sandfarbenen Umgebung und die Sicht in der gewählten größeren Höhe war dunstig, wahrscheinlich durch Staub getrübt. Erstmal nix bekanntes zu erkennen. Was für eine Vorstellung, mit zwei vergleichsweise vollbesetzten Maschinen, ohne Chance auf Funkverbindung, aus Kraftstoffmangel irgendwo zwischen MOGA und BELET und dann, nach der Landung? Ein Albtraum, (k)eine „fliegerisch-handwerkliche Glanzleistung“. Es gab aber ein happy-end oder nennen wir es vielmehr Fliegerglück. Das DEU Lager kam spät doch in Sicht aber es dauerte noch eine gefühlte Ewigkeit bis wir auf den Pads absetzen konnten. An beiden Hubschraubern war die Restkraftstoffmenge noch auf der Anzeige abzulesen: irgendwas bei 25 kg bzw. 30 kg. Die nachgetankte Menge bestätigte dies. So weit runter war ich noch nie zuvor und auch danach nicht mehr gekommen.

Lessons learned:

1. Wetterentwicklungen insbesondere in derlei Klimazonen/Terrain, in diesem Fall war es der Wind, bleiben ein nicht zu vernachlässigender, wichtiger Planungsparameter (wie gesagt, gab es ja leider keine Information aus dem US-dominierten Bereich in MOGA), auch beim dem permanenten „gute-Laune-Sonnenschein-Wetter“.

2. Die gewisse Gegenwindsituation war ohne brauchbare Kartendetaillierung und ohne GPS nicht in eine echte Groundspeed (Geschwindigkeit über Grund) umzusetzen. Die, mit immer kleiner werdendem Kraftstoffvorrat (man bedenke: Ein-Motoren-Hubschrauber! aber auch die Rundumsicht zur Zielerkennung), gewählte und im ersten Moment vernünftige, größere Flughöhe hat hochwahrscheinlich die Groundspeed negativ beeinflusst und die Flugzeit damit deutlich verlängert. Schlussfolgerung: …also doch lieber tief weiter geflogen…? nachher ist man immer schlauer.

Flüge nach MOGA wurden nie zur lässigen Routine. Es gab diverse Berichte von Beschuss auf UN-Luftfahrzeuge (Lfz). So wurde das Leitwerk einer der beiden weißen UN DC-3 (Neuseeländer, von Vater und Sohn betrieben; eine mit Sternmotoren [was für ein Klang] und eine mit Umrüstung auf Turbo-Prop) womöglich mit einer RPG (rocket propelled grenade, z. B. RPG-7 häufig vertretene Panzerfaust russischer Bauart) durchschossen. Das Leitwerkblech bot aber wohl so wenig Widerstand, dass die Munition beim Auftreffen nicht umsetzte sondern nur ein Loch riss. Das Foto, das kursierte, sah zumindest danach aus. Allerdings habe ich auch noch ein deutlicher stärker in Mitleidenschaft gezogenes Heckleitwerk einer für UNOSOM fliegenden Maschine in Erinnerung… sei's drum. Es gab auch verschiedene Berichte über Scharfschützen, die es auf anfliegende Lfz, insbesondere Hubschrauber, abgesehen hatten. Solche Schützen würden sicherlich auf höheren Gebäuden im Stadtgebiet, mit entsprechender Übersicht, postiert werden. Sieht man sich den Internationalen Verkehrsflughafen MOGADISCHU an, an dessen Auslegung mit einer Betriebspiste RWY 05/23, hat sich ja bis heute nichts geändert. Mal abgesehen von dem Wiederaufbau durch türkische Hilfen, also Abfertigung, Gebäude- und Vorfeldbetriebsbereiche. Allen Flächenmaschinen bleibt ja nichts anderes übrig, als auf diese Bahn anzufliegen. Wobei die weitaus meisten Besatzungen (eigene Beobachtung während der Aufenthalte in MOGA) sich für einen Anflug auf die RWY05 und auf einen später darauf folgenden Abflug über die RWY23 entschieden, Rückenwind hin oder her. Das Startbahnende der RWY23 läuft ja quasi am Strand aus. Ein missglückter Startabbruch würde so möglicherweise direkt im Indischen Ozean enden. Ein Blick auf den Service durch Google Maps unterstützt hier mit Bildern.

↓ Im Tiefflug am Strand entlang – hier war die Gefahr von Beschuss geringer als über dem Festland.

↑ Am Flughafen zeigte sich so manche fliegende Legende im Einsatz für die UN – hier die DC-3, bekannt geworden als Rosinenbomber bei der Berliner Luftbrücke 1948 bis 1949.

Unsere eigenen Überlegungen, dieser nicht berechenbaren Gefahr durch solche Schützen zu begegnen war, für einen Anflug auf MOGA nach Möglichkeit deutlich ostwärts des Stadtgebiets, außerhalb des urbanen Bereichs, anzusetzen. Von dort zwei-/dreihundert Meter weit auf den Indischen Ozean raus zu fliegen um dann in südwestlicher Richtung, parallel zur Küstenlinie, vorbei am Hafen Richtung Flugplatz (kaum durch Handwaffen bekämpfbar und natürlich weitgehend unbemerkt) voran zu kommen. Die Gefahr durch den Überflug eines Stücks offener See wurden klar geringer eingestuft, als ein Anflug über das Stadtgebiet.

Natürlich waren es auch atemberaubende Bilder (wenn man den Ernst der Lage mal für einen Moment zur Seite legt) über teilweise grünblaues, klares Wasser, manchmal auch in leichtem Übermut, in den Wellentälern der oft weiten aber weichen Dünung des Ozeans. Am Hafen vorbei, mit dem recht großen Wrack, welches in der Nähe der schützenden Kaimauer des Hafens von MOGA gestrandet ist und in gischtender Brandung vor sich hin rostete… Wir hofften, dass die Unregelmäßigkeit unserer speziellen Routenwahl irgendwelche umtriebigen Gegner, insbesondere auf den Hafenmauern, ebenfalls ausschließen würde. Passiert ist nie etwas. Zumindest gab es keine Löcher in der Zelle.

Das die Gefahr über dem Stadtgebiet durchaus realistisch war, erfuhr die Welt und natürlich die agierenden Kräfte UNOSOM II, insbesondere die US-Anteile, auf bittere Weise am 03.–04.Oktober 1993 und den Tagen danach. In dieser „Battle of Mogadishu" wurden durch die SNA (Somali National Alliance) unter ihrem Führer General Mohamed Farrah Aidid drei Blackhawk-Hubschrauber mit RPG abgeschossen. Zwei stürzten in das Stadtgebiet grob nördlich des Flugplatzes und für die Besatzungen, die die Abstürze großteils überlebten und ihre zur Rettung nachfolgenden Einsatzteams, ging die Geschichte nicht gut aus. Vielleicht ist der (umstritten teildokumentarische) Film „Black Hawk down" aus dem Jahre 2001 (extended cut aus 2006) dem einen oder anderen ein Begriff. Wir waren nicht unmittelbar vor Ort als sich diese Ereignisse zutrugen. Eine Anforderung zur Unterstützung insbesondere mit MEDEVAC ist meines Wissen nicht gestellt worden.

Vom Bereich des am Flugplatz stationierten, kleinen deutschen Luftumschlagteams an der großen UN-Rampe, südlich der Runway, konnte man auf das flächengroße Vorfeld der zivilen Luftfahrt rüber sehen. Insbesondere mit einem Feldstecher waren die De-

↑ Gegen die Mil Mi-26, den größten Hubschrauber der Welt, sieht die Huey aus wie ein Spielzeug.

tails der charakteristischen Front des Abfertigungsgebäudes zu sehen, vor dem seinerzeit 1977 die Lufthansa 737-200 „Landshut“, mit einigem Abstand am Vorfeldrand, abgestellt worden war. Das Entführungsdrama endete ja relativ glimpflich (Todesopfer: der Kapitän und drei Entführer) und ging mit der erfolgreichen Befreiungsaktion durch die deutsche Spezialeinheit GSG-9 in die Geschichte ein. Seinerzeit 1993 lag dieses Event beinahe genau 16 Jahre zurück.

Einen besonderen Platz in meiner Kontingentszeit nimmt die Abholung der letzten beiden HUEYs ein. Anfangs, seit Übernahme vom Vorkommando, waren ja nur drei Hubschrauber vor Ort. Mit dem lange erwarteten Schiffstransport eines großen Teils von Kraftfahrzeugen und Material, sollten dann auch die beiden noch fehlenden Maschinen aus Deutschland im Hafen von MOGA ankommen. Für die Annahme, den Zusammenbau und schlussendlich die Überführung nach BELET-UEN wurde ein kleines Team (Piloten, Bordmechaniker, Prüfer, Techniker) vorab nach MOGA geschickt. Nach Ankunft am Flughafen wurde wir mit einem Konvoi (Helm auf, Schutzweste an, Waffe bereit) zum Hafen verlegt. Dort sollte Unterkunft bezogen und die Ankunft des Schiffes abgewartet werden. Wir hatten Glück und unser kleiner Konvoi konnte in einem Zug durchfahren und kam, im Gegensatz

→ Die deutsche Unterkunft in der großen Halle am Hafen.

zu einem später folgenden weiteren Konvoi, der mit deutlich wahrnehmbarer Detonation (Sprengfalle, RPG oder ähnliches) und nur unter Waffeneinsatz, ausweichend weiterfahren konnte. Es starben mehrere amerikanische Kameraden.

Es dauerte einige Tage, bis das Schiff eintraf und der spannende Moment der Entladung zweier, hoffentlich unversehrter Hubschrauber, erfolgen sollte. In der Zwischenzeit hatten wir unser „Quartier" bezogen. Wir konnten aus dem großen Hallen-Innenbereich in ein ehemals wohl als Büro fungierenden Raum am Hallen-Seitenwandbereich umziehen. Ein bisschen Privatsphäre. Durch einen Durchgang ohne ordentliche Tür waren wir mit dem Hallen-Innenbereich verbunden, aber mit dem Nachteil eines, mit wehenden Stofffetzen verhangenem Fensters in den offenen Bereich des angrenzenden Hafenareals. Und an eines nachts passiertes es dann: Gewehrfeuer irgendwie nahezu überall. Aufgeschreckt, Helme auf, Waffen klar gemacht und den Durchgang zur Halle sowie das Fenster doppelt besetzt. Ein schockierender Moment traf uns alle, als ein Kamerad unseres Teams mit der gesamten Gemengelage nicht mehr klar zu kommen schien und nun plötzlich un-

↓← Eine frisch angelieferte UH-1 wird aus dem Schiffsbauch entladen.

bedingt weg, nur raus aus dieser Halle, wollte. Es bedurfte dreier Kameraden, ihn fest zu halten und an der „Flucht" zu hindern. Am kommenden Morgen, alles war gut überstanden worden, war ihm die Sache in der letzten Nacht sichtlich peinlich, aber darüber wurde weiter kein negatives Wort verloren und bis heute ist diese kleine Geschichte sicher nicht sehr oft erzählt worden. Was war nun in der letzten Nacht draußen vorgefallen? Schlussendlich gab es Beschuss von irgendwo her und der wurde von französischen Legionären (teilweise in der Halle untergebracht) und Soldaten aus Pakistan bzw. Bangladesch (wahrscheinlich auch noch andere UNOSOM-Kräfte) erwidert. Gerüchten zufolge war die Lage so unklar in der beinah lichtlosen Nacht, dass möglicherweise sich alle gegenseitig beschossen hatten. In meiner Erinnerung ist niemand in dieser Nacht ums Leben gekommen. Die Anspannung war überall und bei fast jedem deutlich zu spüren und kann selbstredend durchaus zu so einer Lageentwicklung beitragen.

Das Schiff kam endlich an und da niemand genau wusste, wann die beiden Hubschrauber dran waren, über die Roll-On/Roll-Off-Rampe entladen zu werden, hieß es vor Ort blei-

↑ Bei Temperaturen jenseits der 30 Grad in der prallen Sonne war es kein Vergnügen, die Maschinen im Hafengelände zusammenzubauen.

ben und sich bereit zu halten. Es war schon ein erhabener Moment, als es dann soweit war und die HUEYs zurück auf festen Boden durften. Es ist alles gut gegangen, wenn auch nur knapp, denn der Rampenwinkel war so steil, dass die Maschinen nur schwer zu halten waren und auf den Stinger (Hecksporn zum Schutz des Heckrotors) zu fallen drohten. Nicht sehr rückenfreundlich mussten wir hier zu dritt zupacken um schlimmeres zu verhindern. Der Zusammenbau (Hauptrotorkopf mit Blättern) lief unter ziemlich belastenden Temperaturen in praller Sonne, auf einem größeren, freien Platz im Hafen (keine Sicherungskräfte standen dort zur Verfügung), problemarm ab. Die Nachprüfflüge konnten ohne Zwischenfälle abgeschlossen werden und der Überführungsflug (eine weitere Crew wurde zugeführt) der Rotte wurde ohne Schwierigkeiten durchgeführt.

Mit der Ankunft der noch fehlenden beiden Maschinen im DEU Feldlager BELET-UEN war der HFlg-Fuhrpark komplett und ein wichtiger Teil des Auftrags war damit abgeschlossen: ab sofort waren 2 Flugrotten einsetzbar und wir hatten eine Maschine als technische Reserve.

Aber wir waren nicht die einzigen Drehflügler, mal abgesehen von den US-Hubschrauberkräften in MOGA, die durch Somalia flogen. Französische Heeresflieger waren in der größeren somalischen Stadt BAIDOA, an dem dortigen Flugplatz, stationiert. Dies ist etwa 260 km Luftlinie südwestlich von BELET gelegen. Es galt einen Antrittsbesuch dorthin durchzuführen. Gesagt, getan… Der Flug von etwa 01:30 Std. mit zwei HUEYs dorthin war anfangs landschaftlich regelrecht eintönig. Durchweg eben, mehr oder weniger sandig oder savannenhaft, gelegentlich ein Wadi oder eine kleinere Ortschaft aber dann, recht plötzlich ab etwa Mitte der Flugstrecke, führte uns der gewählte Weg über einen leidlich grünen Busch- oder heckenähnlicher Strauchbewuchs von geschätzt 2m Höhe. Stellenweise war dieser Bewuchs so dicht und augenscheinlich recht grob und stabil, das sich nirgendwo eine echte problemlose Landemöglichkeit bot. Der Flug verlief zwar zwischenfallfrei, aber es war schon etwas Besorgnis erregend, eigentlich keine Sicherheitslandung durchführen zu können. Und wenn es doch hätte passieren müssen, wie und in welcher Art wären dann Unterstützungskräfte oder technische Hilfe zur Landestelle gelangt? Man bräuchte ja einen ausgewachsenen Pionierpanzer, der sich da durch schieben müsste. Und wir sprechen hier nicht von 10 – 15 Flugminuten, sondern von fast der halben Flugzeit, also grob 40 Minuten bei Reisetempo von 90 Knoten.

Die französische Einheit in BAIDOA, ausgerüstet mit GAZELLE und PUMA Hubschraubern, war vom Prinzip her vollständig autark, auf sich gestellt. Gastfreundschaftlich erzählte man uns unter anderem von „Einkaufsflügen" nach MOGA, um für die Verpflegung und Grundbedürfnisse tatsächlich mit Geldmitteln dort einzukaufen und es galt mit den zur Verfügung stehenden Mitteln hauszuhalten und auszukommen. Natürlich nicht beim örtlichen MOGA-Discounter eingekauft, sondern über Versorgungsdienstleister, die UNOSOM unter Vertrag zu haben schien. Eine deutlich andere Art der Vorgehensweise, als es für die Teile der Bundeswehr zutraf, erst recht unser kleines HFlg-Team. Übrigens gab es an diesem Tag Steak. Steak vom Grill! Sagenhaft, denn das letzte Stück Gegrilltes hatte es daheim, in der Heimat gegeben. Für den Heimflug hatten wir uns vorgenommen, den Flugweg abzuändern und diese Fläche mit dem dichten Hecken-Buschbewuchs zu umgehen. Anfangs flogen wir daher etwa 60 km annähernd Ostkurs, bevor sukzessive nach in nordostwärtiger Richtung nach BELET weiter geflogen werden sollte. Etwa an diesem Wendepunkt (60km) konnten wir einen sich deutlich abhebenden Hügel oder Berg erkennen. Weit und breit war es ansonsten absolut flach und dort gab es eine Halbkugel, die in den Boden eingelassen schien.. Nach weiteren ca. 15 km tauchte vor uns ein beeindruckender, rundlich geformter Felsklotz auf (ein bisschen wie der australische AYERS ROCK, nur nicht in rot und von geringerer Ausdehnung). Inmitten einer staubigen Savanne, mit dem Hubschrauber ausgemessen über 250 m hoch und auf dem es oben drauf einladend grün bewachsen war. Wie eine fremde, andere Welt. Bewegungen waren dort oben nicht zu erkennen. Am Fuß, südlich dieser Bergkugel, lag eine kleinere Ortschaft. Unsere Karten gaben diesem Platz auf der Weltkugel den Namen BUUR HEYBO. Wenn ich mit Google Earth heute dorthin reise, wird der Ort mit BUUR HEYBE angegeben. Mit diesem gefühlt außerirdischen Eindruck und der später nicht mehr umgesetzten Idee, hier auf jeden Fall noch einmal herzufliegen, machten wir uns auf den letzten Teil unseres Heimwegs.

Nach erfolgten, gegenseitigen Besuchen, jeweils mit Hubschraubern, kam der Tag, an dem dann zwei (es könnten aber auch drei gewesen sein) französische PUMA-Helikopter aus BAIDOA über BELET-UEN nach DJIBOUTI verlegt werden sollten; ziemliche Strecke und fast keine „Tankstellen". Da der Platz für Gast-Lfz innerhalb des Lagers sehr begrenzt war, mussten die PUMA draußen auf dem Airfield verbleiben. Allerdings waren die Besatzungen bei uns über Nacht zu Gast. Da erfuhren wir auch, dass eine Landung im Camp sowieso ausgeschlossen war, da der Wiederstart am Abreisetag nicht möglich sein würde. Die Maschinen waren sprichwörtlich vollständig bis unters Dach vollgepackt und maximal betankt, um die Strecke, die vor ihnen lag und den folgenden Auftrag sicher zu schaffen. Dadurch waren die Maschinen so schwer, dass Schweben nahezu unmöglich war und nur im Rollstart, auf der relativ ebenen Schotterpiste, der Abflug durchgeführt werden konnte. Besondere Aufträge erfordern besondere Maßnahmen. Derartige Überdehnung üblicher Grenzbereiche ist schon ungewöhnlich. Der Start unserer französischen Kameraden verlief gut in der Kühle des frühen Morgens (28° C) und es gab keine schlechten Nachrichten über den Flug und das erfolgreiche Erreichen des geplanten Ziels.

So wie die französischen Fliegerkameraden waren so gut wie alle „Besucher", von VIPs wie dem DEU BMV (damals BM Volker Rühe) bis zum ZDF-Presseteam, auch Gast in der ganz besonderen Betreuungseinrichtung des Deutschen Einsatzkontigent „Bei Gertrud". Betrieben durch die Heeresflieger und in der Namensgebung angelehnt an eine Radio-Comedy-Serie des im niedersächsisch-norddeutschen Raum sehr bekannten Senders FFN

→ Bei Gertrud traf man sich, um dem anstrengenden Alltag wenigstens ein bisschen zu entfliehen.

und ihrem berühmten Format „Frühstyxradio" und der darin geführten Parodie auf deutsche Kneipengespräche „Bei Gertrud". Fast alle Heeresflieger des 1.EinsKtgt UNOSOM II hatten den niedersächsischen Verband aus der Heide (TrspHubschrRgt 10, FASSBERG) als ihre dienstliche Heimat und so lag die Verbindung zum o.g. Radio-Format auf der Hand. Viele interessante Persönlichkeiten und viele interessante Gespräche und Begegnungen gaben sich ein Stelldichein.

Damit dieser Kleinbetrieb lief, war natürlich auch zusätzliches Personal zugeteilt worden. Neben unserem somalischen Dolmetscher hatten wir auch eine „Reinigungskraft" in der Betreuungseinrichtung. Henna-rotes Haar und gelbliche verfärbte Zähne und Augen (durch den andauernden Verzehr von CAT, der allgemein üblichen Droge für den somalischen Mann). Ein älterer Herr (Frauen war die Arbeit im Lager nicht möglich), Familienoberhaupt eines kleineren Clans, dessen Lebensalter unbestimmt war und der das Arbeiten nicht wirklich erfunden hatte. Doch er war stetig bemüht sich von der guten Seite zu zeigen und war häufig sogar pünktlich zu seinem Dienst angetreten. Das deutsche, soziale Heeresfliegerherz sorgte dann zu gegebenem Anlass dafür, dass diesem Angestellten ein Geschenk überreicht werden sollte. Nach eingehender Beratung wurde ein Esel in der Stadt gekauft und als Geschenk, mit kleinem Aufgebot, übergeben. Es dauerte nicht lange und der Esel war plötzlich nicht mehr da, verschwunden. Erst hieß es, er sei entlaufen. Also startete eine Suche und das sogar mittels Hubschrauber. Allerdings blieben alle Bemühungen erfolglos. Das Tier war und blieb spurlos verschwunden. Ob es unser Dolmetscher war oder eine andere Quelle weiß ich nicht mehr, doch nach Tagen kam dann heraus, dass der gute Herr sein Geschenk eingetauscht hatte und zwar (man möge sich bitte festhalten…) gegen eine junge, weitere Ehefrau. Er hatte bereits mehr als eine und es gab wohl Bedarf an Zuwachs für seine Familie, der wichtiger zu sein schien, wie ein neues Trag- und Reittier. Für uns unbedarfte Deutsche eine besondere Wendung der Geschichte, zusammen mit der Erkenntnisse um die für uns fremden Gepflogenheiten in diesem, immer noch fremden Teil der Welt. Diese neue Ehefrau war wohl auch nach deutschem Recht bereits volljährig. Am „Familiensitz" (recht typische, somalische Wohnstätte, mit einer Hütte innerhalb eines aus Strauchwerk gebildeten Hofs) war nur dem Oberhaupt und seiner ersten Frau ein Platz in der Hütte zu eigen. Alle Kinder und weitere Frauen hielten sich fast ausschließlich draußen auf und schliefen auch dort, die wenigsten zumindest auf einer Palette.

↑ Eine Kamelspinne – ihr Biss war zwar nicht tödlich aber dennoch schmerzhaft.

Draußen, auf dem staubigen Boden schlafen, wo ab der Dämmerung eine Menge an Viechzeug unterwegs ist. Kommen wir also zur Camelspider oder auch Walzenspinne. Sehr gut zu Fuß; ein wirklich flotter Jäger, über den sich hartnäckig wilde Gerüchte und Geschichten ranken. Von angesprungen werden (mindestens 1m oder eher 2m hoch) bis zu Bissen durch diese Spinne, die das betroffene Fleisch des Körperteils regelrecht wegfaulen lässt und welches, aufgrund des eingespritzten Verdauungssekrets, nicht mehr ohne weiteres ausheilen. Eine Erzählung unseres Dolmetschers ergänzte hier die Schauergeschichten damit, dass der kopfnahe Biss zur Schwellung der Zunge führt, welches sich aber wohl nach drei-vier Tagen wieder normalisieren würde. Eines steht aber fest, aus der Nähe betrachtet (es gab ein Terrarium) wird dieses Tier in jedem Alien-Gruselthriller problemlos eine Rolle bekommen. Erst recht wenn man mal bei einer Fütterung zugegen war, wenn die Spinne Heuschrecken oder Eidechsen jagt und anschließenden in ihren Kiefern verbissen, innerlich zersetzt und verdaut… Und groß war das Vieh. Dazu diese nackte, helle, sandfarbene Körperfarbe, lange Beine und ein mit 4 gebogenen Zahnklauen besetztes Kauwerkzeug. Es kursierte ein Bild einer Camelspider, die ausgestreckt stehend gerade so auf eine DIN A5-Seite passte.

Einen Kameraden aus unserem Vorkommando („mein" Zelt, Schlafplatz direkt gegenüber) erwischte ein Camelspider-Happening der ganz besonderen Art. Jeder hatte ein irgendwie geartetes Insektenschutznetz um seinen Schlafplatz gebaut und auch sein eigenes Ritual der Maßnahmen vor dem Zubettgehen. Dieser Kamerad hatte sich ausreichend viele, halbmeterlange, 2 cm dicke Zeltnägel besorgt, die er jeden Abend von innen auf die Ränder des Mückennetzes (tagsüber dicht eingedreht zusammengerollt) um sein Feldbett legte, bedacht darauf keine Lücke zu lassen. So auch an diesem Abend. Die Nacht verlief ruhig. Doch in dem Moment, als das allmorgendliche Wecksignal durch die großen Druck-

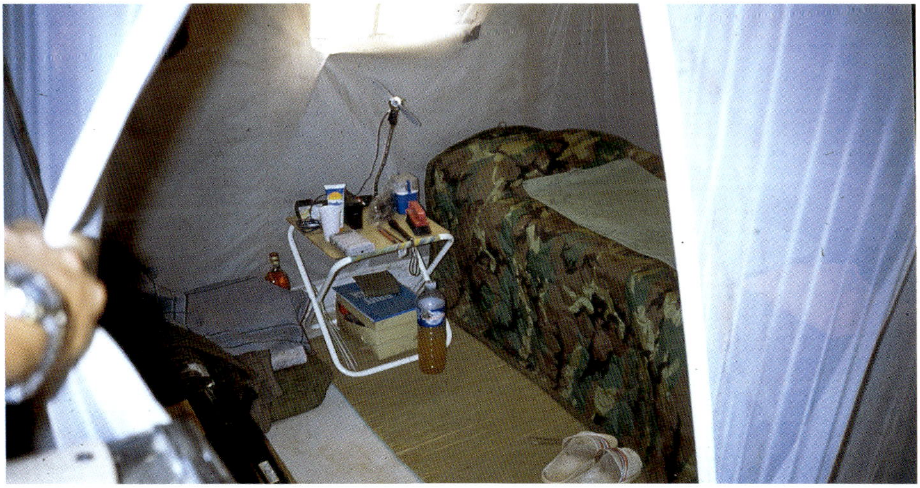

← Fast wie im Hotel: Man versuchte stets, aus der Improvisation heraus das beste Ergebnis für sich zu erzielen.

hornlautsprecher auf dem Stabsgebäude ertönte, gab es einen gellenden Schrei, direkt aus oder besser in unserem Zelt. Alle sofort hellwach auf den Beinen. Saß doch oben, im Mückennetz des Kameraden mir gegenüber, ein Prachtexemplar einer Camelspider. Erste Sekunde: innen oder außen des Netzes? Zweite Sekunde: Netz durch einen Kameraden hochgerissen und im selben Moment dicht zusammen gerollt. Der auf seinem Schlafplatz betroffene Kamerad brauchte erst einmal umgehend „Luft" und war raus. Die Camelspider war innen im Netz gesessen und nun bleibt eine unbeantwortete Frage im Raum, wann das liebliche Tier dort hinein geraten ist. Im schlechtesten Fall haben die beiden die Nacht miteinander im gleichen kleinen Insektenschutz verbracht. Eine ungeheuerlich gruselige Vorstellung. An weitere ruhige Nächte war erst wieder zu denken, nach einer deutlichen Verstärkung und Verbesserung des Schutznetzes über dem Schlafplatz des betroffenen Kameraden.

Mit diesen Erlebnissen aus dem 1. Kontingent UNOSOM II, einer der ersten oder sogar der erste „echte" Auslandseinsatz der Bundeswehr sollte der Teil Unterhaltung nicht zu kurz kommen. Einfach so „runter schreiben" ist nach über 30 Jahren leichter gesagt als getan. Das Vorkommando und das schließende 2. Kontingent (UNOSOM II endete April 1994) hatten natürlich andere Geschehnisse, von denen erzählt werden könnte. So nah wie möglich an echtem Erlebten bleiben, ohne Übertreibungen und so weit wie möglich ohne eigene „Verfärbungen" dieser doch recht lange in der Vergangenheit liegenden Ereignisse.

Zur Person:

Edwin Vogel wurde im Juni 1966 geboren. Er ist verheiratet, Vater zweier erwachsener Kinder und lebt im Emsland. Nach Abschluss seiner Berufsausbildung zum Elektroanlageninstallateur ging er 1984 zur Bundeswehr nach Bückeburg. An der Heeresfliegerwaffenschule durchlief er als Hubschrauberführer-Anwärter sämtliche militärische Vorausbildungen, die fliegerische Grundausbildung auf der Bell UH-1H absolvierte er 1986 in Fort Rucker, USA. Nach Rückkehr und Abschluss der Europäisierung auf der Huey wurde er Ende 1986 in die Lüneburger Heide nach Faßberg versetzt. Dort diente er als Hubschrauberführer auf UH-1D bis Ende 1995. Nach erfolgreicher Umschulung auf die CH-53 erfolgte seine Versetzung nach Rheine, wo er zuerst als Hubschrauberführer (Co-Pilot), später als Kommandant und Fluglehrer eingesetzt wurde. 2010 wechselte Edwin Vogel an die Heeresfliegerwaffenschule nach Bückeburg als Hörsaalleiter, wo er für die Ausbildung der Bordtechniker und Bordschützen aller Transporthubschrauber des Heeres (UH-1D, NH-90 und CH-53) zuständig war. Mit dem Transfer des Waffensystems CH-53 zur Luftwaffe folgte die Versetzung zur Lufttransportgruppe des Hubschraubergeschwaders 64 nach Holzdorf als Fluglehrer und leitender Standardisierer. Im Oktober 2025 wurde „Eddy" aus dem aktiven Dienst in den wohlverdienten Ruhestand versetzt. Neben Somalia war er in zahlreichen Einsätzen am Balkan (IFOR, SFOR, KFOR) in Afghanistan (ISAF), bei der Erdbebenhilfe in Pakistan sowie im Kongo.

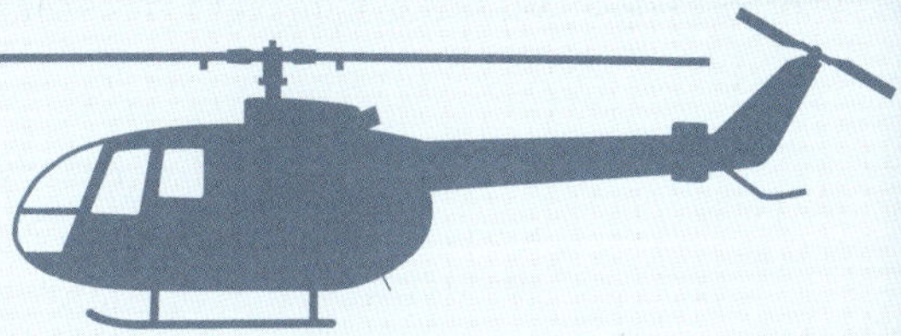

Notlandung im brennenden Rettungshubschrauber

Den Bundesgrenzschutz wird vielleicht so manch junger Leser hier gar nicht mehr kennen, denn er wurde bereits im Jahr 2005 in Bundespolizei umbenannt. Die Tatsache, dass genau diese Institution neben DRF, ADAC und Bundeswehr zu den Pionieren der deutschen Luftrettung zählt, wird hingegen der Mehrheit bereits bekannt sein. Ein Flugunfall und dessen glücklicher Ausgang aus dieser Anfangszeit hat ohne Zweifel das Prädikat „bemerkenswert" verdient.

Von Klaus Petersik

Wir schreiben den 31.12.1982, ich hatte Dienst auf Christoph 1, damals wie heute stationiert in München-Harlaching und zwischen 1975 und 1984 nicht vom ADAC, sondern von der Bundesgrenzschutz Fliegerstaffel Süd betrieben, welcher auch ich seit 1977 angehörte. Zuerst rein als Pilot für polizeiliche Aufgaben, nach einem Jahr dann auch als Rettungshubschrauberpilot.

Unser Team bestand an diesem Silvestertag aus Dr. Michael A., Rettungssanitäter Mike D. und mir als Piloten. Das Flugwetter war uns wohlgesonnen und so hatten wir an diesem Tag mit keinen Einschränkungen zu rechnen, einzig und allein die Temperaturen lagen nur knapp über dem Gefrierpunkt und sorgten für größtenteils gefrorene Böden, was später noch eine Rolle spielen wird.

Es war mittlerweile der Nachmittag angebrochen und über den Tag hinweg hatten wir zwei, drei Einsätze ohne nennenswerte Vorkommnisse abgearbeitet, als wir gegen 15 Uhr erneut alarmiert wurden.

Die Meldung lautete „Verkehrsunfall auf der Bundesstraße 301 bei Au in der Hallertau, PKW gegen PKW." Routinemäßig starteten wir mit unserer Bo 105 gen Norden, wo ich sofort nach Take Off die Freigabe zum Kreuzen der damaligen Kontrollzone des Flughafens München-Riem beim Towerlotsen einholte. Ein Rettungshubschrauber bekommt, wenn er im Einsatz ist, wann immer möglich den Vorzug gegenüber anderen Luftfahrzeugen und so ging es ohne Verzug weiter Richtung Hallertau – die größte Hopfenregion Deutschlands. Der Unfallort war nach gut zehn Minuten Flug schnell gefunden, einmal Hocherkundung in Form eines Kreises über der Einsatzstelle und Übergang zum Landeanflug.

Nach der Landung in einer mit Raureif überzogenen Wiese war es die Aufgabe meines medizinischen Teams, die Versorgung des uns zugeteilten Patienten zu übernehmen.

Die erste Diagnose des Notarztes hieß geschlossene Oberschenkelfraktur. Mein Rettungssanitäter Mike hatte zwischenzeitlich über die Leitstelle das Zielklinikum Neuperlach abgeklärt und mir das ebenfalls mitgeteilt. Alles lief wie immer ab – professionell, ruhig und dennoch zügig.

Also verluden wir den Patienten nach abgeschlossener Stabilisierung in unsere Maschine und starteten nach rund 35 Minuten – kurz vor Sunset – nach Neuperlach, ein Stadtteil im Osten Münchens. Auf dem Weg dorthin nahm ich abermals zügig Kontakt mit dem Münchner Tower Lotsen auf, um ohne Zeit zu verlieren das Klinikum direkt anfliegen zu können, was mir wieder sofort gestattet wurde.

Plötzlich – wir befanden uns nur ein paar Minuten in der Luft nahe Goldach – gab es aus heiterem Himmel und ohne jegliche Vorankündigung einen lauten Schlag, der uns alle fürchterlich erschreckte. Die Maschine gierte mit dem Schlag einhergehend sofort kurz nach links weg und ich sah mit großen Augen ein Teil vom Hubschrauber nach vorne links wegfliegen. Was zur Hölle war das? Ehe ich mich überhaupt auf irgendetwas konzentrieren konnte, rief unser Notarzt aufgeregt „es brennt" in den Funkkreis!

„Es schlagen Flammen neben mir in die Kabine!"

Bei der Bo 105 war es so, dass der Notarzt quer zur Flugrichtung hinter dem rechten Pilotensitz saß, links unten neben ihm der Ladetunnel und ab Schulterhöhe hinter dem Brandschott das Triebwerksdeck. Hier schlugen die Flammen durch das Metall direkt in die Kabine!

Mein Blick schweifte blitzschnell über die Instrumente, aber ich hatte keine Feuerwarnung! Diese Feststellung musste ich jedoch gefühlt nur eine Sekunde nach meinem „Cross Scan" revidieren. Fire Engine 2 (rechts) leuchtete plötzlich auf und aus dem Instrumentenpanel drang parallel dazu nun auch noch Rauch aus dessen Schlitzen. Die Abgastemperatur des Triebwerks 2 kletterte sofort bis zum Anschlag und durch die wirklich enorme Rauchentwicklung im Cockpit konnte ich die Instrumente schnell schlechter ablesen. Meine Entscheidung stand sofort fest: Leistungshebel Nr. 2 zurückzuziehen und Autorotation mit dem verbleibenden Triebwerk Nr. 1 durchführen. Aber was war das? Ich konnte den Leistungshebel für das zweite Triebwerk nicht zurücknehmen – es war bereits durch die große Hitze, die sich durch sämtliche Kanäle im Hubschrauber zog, festgekokelt.

Was nun? Brandhähne schließen und beide Triebwerke abschalten schoss es mir durch den Kopf! Mit diesen sollte sich zumindest die Kraftstoffzufuhr abstellen lassen. Aber auch das führte lediglich zu einem Teilerfolg, es spritzte immer noch Kraftstoff weiter in Nr. 2 ein, nur Nr. 1 ging aus. Es müssen zu diesem Zeitpunkt bereits sämtliche Kabel auf der 2er Seite durchgeschmort gewesen sein, anders kann ich mir es bis heute nicht erklären.

Also habe ich mit einem abgestelltem TW 1 und einem brennenden Triebwerk TW 2 die Autorotation eingeleitet – von rund 110 Knoten Reisegeschwindigkeit auf AR Speed 80 Knoten reduziert und den Collective gesenkt. Links unter uns bot sich ein Acker an, zudem kam uns auf 12 Uhr ein Funkmast mit Abspannungen nahe Schlossgut Erching immer näher. Diagonal gab dieses Feld die längste Strecke zum Rutschen her, also steuerte ich es genauso an. Die Sinkrate baute sich schnell auf, rund 4000 ft/min. Mike setzte noch schnell über den Behördenfunk an die Leitstelle einen Emergency Call ab, den ich – bedingt durch seine britische Herkunft – wohl nie vergessen werde: „Leitstelle München, Christoph eins, we have fire on board, we make a Notlanding." Im Nachhinein urkomisch aber natürlich auch total nachvollziehbar, dass ein Mensch in einer Stresssituation wie dieser (zumindest teilweise) in seine Muttersprache zurückfällt.

Während der kurzen Autorotationsphase versuchte Mike noch intuitiv seine Tür abzuwerfen, was ihm aber nicht gelang, da er zwar den Türgriff, aber nicht den Emergency Hebel (gesichert durch Kupferdraht) geöffnet hatte, der die Türe hätte rausfallen lassen. Zum Glück, denn die Türe wäre sicherlich im starken Sinkflug in den drehenden Rotor gelangt. Nicht auszudenken, was das angerichtet hätte.

Der Boden kam rasch näher, denn zwischen dem Einleiten der Autorotation in rund 700 ft über Grund und dem Flare, also dem Nase nach oben nehmen knapp über dem Boden, vergingen kaum mehr als 10 Sekunden. Bei der Autorotation habe ich sehr tief geflared, leider ein wenig zu tief. Der Abweiserbügel, befestigt als Schutz wie ein Spoiler unter dem Heckrotor, bekam Bodenkontakt und das Heck knickte dabei ein. Durch die Hebelwirkung wurde der Hubschrauber förmlich nach vorne gekippt und aufgerichtet. Mit dem Collective bis unter die Achsel gezogen schlitterte ich noch sehr schnell über den zu unserem Vorteil vereisten Acker und versuchte mit den Pedalen die Richtung zu halten. Wenigstens schon mal am Boden! Wir schlitterten noch recht zügig ein gutes Stück weiter. Nach rund ca. 30 m war der Acker durch die Nachmittagssonne an einer Stelle teils aufgeweicht und die rechte Kufe grub sich im Matsch immer weiter ein. Über die nächsten 10 m bäumte sich der Hubschrauber nach rechts immer weiter auf und fiel am Ende im Zeitlupentempo nach rechts um. Der immer noch drehende Hauptrotor bekam Bodenberührung und zerlegte sich daraufhin in tausend Teile. Auch hier hatten wir wieder Glück, denn kein einziges dieser Geschosse traf uns. Schließlich kamen wir auf der Seite liegend zum Stehen – immer noch brennend.

Fassungslos steht der Pilot des Grenzschutz-Hubschraubers vor den Überresten. Ihm verdanken vier Menschen ihr Leben.

← Ausschnitt aus dem Freisinger Tagblatt vom 3.1.1983.

Mike probierte sofort wieder, die Türe abzuwerfen, dieses Mal mit Erfolg, da er den Hebel für den Notabwurf zusammen mit dem für die Öffnung betätigte. So konnte er nach oben aus dem Hubschrauber klettern, öffnete die Schiebetür und half erst dem Arzt und anschließend mir, die Maschine zu verlassen. Doch die wichtigste Person an Bord fehlte noch – der Patient! Wir liefen um die Maschine herum und öffneten die Klapptüren am Heck, was nicht leicht war, denn die heißen Flammen loderten nur so und dichter Qualm versperrte uns die Sicht. Jetzt schnell den Verletzten aus dem Wrack befreien – quasi ein zweites Mal. Doch die Trage klemmte! Da keine Zeit für Experimente und eine schonende Bergung blieb, öffneten wir kurzerhand die Gurte der Trage, zogen den Patienten samt Vakuummatratze heraus und entfernten uns vom lichterloh brennenden Hubschrauber. Dabei schoss es mir plötzlich durch den Kopf: Was ist mit der Sauerstoffflasche? Die könnte uns jederzeit um die Ohren fliegen! Also liefen wir mit dem Patienten noch weiter weg, um nicht doch noch verletzt zu werden. Denn bis auf eine Schnittwunde und einem gebrochenen Daumen beim Notarzt kamen Mike und ich ohne große Blessuren davon. Unser Patient hatte leider nicht ganz so viel Glück, denn er verletzte sich bei der Bergung aus dem Hubschrauber nochmals und so wurde aus einer geschlossenen eine offene Oberschenkelfraktur.

↑ Dieses Bild des Unglücks zeigt deutlich, dass vom Hubschrauber selbst nicht viel übrigblieb

Sehr schnell kam die Rettungskette in Bewegung und so erreichten uns zügig Rettungsdienst, Feuerwehr und Polizei. Auch die Bundeswehr kam mit ihrer SAR 51 Huey vom Fliegerhorst Manching aus angeflogen. Sie wurden für den Abtransport unseres Patienten eingesetzt. Eine weitere Huey meiner BGS Fliegerstaffel Süd holte mich ab und verbrachte mich nach Oberschleißheim, um vor meinem Vorgesetzten eine erste, kurze Aussage abzugeben.

↑ Bild aus der Münchner AZ: Klaus Petersik – noch immer mitgenommen – zwei Tage nach seiner Notlandung wieder im Dienst auf Christoph 1.

Danach ging es für mich mit dem Auto zurück zur Station, um mein privates Fahrzeug abzuholen und anschließend nach Nymphenburg zu fahren, wo meine damalige Freundin und spätere Frau Dienst als OP-Schwester im Krankenhaus Nymphenburg hatte. Am Abend konnte ich dort zusammen mit der Bereitschaftscrew des OPs Silvester feiern.

Kriseninterventionsteams samt Psychologen und feste Konzepte dazu gab es damals einfach nicht. „Das war halt so." Folglich war es auch nicht verwunderlich, dass ich nach einer weiteren Aussage am Neujahrstag bei Polizeidirektor Knorr, dem damaligen Kommandeur der BGS-Fliegergruppe, von ihm persönlich wieder zurück in den Dienst auf Christoph 1 beordert wurde – und zwar zum 2. Januar, also am nächsten Tag.

Gleich beim ersten Einsatz Richtung Holzkirchen leuchtete MAG Chip Hauptgetriebe auf. Es erfolgte eine Sicherheitslandung mit nachfolgendem telefonischem Technikgespräch und anschließender Freigabe für den Rückflug nach München Harlaching Christoph 1.

Nach Überprüfung durch einen Prüfer für Luftfahrtgerät aus der Staffel wurde die Ersatzmaschine BO 105 für den Rettungsdienst wieder freigegeben.

‹ Die Anerkennung für ihre besondere Leistung folgte im Sommer 1983: Verleihung der bayerischen Rettungsmedaille durch den Ministerpräsidenten Franz-Josef Strauß (rechts) an Klaus Petersik (2. v. r.) und seine Crew.

Das Aufleuchten der Warnlampe bei meinem ersten Flug danach ließ dunkle Gedanken und Erinnerungen bei mir aufkommen. Auch bei den nachfolgenden Rettungsdiensten – über einige Jahre hinweg – schwang immer ein ungutes Gefühl mit bei Flügen über größere Waldgebiete oder Großstädte. Besonders emotional waren für mich Nachtflüge, oder Sunset übergreifende Einsätze.

Was ich danach noch über die Ursache des technischen Versagens erfuhr war zwar begrenzt, jedoch dennoch aufschlussreich: Kurz vor Weihnachten kam die Maschine frisch aus der Werft von MBB in München Ottobrunn. Nach Recherche und Unfalluntersuchung des LBA Braunschweig hat sich das Zwischengetriebe des TW Nr. 2 zerlegt. Das Zahnrad, welches den Torque steuert/hält ist zerbrochen. Somit konnte die N1 bis zu einer Selbstzerstörungsdrehzahl von ca. 50.000 U/min hochdrehen. Der Brandhahn wurde zwar mechanisch von mir geschlossen, dies hatte aber bereits keinen Erfolg mehr, da die elektrische Leitung mittlerweile verbrannt war. Zudem wurde weiterhin Kraftstoff eingespritzt. Das Zwischengetriebe kam grundüberholt aus Hamburg-Finkenwerder und wurde so in den Zyklus der Fliegerei in Ottobrunn integriert.

Allein schon der Gedanke daran, dass das Zerlegen des Triebwerk 2 mit anschießendem Brand in der Dunkelheit passiert wäre und die AR in ein dunkles Loch hätte stattfinden müssen, machte mich sehr nachdenklich und ließ mich immer (falls machbar) einen sicheren Flugweg mit entsprechender Flughöhe suchen. Zum Glück musste ich bis zu meinem Karriereende keine solche Erfahrung wie an Silvester 1982 mehr machen, worüber ich äußerst glücklich bin.

Zur Person:

Klaus Petersik wurde 1950 in Göttingen geboren und trat nach Abschluss der Berufsausbildung zum Feinmechaniker 1971 in den Bundesgrenzschutz ein. Von 1975 bis 1977 wurde er dort zum Hubschrauberführer auf Alouette SA 318C ausgebildet und im Anschluss zur Fliegerstaffel Süd nach Oberschleißheim versetzt. Es folgten Umschulungen auf BO 105 (1977), Bell UH 1D (1980) und EC 135 T2 (2000). Eng verwoben mit der alpinen Rettungskette war er seit 1980 Bergwachtausbilder. In der Position des Bergetau-Beauftragten bildete Klaus Petersik ab 1997 Notärzte und Bergwachtangehörige aus. Als Stationspilot beendete Klaus Petersik 2010 seine Rettungsdienstkarriere. Bis zur Pensionierung am 31.Dezember 2010 flog Klaus Petersik rund 6900 Rettungseinsätze mit einer Gesamtflugzeit von fast 8000 Stunden.

Ein Fliegerleben fernab der Norm

Heutzutage ist es alles andere als eine Ausnahme, seine Fluglizenz auf dem zivilen Weg zu erwerben und dann international unterwegs zu sein. Vor etlichen Jahrzehnten war dies jedoch ein Abenteuer. Und so ein Abenteuer ist Falk eingegangen. Dass sich sein späteres Fliegerleben auch noch quer über die Erdkugel erstrecken wird, hätte er sich damals nicht erträumen lassen. Was er dabei erlebt hat, teilt er auf den nächsten Seiten mit uns.

Von Falk Heilmann

Schon seit meiner Kindheit war ich von der Fliegerei im Allgemeinen und im Besonderen von der Hubschrauberfliegerei fasziniert. Im Laufe meines Heranwachsens reifte in mir der Wunsch selbst einmal zu fliegen, so dass ich im Alter von 18 Jahren die erste Fluglizenz für Flächenflugzeuge, den PPL, erwarb. Doch ich wollte weiter. Ich wollte unbedingt Hubschrauber fliegen. Die Option über eine Verpflichtung bei der Bundeswehr den Einstieg in die Hubschrauberfliegerei zu finden, stand für mich aus persönlichen Gründen nie zur Debatte. Zwischenzeitlich hatte ich in Gesprächen mit anderen Piloten erfahren, dass eine Ausbildung in den USA nicht nur aus Kostengründen, sondern auch aufgrund anderer Umstände wie wetterbedingt besseren Flugbedingungen und einer kompakteren Theorieausbildung eine attraktivere Alternative darstellte. Darüber hinaus boten einige Flugschulen an, nach der bestandenen Ausbildung einen Arbeitsplatz zu vermitteln, bzw. dabei unterstützend tätig zu werden.

Nach meinem Schulabschluss, im Alter von 20 Jahren, fasste ich schließlich den Entschluss, nicht nur mein langjähriges Vorhaben in die Tat umzusetzen, sondern auch in die USA zu emigrieren, um dort beruflich und privat neue Wurzeln zu schlagen.

Mein Weg führte dann mich zunächst in den Bundesstaat Kalifornien, wo ich im Sommer 1980 bei einer auf die Bell 47 spezialisierten Flugschule mit meiner Ausbildung begann. Neben dem Pauken der Theorie, stand schon sehr schnell der parallel ablaufende praktische Teil auf dem Programm. Diesen absolvierte ich auf der besagten Bell 47, dem damals gängigsten Muster in der Ausbildungsfliegerei. Die Bell 47 ist ein kolbenbetriebener 2-Blatthubschrauber, der den meisten noch aus der Fernsehserie M.A.S.H. bekannt sein dürfte. Er verfügt über gutmütige Flugeigenschaften und verzeiht auch den einen oder an-

→Start mit der Bell 47, der Maschine, auf der Falk seine Lizenz erwarb.

deren kleinen Fehler, was ihn zu einem hervorragenden Schulungshubschrauber macht. Ein großer Vorteil für mich war, dass die Flugschule meinen für den deutschen PPL erflogenen Flugstunden anerkannte, so dass sich meine Ausbildung dort etwas verkürzt hatte. Meine langersehnte, zunächst private Hubschrauberlizenz erhielt ich dann Dezember 1980.

Neben dem fliegerischen Wissen wurde mir durch meine Fluglehrer schon recht bald auch die Besonderheit des fliegerischen Arbeitsmarkts in den USA vermittelt. Im Gegensatz zu den Bedingungen in Deutschland verhielt und verhält es sich in den USA so, dass man quasi immer als Freelancer für eine bestimmte Dauer bei einem Unternehmen angestellt ist und man schon sehr früh mit dem Sammeln von Flugstunden und Erfahrungen auf anderen Hubschraubermustern beginnen sollte, um ein breit aufgestelltes Portfolio zu erlangen. Es war zu jener Zeit Gang und Gäbe, dass man auch trotz einer Anstellung bei einem Unternehmen immer seine Fühler auch in Richtung anderer Betriebe ausstreckte, seinen Namen hier und da mal ins Spiel brachte und das persönliche Netzwerk pflegte. Und dies sollte man nicht nur auf amerikanische Unternehmen beschränken. Ein guter Ratschlag, wie sich später noch herausstellen sollte.

Um Erfahrungen zu sammeln und mein Flugstundenkonto aufzustocken, begann ich also zunächst damit, bei dem Unternehmen, bei dem ich auch meinen Flugschein erwarb, Sightseeing und Fotoflugaufträge zu fliegen. Die Firma hatte diverse Bell 47 im Bestand, die für diverse Aufgaben prädestiniert waren. Nebenher erwarb ich zu jener Zeit noch mein Typerating auf der Bell 206, einem turbinengetriebenen Zweiblatthubschrauber. Ein Teil der Kosten hierfür wurde von der Firma übernommen. Dies brachte mich in den Genuss in San Diego für einen der größten TV-Nachrichtensender den Newshelikopter zu fliegen.

Durch den Austausch mit anderen Piloten und durch Mund zu Mund Propaganda, wurde ich irgendwann auf die Firma FlightSafety aufmerksam gemacht. FlightSafety genoss einen hervorragenden Ruf als Ausbildungsstätte und war seit 1977 offizielles und autorisiertes Bell Schulungscenter. Der komplette Personalkörper der dort tätigen Fluglehrer bestand ausschließlich aus erfahrenen ex-Militärpiloten, die meisten davon Vietnamveteranen. Deren Expertise und der Umstand, dass die Ausbildung dort in Anlehnung an militärische Verfahren durchgeführt und im Wesentlichen auf deren Erfahrungen in Vietnam aufbaute, stellte eine ganz klare Besonderheit dar, die meine Entscheidung mich dort weiterbilden zu wollen, vereinfachte. 1982 erhielt ich meine kommerzielle Berufspilotenlizenz, den CHPL (Commercial Helicopter Pilot License)

1983 führte mich mein Weg durch eine Empfehlung eines unserer Chefpiloten zu der Firma Wright Airlift nach Long Beach in Kalifornien. Dort wurde ich auf den Mustern Bell 204, Bell 205 und Bell 212 und der zu dieser Zeit neu in den Markt eingeführten Bell 412 geschult.

Nach der Ausbildung auf den Mustern, verblieb ich zunächst als Freelancer in dem Unternehmen. Der Hauptaufgabenbereich lag vornehmlich im Offshorebereich und in „Desert Operations". Letztere Aufgaben wurden von mir eher seltener wahrgenommen, hauptsächlich war ich im Offshorebereich eingesetzt. Die Hauptaufgabe hierein bestand im Verbringen von Personal und Material auf Ölförderplattformen auf See. Diese Aufgaben wurden damals hauptsächlich im Auftrag des Ölriesens EXXON durchgeführt.

Hierdurch war mir nicht nur ein gesichertes Einkommen zum Bestreiten meines Lebensunterhalts garantiert, vielmehr konnte ich meine Erfahrungen auf den genutzten Mustern vertiefen.

← Die von Wright Airlift genutzte Bell 212 für Offshoreeinsätze.

↓ Immer bei den Offshoreflügen mit dabei: Die aufblasbare Schwimmweste

1983 erhielt ich zudem meine dauerhafte Arbeits- und Aufenthaltsberechtigung für die USA. Die nächsten zwei Jahre sollte ich für White Airlift International tätig sein, ein Unternehmen welches neben den bereits beschriebenen Aufträgen auch militärische Kurieraufträge sowie allerhand anfallende zivile Arbeiten durchführte. Von besonderer Erwähnung seien hier die Aufträge für die Hollywood Airforce zu nennen, ein Unternehmen welches sich, wie der Name an sich schon verrät, auf fliegerische Einsätze bei Filmproduktionen spezialisiert hatte. Ich kann mich noch lebhaft daran erinnern, im Rahmen eines Auftragsflugs im Hangar der Hollywood

→ Die berühmte Maschine aus dem Film „Blue Thunder, Das Fliegende Auge“. Es handelte sich um umgebaute Gazelle Hubschrauber.

Airforce die beiden umgebauten Gazelle Hubschrauber bestaunt zu haben, die bei der Produktion der TV Serie „Blue Thunder“ eingesetzt wurden. Aus der Serie entstand später der bekannte Kinofilm „Blue Thunder – Das Fliegende Auge“.

Der mir zu Beginn meiner fliegerischen Karriere mit auf den Weg gegebene Rat, meine Resümees immer wieder auch an andere Unternehmen zu schicken, um dort einfach mal meine Karten mit auf den Tisch zu schmeißen, wurde von mir weiterhin beherzigt und so kam es schließlich, dass ich während eines Besuchs meiner Familie in Deutschland, im Frühjahr 1985, auch an die Türen in Europa ansässigen Betriebe klopfte. Ich wollte mir einfach auch hier Optionen offenhalten. Natürlich gestaltete sich das nicht vollkommen unproblematisch, waren meine bisher erworbenen Lizenzen bislang allesamt amerikanischer Natur und hätten auf die jeweiligen nationalen Bedürfnisse umgeschrieben werden müssen.

Eines Nachmittags, es war im April 1985 und ich befand mich in meinem Elternhaus, klingelte dort das Telefon. Zu meiner großen Überraschung wurde nach meiner Person verlangt. Als ich den Hörer entgegengenommen hatte, meldete sich am anderen Ende der Flugbetriebsleiter eines in der Schweiz ansässigen Unternehmens. Ich wurde gefragt, ob bei mir Interesse an einem Auftrag bestünde, es ginge im Wesentlichen um den Transport von Personen und Material. Konkrete oder detaillierte Informationen hierzu würde ich in einem persönlichen Gespräch erfahren. Dem Tonfall des Flugbetriebsleiters konnte ich nichts Außergewöhnliches entnehmen und sah hierin eine riesige Chance, auch in Europa fliegerisch Fuß zu fassen.

Bereits zwei Tage später befand ich mich zusammen mit einem damals bei der Firma Agrarflug Helilift in Ahlen beschäftigten Piloten auf dem Weg nach Bern, um mir anzuhören, was man mir anbieten wollte. Auch mein Begleiter wusste zu diesem Zeitpunkt nicht mehr als ich und so plauderten wir die Fahrt über nicht über das was uns erwarten könnte, sondern tauschten uns über unsere bisherigen fliegerischen Erfahrungen aus. In diesem Gespräch erfuhr ich, dass mein Gefährte seine Fliegerei bei der Bundeswehr begonnen hatte und seinen Beruf eben nun auf dem zivilen Sektor weiter ausübte. Über den ominösen Auftrag verloren wir eigentlich kein Wort. Wir beide dachten wohl, dass es sich eventuell um eine Beförderung eines Prominenten oder dessen Entourage handeln würde und wir deswegen keine Details mitgeteilt bekommen haben.

Unmittelbar nach unserer Ankunft wurden wir zwar äußerst reserviert, aber dennoch höflich begrüßt und in ein Büro geführt. Neben dem Flugbetriebsleiter befanden sich noch weitere, uns nicht bekannte Personen mit im Raum. Endlich sollten wir Details über den Auftrag erfahren. Zu unser beider Überraschung wurde uns mitgeteilt, dass man Personal zur Errichtung einer Luftbrücke von Larnaka (Zypern) in den Libanon suche. Es sollte Personal und Material in beide Richtungen transportiert werden, was so an sich nicht problematisch klingen mag. Allerdings war die seinerzeit politische Lage im vom andauernden Bürgerkrieg geplagten Libanon alles andere als entspannt. Israelische Truppen hielten einen Teil des Libanon besetzt und zerstrittene Milizen rangen um die Macht in den nicht besetzten Gebieten. Dass sich auch ein Teil der Wut gegen die israelischen Besatzer und deren Verbündete entlud, wurde der Welt am 23. Oktober 1983 auf furchtbare Weise vor Auge geführt, als ein gegen die Multinationalen Streitkräfte in Beirut gerichteter Bombenanschlag 63 Menschen (überwiegend US-amerikanische Marines) aus dem Leben riss. Einem Selbstmordattentäter war es gelungen, mit einer Autobombe auf das Gelände des auf dem Flughafen von Beirut beheimatete Hauptquartier zu gelangen und diese dort zu zünden.

Und erst wenige Wochen zuvor, am 08.März 1985, ereignete sich ein weiterer Anschlag, bei dem ebenfalls durch eine Autobombe viele Menschen ihr Leben verloren.

Die andauernden Kämpfe der verfeindeten Milizen durchzogen den kompletten Libanon, lediglich West-Beirut galt bis dahin als relativ sicher und das, obwohl es auch dort immer wieder zu Scharmützeln gekommen war.

Mit diesen Gedanken im Kopf saß ich also nun da und hörte mir weiter an worum es ging. Man versicherte uns, dass die Rivalitäten und die Kämpfe inzwischen abnehmen würden, dass jedoch Bestrebungen für eine feste Stationierung der Hubschrauber im Libanon abgelehnt wurde und aus diesem Grund nur noch eine Luftbrücke als Alternative zur Durchführung verschiedenster Flugaufträge in Betracht käme. Planungen hierzu wurden bereits anderweitig im Vorfeld durchgeführt und als durchführbar gewertet. Demnach war vorgesehen, die Luftbrücke zum Transport von „Personen und Material“ zwischen dem Flugplatz Larnaka auf Zypern und dem einer Region in West-Beirut zu errichten. Westbeirut galt zu diesem Zeitpunkt als relativ sicheres Terrain.

Zum überwiegenden Teil durch das Mittelmeer getrennt, betrug die Strecke zwischen den beiden Plätzen etwa 220 km.

Soweit so gut, wäre da meinerseits nicht noch ein „kleines“ aber durchaus bedeutsames Problem in lizenzrechtlicher Hinsicht bestanden. Gemäß den damals geltenden nationalen luftrechtlichen Bestimmungen, hätten alle meine in den USA erworbenen Berechtigungen keine Gültigkeit gehabt und hätten neu erworben werden müssen. In diesem Fall für die Schweiz, da es sich ja um ein dort ansässiges Unternehmen nebst dort national zugelassenen Hubschraubern handelte.

Ich macht unsere Gesprächspartner auf diesen Umstand aufmerksam und man sicherte mir zu, dass man sich hierum schnellstmöglich kümmern werde.

Zu meiner allergrößten Verwunderung erfuhr ich bereits am nächsten Tag, dass sämtliche Lizenzen umgehend vom BAZL (Bundesamt für Zivilluftfahrt der Schweiz) anerkannt wurden, lediglich die finale Validation stand noch aus. Dies verdeutlichte mir, dass es sich bei dem Unterfangen wohl um mehr als einen reinen Arbeitsauftrag in der Region han-

↑ Ankunft in Larnaka. Im Hintergrund eine der militärischen Begleitmaschinen, eine mit Doorgunnern ausgestattete CH-53E.

delte und dass hierdurch meine Chancen auf dem europäischen Markt Fuß zu fassen nicht unerheblich gestiegen waren.

Im Herbst des Jahres begannen wir mit der Wahrnehmung des Auftrags, welcher zunächst die Überführung einer Bell 412 aus der Schweiz in Richtung Zypern begann. Schon diese Überführung beinhaltete einige sonderbare Ereignisse, die mich schon früh über den eigentlichen Auftrag hatten nachdenken lassen. Von Bern führte uns unser Weg in Richtung Venedig und schließlich die Mittelmeerküste entlang bis nach Larnaka. Dieser Flug stellte zudem meinen Checkride dar, so dass ich nun im vollständigen Besitz der erforderlichen luftfahrtrechtlichen Lizenzen war.

Im Anflug auf unsere vorerst finale Destination Larnaka, einem zivilen Verkehrsflughafen im Osten der Insel, nahm ich vor allem eine hohe Militärpräsenz wahr. Etwas, womit ich auf diesem Platz nicht zuerst gerechnet hätte. Die Anwesenheit des Militärs, mir waren vorrangig die US-amerikanischen Hubschrauber aufgefallen, brachte ich jedoch in Zusammenhang mit der durch den Libanonkonflikt begründeten Erforderlichkeit des Militärs in dieser Region.

Nach einer kurzen Zeit der Akklimatisierung erfolgte am Folgetag das erste Briefing für die erste Mission in den Libanon. Neben einigen Angehörigen der Heliswiss waren auch andere „Persönlichkeiten" mit anwesend. Wie sehr sich doch meine erste Vorstellung über den Auftrag von den Tatsachen unterschied! Zwar blieb der Kern unseres Auftrags, der Transport von Personen und Material erhalten, allerdings hatten sich die Begleitumstände grundlegend geändert. Oder sie blieben uns gegenüber zu Beginn der Auftragsübernahme einfach unerwähnt, ob bewusst oder unbewusst.

Schlicht und ergreifend wurde uns eröffnet, dass uns unser Auftrag nicht mehr nach West-Beirut führte. Der Flughafen von Beirut war zwischenzeitlich für den zivilen Luftverkehr geschlossen worden. Nun wurde ein Bereich im Nordosten von Beirut als Landezone bestimmt. Das Gebiet war unter dem Namen „D-Baye" bekannt und war im Grund nichts anderes als ein Strandbereich. Ein Strand, der nicht zum Badengehen oder der Erholung von Touristen diente, sondern ein Strand, der eher als Müllhalde und Abladehalde für alles Mögliche fungierte.

Weiterhin war uns unterschlagen worden, dass unsere Flüge von und in diesen Bereich unter Begleitschutz von bewaffneten Hubschraubern der US Navy stattfinden würden, was mir zum ersten Mal einen Schauer durch den Körper jagte. Worauf hatte ich mich nur eingelassen? Ich fliege tatsächlich direkt in ein Krisengebiet für einen eigentlich doch ungewissen Auftrag, zumindest was die zu transportierenden Personen oder das zu transportierende Material anbelangte.

Und als wir nach der erfolgten Flugplanung zum ersten Trip starteten, wurde mir auch die Anwesenheit der vielen Kriegsschiffe bewusst und mir dämmerte, weshalb kein anderes Unternehmen diesen Auftrag annehmen wollte.

Trotz aller professioneller Routine war ich innerlich schon ein wenig aufgewühlt. Und als wir uns im ersten Landeanflug auf „D-Baye" befanden, fielen mir die bewaffneten Sicherheitskräfte auf, die ganz offensichtlich nur zum Zweck unseres Schutzes dort anwesend waren. Darüber hinaus war die Landezone geprägt von westlichen Luxuslimousinen, die teilweise in Begleitung von Panzern in unseren Bereich einfuhren. Während wir landeten, verblieben die uns begleitenden US Navy Hubschrauber (es handelte sich überwiegend um Maschinen des Typs Sikorsky CH-53E, mit drei Triebwerken) in einem Orbit und kreisten um unseren Landeplatz. Unter regem Treiben wurden Kisten, Koffer, Taschen und

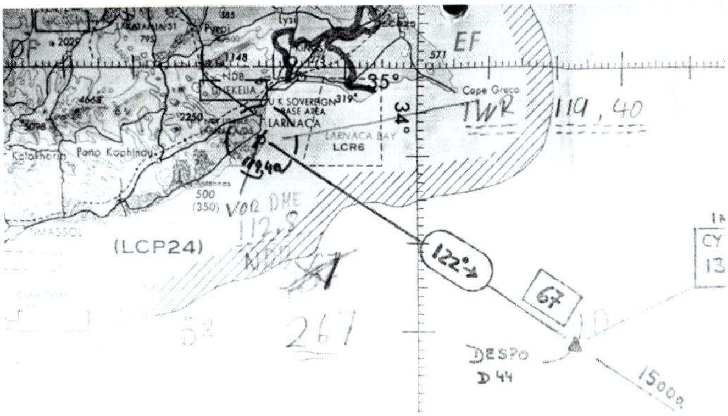

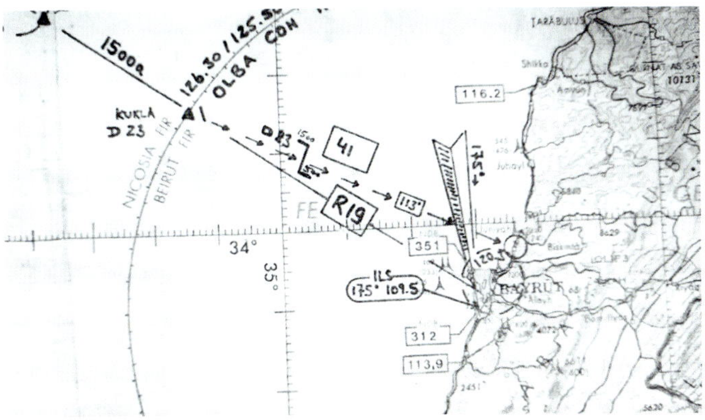

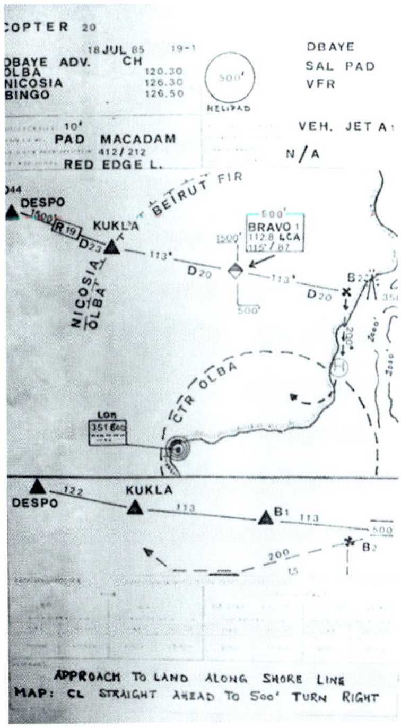

←↓ **Die Approachkarte für den D-Bay Landeplatz.**

allerhand anderes Material in die Maschinen verladen und es ging auf direktem Weg wieder zurück nach Larnaka. Für eine Tour benötigten wir etwa 01:13 Flugzeit.

Nach einigen Tagen stellte sich so etwas wie ein Regelpendelverkehr ein. In der Regel flogen wir die Tour zweimal vormittags und zweimal nachmittags. Mal war es Personal, mal war es Material, das wir hin und zurück bewegten. Unvergesslich sind mir hierbei Bananenkisten geblieben, deren Inhalt allerdings nichts mit Bananen zu tun hatte, ohne hierbei weiter ins Detail gehen zu wollen.

Ohne besondere Zwischenfälle vergingen etwa drei weitere Monate, als sich die Sicherheitslage im Libanon schlagartig verschlechterte. Über die FlightOps der Heliswiss wurde die Nachricht weitergegeben, dass die zypriotische Luftfahrtbehörde mit sofortiger Wirkung den Flugbetrieb aussetzen ließ. »No more flying« hieß die Anweisung. Niemand konnte aufgrund der eskalierenden Waffengewalt im Libanon mehr für unsere Sicherheit garantieren und auch seitens der libanesischen „Luftfahrtbehörde" kam keine Erlaubnis mehr für unsere Vorhaben, somit unterbrachen wir vorerst unsere Pendelflüge.

Umso verwunderlicher war es, als uns ein Fax vorgelegt wurde, welches eine „New permission", also eine neue Freigabe zur Durchführung weiterer Flüge beinhaltete. Auch ich nahm das Fax begutachtend in Hand und konnte als Aussteller die „East Lebanese Authority" erkennen. Selbst einem Laien wäre aufgefallen, dass es sich dabei niemals um eine behördliche Autorisierung gehandelt haben kann, sondern eher einen höchst zweifelhaften offiziellen Austeller vermuten ließ. Nichtsdestotrotz nahmen wir erneut den Flugbetrieb auf, um in diesen nun doch letzten zwei bis drei Tagestrips die letzten Botschaftsangehörigen in der „D-Bay" aufnahmen und nach Zypern evakuierten. Mit den letzten Botschaftsangehörigen auf Zypern wurde auch Ende August die Luftbrücke eingestellt und wir wurden zurück in die Schweiz beordert.

Dieses Erlebnis rund um Beirut und Larnaka sollte mich noch lange beschäftigen. Erst nach vielen Jahren, nachdem sich die Lage im Libanon relativiert hatte, erkannte ich, wofür wir hier eingesetzt wurden! Ein Einsatz, der in der damaligen politischen Lage nicht durch die USA hätte durchgeführt werden können. Ein Einsatz, den kaum ein anderes Unternehmen hatte durchführen wollen. Ein Einsatz, der mir zeigte, mit welchen Mitteln politische Ziele erreicht werden sollten.

Fliegerisch ging es Ende 1985 für mich zurück in die USA, wo ich bis 1988 vorrangig im Golf von Mexiko für die Firma Offshore Logistics Flüge überwiegend im Offshorebereich auf Bell 212 durchführte. Dort erwarb ich auch 1986 in Zusammenwirken mit Flight Safety meine Instrumentenflugberechtigung. Unterbrochen wurde die Periode für eine erste Tätigkeit in der Schweiz, wo ich für Air Grischa vorrangig Loggingflüge im Gebirgsbereich, durchführte.

Ende 1988 verschlug es mich schließlich nach Alaska. Dort schloss ich mit ganz anderen Besonderheiten der Gebirgsfliegerei Bekanntschaft, die nur in Ansätzen mit der Gebirgsfliegerei in der Schweiz zu vergleichen waren. Zu meinen Arbeitgebern in Alaska zählten die Firmen EVERGREEN und ERA und das Tätigkeitsfeld war erneut maßgeblich von Versorgungsflügen zu Förderplattformen, sowohl auf dem Festland als auch im Offshorebereich, geprägt. Zu den Kunden von EVERGREEN und ERA zählten hauptsächlich die großen Mineralölkonzerne, aber auch kleinere Energieunternehmen griffen häufig auf die Dienste der Firmen zurück.

Ehrlicherweise muss ich an dieser Stelle erwähnen, dass es mit sehr viel Glück verbunden war, dass ich diese Stelle antreten durfte. Üblicherweise setzt eine Anstellung bei

↑ Außenlandung in der Wildnis von Alaska.

den in Alaska tätigen Unternehmen sog. „Alaska-Erfahrung" voraus, Greenhorns finden in der Regel keine Anstellung. Ich denke, dass mir hierbei meine ersten Erfahrungen aus der Schweiz hilfreich waren. Eingesetzt war ich hier in der Regel auf Bell 212 oder Bell 412. Alle diese Maschinen waren voll instrumentenflugtauglich ausgestattet.

Aus handwerklicher Sicht muss ich sagen, dass die Gebirgsfliegerei in Alaska wohl für jeden Piloten eine ganz besondere Herausforderung darstellt. Die Wetterumschwünge sind in dieser Region noch weitaus unberechenbarer als sonst wo, in keinem anderen Land habe ich jemals extremere Wetterbedingungen erlebt. So gut wie immer führte mich der Weg mit den Maschinen in weit von der Zivilisation abgelegene Gebiete. Allein die Entfernungen vom Start- zum Zielpunkt konnen als anspruchsvoll bezeichnet werden. Navigation zu Zeiten, in denen GPS noch alles andere als alltäglich war, erforderte andere Methoden. Neben der klassischen Kartennavigation bediente man sich der LORAN (Long Range Navigation) Systeme, mit denen ein Großteil der Maschinen bereits ausgestattet war. Eigentlich stammt die LORAN Technologie aus dem maritimen Bereich und wurde irgendwann mal für den Luftfahrtsektor übernommen. In Alaska funktionierten die LORAN Systeme ausgesprochen gut und genau. Eine weitere hervorzuhebende Besonderheit war, das ERA das weltweit einzige Unternehmen war, das von der FAA für IFR-Slingload Operations, d.h. für Außenlastflüge unter IFR Bedingungen, zugelassen war.

Fliegerisch forderten die heftigen Außenbedingungen einem manchmal so einiges ab. Eingeplante Reserven mussten häufig bis ans Ende ausgereizt werden und nicht selten haben mir die beschriebenen Wetterumschwünge einen Strich durch die fliegerische Planung gemacht. Dazu gesellte sich immer wieder auch ein nicht zu unterschätzendes Maß an psychischer Belastung. Trotz dem Vertrauen in das eigene Können und der Zuversicht eine top gewartete Maschine zu fliegen, konnte man Gedanken an eine ungewollte Sicherheits- oder Notlandung nicht immer aus dem Kopf bekommen. Anflüge und Landungen unter schwierigen Wetterbedingungen mit einer Maschine, die sich im Bereich der Leistungsgrenze bewegt, trieben mir trotz professioneller Routine durchaus auch mal eine Schweißperle auf die Stirn. Auf der anderen Seite hingegen, wurde man anderen Tagen vom Anblick der überwältigenden Landschaft Alaskas entschädigt.

Neben diesen Erfahrungen wird vor allem mein Einsatz im Rahmen der seinerzeit wohl größten und medial bekanntesten Umweltkatastrophe in Erinnerung bleiben: Am 24. März 1989, lief der vollbeladene Öltanker „Exxon Valdez" im Prinz-William-Sund vor Alaska auf Grund. Durch auslaufendes Rohöl wurden an die 2000 km der Küste Südalaskas verseucht, mit katastrophalen Folgen für die Umwelt. Dieses Ereignis erforderte auch für uns damals eine neue Konzeption. Als direkter Kunde von Exxon wurden wir damit beauftragt, die luftgebundene Logistik im Zusammenhang mit der Bewältigung der Katastrophe umzusetzen. Um die gewaltige Strecke der verschmutzen Küstenstreifen abzudecken begannen wir zunächst sog. „Remote Fuel Stations" an vordefinierten Punkten einzurichten. Diese dienten als Betankungspunkte für andere Hubschrauber, die ebenfalls an der Mission beteiligt waren. Hierzu wurden Kraftstoffbehälter als Außenlast an diese Positionen transportiert und turnusmäßig ausgetauscht. Hinzu kamen die Transportflüge für die Clean-Up Crews, also jene Personen, die damit begannen, die Umweltschäden entlang der Küste zu beseitigen. Es war unglaublich, diese (übrigens von Exxon bezahlten) Personen mussten sprichwörtlich jeden Stein umdrehen und vom Rohöhl reinigen. Über einige Monate hinweg führten wir täglich diesen Pendelverkehr durch. Das bedeutete 14 Tage Dienst, 10 Tage frei. Auch hier lag die fliegerische Herausforderung darin, den Pendelverkehr bei Wind und Wetter aufrecht zu erhalten.

Rückblickend kann ich für mich feststellen, dass für mich genau diese Art der Fliegerei vor die größten Herausforderungen stellte und aus der ich einen unverzichtbaren Erfahrungsschatz schöpfen konnte. Wie in keinem anderen Land, habe ich jemals extremere Bedingungen erlebt. Schließlich „verlegte" ich 2003 zurück in das warme Kalifornien wo ich auf den Mustern Bell 47 und Lama Sprühflüge im Agrarauftrag auf den großen Landwirtschaftsflächen verrichtete. 2004 beendete ich meine aktive Berufspilotenkarriere auf Hubschraubern mit ca. 9000 Flugstunden auf den Mustern Bell 47, Bell 204, Bell 205, Bell 212, Bell 412 und SA315B Lama und kehrte nach Deutschland zurück.

Zur Person:

Falk Heilmann wurde 1954 in Mönchengladbach geboren. Er absolvierte nach der Schulzeit eine Krankenpflege- & Sanitätsausbildung und arbeitete auch bis zum Beginn seiner Pilotenausbildung in diesem Bereich. Seine Fliegerkarriere hat er in diesem Beitrag mit uns geteilt. Er lebt heute in Aschau im Chiemgau. Auch wenn er das Kapitel Hubschrauber hinter sich gelassen hat, ist er beruflich weiterhin mit der Fliegerei verwachsen. So führt er als staatlich geprüfter Gleitschirm-Pilot noch immer Flüge mit Passagieren in den Alpen durch.

Kunstflug mit Hindernissen in Arabien

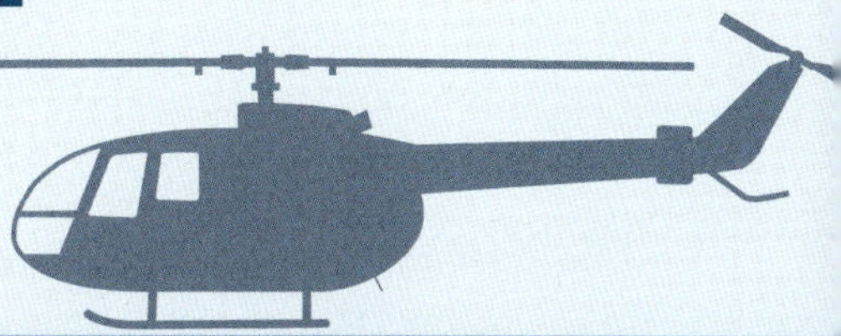

Ein weiterer Hochkaräter, der an diesem Buchprojekt teilgenommen hat, ist Rainer Wilke. Er hat den Hubschrauberflug revolutioniert und mit seiner BO-105 Figuren in den Himmel gezaubert, von denen man bis dahin nur träumen konnte. Er ist das Maß, über das man Helikopter-Akrobatik definiert. Jedoch musste auch er und sein Red Bull Team wie hier beschrieben Hindernisse überwinden, bevor sie loslegen konnten.

Von Rainer Wilke

Während einer Flugveranstaltung 2007 lernte ich einen ungarischen Kunstflugpiloten kennen. Er erzählte mir, dass er gute Kontakte zur Al Ain Airshow hat, die jährlich zum Beginn des Jahres in den Vereinigten Arabischen Emiraten stattfindet. Er glaubte, dass die BO 105 eine Bereicherung für diese Veranstaltung wäre. Für diese Airshow kann man nur eingeladen werden. Offensichtlich sprach er mit dem Veranstalter, denn noch im Laufe des Jahres erhielten die Flying Bulls eine Einladung für diese Veranstaltung. Im März war ein Red Bull Airrace in den Emiraten geplant, deshalb entschied man sich die Einladung anzunehmen. Denn inzwischen war es üblich, dass die BO 105 im Rahmenprogramm des Airrace eingesetzt wurde. Somit könnte der Hubschrauber gleich in den Emiraten gelassen werden, denn andere Einsätze waren zur Winterzeit ohnehin nicht geplant.

↓ Die Bo 105 von Rainer Wilke verpackt und verzurrt im Transportflugzeug.

Für den Lufttransport war es erforderlich den Tailboom abzubauen und Landegestell und Rotorkopf mussten entfernt werden. Ein Technikerteam, bestehend aus Gerhard Moik, unserem technischen Leiter und zwei anderen Mechanikern, flog im Januar 2008 einige Tage vor mir in die Emirate, um den Hubschrauber wieder zusammenzubauen. Es war nicht einfach ihn aus dem Zoll zu bekommen und auch der Ort, an dem er wieder zusammengebaut werden konnte, musste erst nach langen Diskussionen mit den zuständigen Behörden festgelegt werden. Der Hubschrauber wurde schließlich im Landtransport vom Flughafen Dubai nach Al

↑ Am Flughafen heißt es Umladen auf den Tieflader.

Ain gebracht und konnte dort zusammengebaut werden. Al Ain ist zur Hälfte ein militärischer Flugplatz, auf diesem Teil war auch die Veranstaltung geplant. Nach dem Zusammenbau blieb lediglich Gerhard dort, um mich bei den Vorführungen zu unterstützen. Es geht dabei nicht nur um technische Unterstützung, sondern um alles, was abseits der direkten Vorführung anfällt.

Ich hatte grundsätzlich immer einen zweiten Mann dabei, Gerhard war es sehr häufig.

Ich kam einige Tage später nach Dubai, um dann mit einem Mietwagen weiter nach Al Ain zu fahren. Dort blieben wir während der Zeit dieser Airshow für die Dauer von 6 Tagen. Trainingsflüge, Rundflüge und natürlich einige Vorführungen standen in dieser Zeit auf dem Programm. Da unser Hubschrauber nicht weit vom Veranstaltungsgelände entfernt in einer Halle stand, hatten wir viel Zeit die Vorführungen und vor allem auch den sehr guten Service zu genießen. Sehr viele Zuschauer waren nicht dort, es wirkte fast wie ein großes Barbecue mit Flugvorführungen.

Die Airshow selbst war sehr spektakulär. Die Nähe der Vorführungen zum Publikum, die Art der Vorführungen – in Europa hatte ich so etwas nie gesehen.

Einem der Zuschauer, ein Angehöriger aus dem saudischen Königshaus, gefiel offensichtlich meine Vorführung. Es gefiel ihm so gut, dass er an den Repräsentanten von Red Bull herantrat. Er äußerte den Wunsch, anlässlich einer kleinen Flugschau am 8. Februar in Riad eine Vorführung zu bekommen. Es wurde ihm zugesagt. Offiziell dauerte die Beantragung für ein Visum lange, Touristenvisa bekam man zu dieser Zeit generell nicht. Aber da der Wusch von einer besonderen Person geäußert worden war stellte das kein Problem dar. Wir fuhren am 27. Januar zurück nach Dubai, um vor unserem Rückflug nach Euro-

→ Blick über die VIP Lounges der Air Show.

pa noch einen Tag dort zu verbringen. Per Telefon wurden wir aufgefordert kurz vor Dubai am Rand der Schnellstraße anzuhalten. Dort wartete schon ein Fahrzeug auf uns und Gerhard und ich gaben unsere Pässe ab. Ein komisches Gefühl war es schon, jetzt ohne Pass in den Emiraten zu sein. Den nächsten Tag fand an der gleichen Stelle das nächste Treffen statt und wir bekamen unsere Pässe mit den eingeklebten Visa zurück.

Am nächsten Tag ging es von Dubai zurück nach Europa. Per Mail erhielt ich zwei Tage später aus den Emiraten eine grobe Planung für den Einsatz in Riad zugeschickt. Die Einzelheiten würden später kommen, aber es wäre alles geklärt.

Am 6. Februar flog ich erneut nach Dubai. Gerhard, der bereits einen Tag früher in den Emiraten angekommen war, holte mich vom Flughafen ab. Er hatte noch keinerlei zusätzliche Informationen erhalten. Die telefonische Nachfrage noch auf dem Weg nach Al Ain ergab, dass ich am nächsten Morgen, unserem geplanten Anreisetag nach Riad, wieder anrufen soll. Dieser Anruf ergab, wir sollen uns ein Taxi zum Flughafen nehmen. Außerdem bekamen wir eine weitere Telefonnummer, die wir dann anrufen sollten, um Zugang zum militärischen Teil des Flughafens zu erhalten.

Auf dem Heeresflugplatz Bückeburg hatte ich mir eine IFR Karte aus dieser Region besorgt, Sichtflugkarten waren nicht zu bekommen. Wer diese Karten kennt weiß, dass sie für Sichtflug nicht besonders geeignet sind, Aber es musste zunächst reichen.

Ich hatte zu diesem Zeitpunkt noch die Hoffnung direkt in Al Ain VFR Karten zu bekommen. Wir fuhren sehr früh morgens auf den Flughafen. Der Zugang klappte problemlos. VFR Karten gab es natürlich nicht. Auf dem Tower lagen lediglich ein Fax mit vier Koordinaten und ein fertiger Flugplan vor. Die Daten passten allerdings nicht zusammen. Es hieß, auf einem der geplanten Landeplätze wäre kein Kraftstoff verfügbar. Somit wurde eine Flugweganderung über Doha (Katar) notwendig, für die jedoch noch eine Landegenehmigung eingeholt werden musste. Der uns betreuende Oberst war zuversichtlich diese

↓ Die Visa von Rainer Wilke – not permitted to work, but to fly!

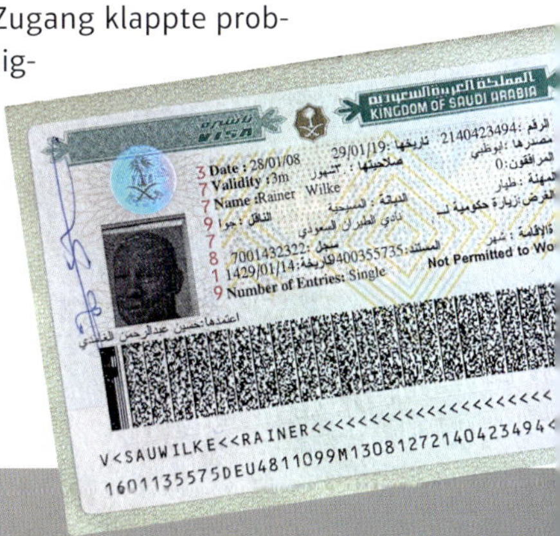

↓ Beeindruckende Bilder von der dargebotenen Flugshow.

Genehmigung zu bekommen und so nahm die Flugleitung unseren Plan nach einiger Verzögerung an. Eigentlich wurden zu der Zeit alle Flüge zu anderen Flugplätzen nach Instrumentenflugregeln abgewickelt. Aber unsere Flugpläne wurden als VFR Pläne angenommen. Durch die Verzögerungen war Riad an diesem Tag nicht mehr zu erreichen. Deshalb planten wir nun mit kurzem Tankstopp in Doha bis nach Dammam (Saudi-Arabien) zu fliegen und dort zu übernachten.

Inzwischen war es 12:30 Uhr geworden, als wir starteten. Für die vor uns liegenden Flüge, die in weiten Teilen über die Wüste führen würden, hatten wir neben dem eingebauten GPS Gerät zusätzlich zwei mobile Garmin Geräte an Bord. Nach ungefähr 30 Flugminuten wurde uns mitgeteilt, dass wir keine Landegenehmigung für Doha bekommen hatten. Somit hatte der Weiterflug keinen Sinn und wir kehrten um. Auf der Flugleitung in Al Ain wurde uns jetzt gesagt, dass jetzt eine Landegenehmigung für Bahrain vorliegen würde. Vom Zeitablauf her war allerdings inzwischen auch Bahrain nicht mehr am Tag zu erreichen, zumal wir einen zusätzlichen Tankstopp brauchen würden. Der einzige Platz dafür, neben Doha wo wir nicht hindurften, war Al Hamra. Ein militärischer Platz auf dem es aber noch keine Infrastruktur geben sollte. Unser Oberst wollte noch im Verlauf des restlichen Tages klären, ob zumindest die Betankung möglich wäre. Für uns ergab sich grundsätzlich die Frage, ob wir überhaupt noch losfliegen sollten, da wir frühestens im Laufe des Nachmittags der Veranstaltung Riad erreichen würden. Dieser Punkt wurde am schnellsten geklärt: Wir sollten auf jeden Fall anreisen. Also bereiteten wir alles vor, um auf der Route Al Hamra, Bahrain nach Riad zu fliegen. Den Start planten wir für den nächsten Tag um 7 Uhr.

Da wir im Laufe des restlichen Tages keine neuen Informationen erhielten waren wir guter Dinge, als wir am nächsten Morgen auf den Flugplatz fuhren. Tatsächlich schien es genehmigt worden zu sein. Um 20 Minuten nach 7 Uhr starteten wir und flogen ohne Probleme nach Al Hamra.

Der Anflug, das Tanken und der Service waren gut und nach 30 Minuten ging es weiter. Geplant hatte ich quer durch Katar zu fliegen. Als ich die zuständige Kontrollstelle rief, teilte man mir mit, dass der Überflug von Katar nicht genehmigt wird. Der Kontroller, der einen deutlichen US-Dialekt sprach, war sehr freundlich, und im Tonfall hörte man, dass er offensichtlich in seiner Entscheidung nicht frei war. In Al Ain hatten wir bereits gesehen, dass auf dem Tower neben den Fluglotsen offensichtlich auch „Entscheider" saßen, vermutlich war es in Katar nicht anders. So mussten wir deutlich außerhalb der Küstenli-

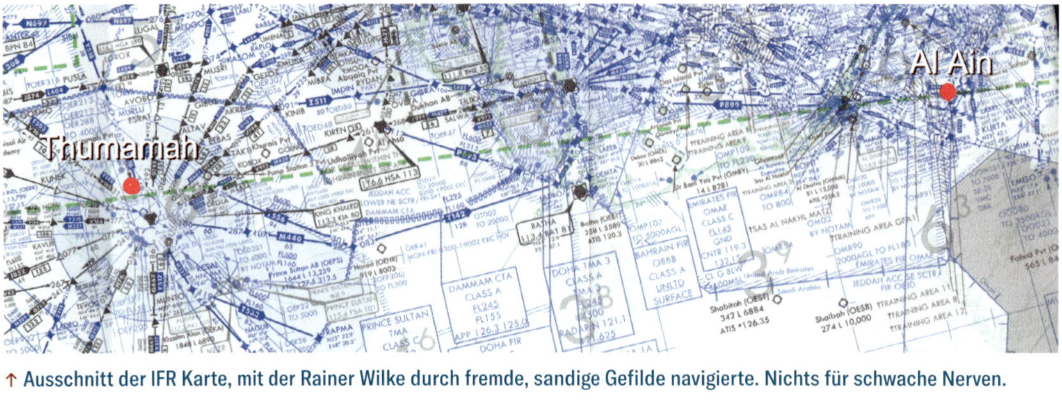

↑ Ausschnitt der IFR Karte, mit der Rainer Wilke durch fremde, sandige Gefilde navigierte. Nichts für schwache Nerven.

← Hälfte Küste, Hälfte Wüste – der Flug nach Al Hamra.

nie um Katar herumfliegen. Das bedeutete einen Umweg von rund 50 Meilen und kostete uns Zeit, die wir eigentlich nicht hatten.

Der Anflug zum Bahrain International Airport kostete weitere zusätzliche Zeit. Wir wurden nicht wie für einen Hubschrauber erwartet direkt angenommen, sondern wurden in das komplette, große Pattern der Airliner geschickt. Wir flogen zwar so schnell wie möglich, aber ich möchte nicht wissen, wie die Flugkapitäne geflucht haben, die das Pattern mit uns teilen mussten. Allerdings war mein inneres Fluchen noch heftiger. Denn ich musste seit geraumer Zeit auf die Toilette und hatte natürlich auf einen direkten Anflug gehofft. Nach einem mir endlos vorkommenden Schwebeflug hinter einem Follow-me Fahrzeug in einer hinteren Ecke des Flughafens angekommen rannte ich los.

Etwas über eine Stunde Zeit und 834 Dollar Landegebühren später waren wir wieder in der Luft. Getankt hatten wir auf die für die BO 105 bei langen Flugstrecken übliche Art: Am Kufenlandegestell mit dem Fahrwerk links angehoben und den Tank richtig voll befüllt. Denn die vor uns liegende Strecke nur über Wüste war ziemlich lang. Wir waren dankbar, drei GPS-Geräte an Bord zu haben. Denn es sah alles ziemlich ähnlich aus.

Nach knapp zweieinhalb Stunden Flug bei heftigem Gegenwind landeten wir auf dem Flughafen Riad International, wo die Zoll- und Einreiseformalitäten erledigt werden mussten. Der Rotor lief noch, als schon ein Fahrzeug neben uns stand. Die Türen waren kaum geöffnet, da wurden ohne Worte die in der Kabine stehenden Taschen durchsucht. Offensichtlich war alles in Ordnung und wir durften das Gebäude betreten. Hinterher hörten wir, dass es die Religionspolizei gewesen sein soll.

Im Gebäude wartete bereits unser örtlicher Betreuer von Red Bull Saudi-Arabien auf uns. Nachdem alle Formalitäten erledigt waren, flogen wir weiter auf unseren Zielflugplatz. Al Thumamah lag ca. 16 Nm nördlich von Riad International Airport. Eine einzelne kleine Halle, aber eine Run-

↓ Der Rückflug nach Bahrain – ebenso spannend.

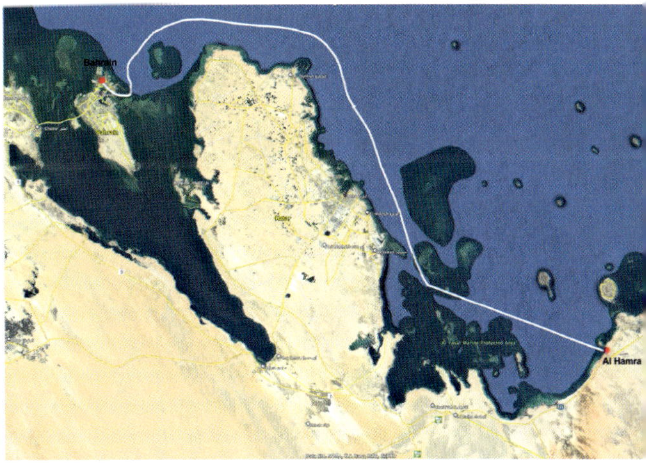

↑ Herausforderende Navigation über der Wüste: Ohne „Landmarks“ in menschenfeindlicher Umgebung zu navigieren lässt keine Fehler zu.

way etwas länger als in Frankfurt. Damals Heimat des Saudi Aviation Club, deren Vorsitzender ein Mitglied der königlichen Familie war.

Dieser hatte uns auch in Al Ain gesehen. Leider war gerade er nicht mehr anwesend, was sich negativ bemerkbar machte. Denn sein vorgeblicher Vertreter war mit unserer Anwesenheit überhaupt nicht einverstanden. Nach einigen hitzigen und für uns unverständlichen Gesprächen der Organisatoren wurde mir die Vorführung erlaubt.

Nun ist es nicht so, dass ich irgendwo ankomme und eben mal die Vorführung fliege. Einige Vorbereitungen und meine Rituale unmittelbar vor dem Start gehören zwingend dazu. Von der technischen Seite ist die Vorflugkontrolle kaum anders als für den normalen Flugbetrieb. Auch ist der Hubschrauber, weil er eine Zulassung für den Kunstflug hat, gegenüber einem normalen Hubschrauber nicht verändert. Die größten technischen Einschränkungen wurden viel früher festgelegt. Wir haben insgesamt 35 Bauteile am Hubschrauber die früher gewechselt werden müssen. Das geht von kleinen Teilen wie einer umlaufenden Steuerstange über das Heckrotorgetriebe bis zum Rotormast. Diese Teile haben entweder eine deutlich verkürzte Laufzeit oder sind mit einem Faktor versehen. Zum Beispiel entspricht dabei eine

↑ Die Bo 105 von Rainer. Man beachte die Ground Handling Wheels an den Kufen, mit der man die Maschine ohne großen Aufwand auch am Boden neu platzieren konnte.

Stunde Kunstflug zwanzig Flugstunden im Normalbetrieb. Und besonders ärgerlich ist, dass alle diese Teile anschließend vernichtet werden müssen. Dadurch beträgt der Preis für eine Stunde Kunstflug ungefähr 35 000 Euro. Die Nachflugkontrolle ist schon eher etwas unterschiedlich zu der normalen Nachflugkontrolle. Hierbei geht es vor allem um die Ölstände, hauptsächlich die des Heckrotorgetriebes und des Zwischengetriebes. Durch die vielen Überkopffluglagen kann das Öl durch die Entlüftungsöffnungen leicht nach außen gelangen. Das führt dazu, dass der hintere Teil des Heckauslegers meist ölverschmiert ist. Also ist Nachfüllen und vor allem das Säubern gefragt.

Die Display Area konnte ich mir bereits im Anflug anschauen. Eine Runway, weit mehr als den einen Kilometer, den ich für die komplette Vorführung gerne habe, war es. Es gab in keiner Richtung hohe Hindernisse zu beachten und Wind war nahezu nicht vorhanden. Zwar ist Wind, der genau in Richtung der Vorführfläche weht, für einige Manöver hilfreich. Zum Beispiel für die Optik eines rund geflogenen Loops. Aber es erfordert auch mehr, auf den Ausgleich der mit Gegen- oder Rückenwind geflogenen Strecken zu achten, da leicht eine Verschiebung des Programms mit dem Wind stattfinden kann.

Kurz gesagt, die Bedingungen waren ideal. Ein kurzer Check der Density Altitude gehört dazu. Der Flugplatz lag zwar nur auf 2000 ft Höhe, aber ich habe einmal erlebt, wie selbst auf Meereshöhe der nutzbare Bereich der g-Belastung drastisch schrumpfen kann. Der Hubschrauber ist zugelassen für den Bereich – 0,5 g bis + 3,1 g. Die Betankung war natürlich auf den Flughafen Riad angepasst. Das heißt, ich hatte rund 70 – 80 kg Kraftstoff im Haupttank.

Gerhard half noch einmal die Kabine auf lose Teile zu überprüfen, alle Gurte wurden festgezurrt, und der Halter für den Programmzettel angebracht. Ich habe immer einen Programmzettel vor mir. Natürlich habe ich das Programm im Kopf. Aber zu meinen Vorbereitungen gehört immer, den Ablauf parallel zur Vorführfläche abzuschreiten. Ich spüre dabei den Wind, ob er mehr von rechts oder links kommt. Welches die Hauptwindrichtung in Bezug auf die Vorführfläche ist und auch was bei der jeweiligen Flugrichtung im Hintergrund zu sehen ist. Nur Kleinigkeiten, aber sie helfen während der Vorführungen zu korrigieren und die Orientierung zu behalten. Überhaupt ist die Orientierung im Raum eines der wichtigsten Dinge im Kunstflug.

Der Programmzettel ist eine Kombination der ARESTI-Schrift, einer speziellen Symbolschrift für den Kunstflug, und eigenen Symbolen. Denn nicht alles, was man mit dem Hubschrauber machen kann, ist bei ARESTI erfasst. Auch wenn es kompliziert aussehen mag, es reicht, wenn ich das verstehe. Ich kann an jedem Punkt der Vorführung zur Not den weiteren Ab-

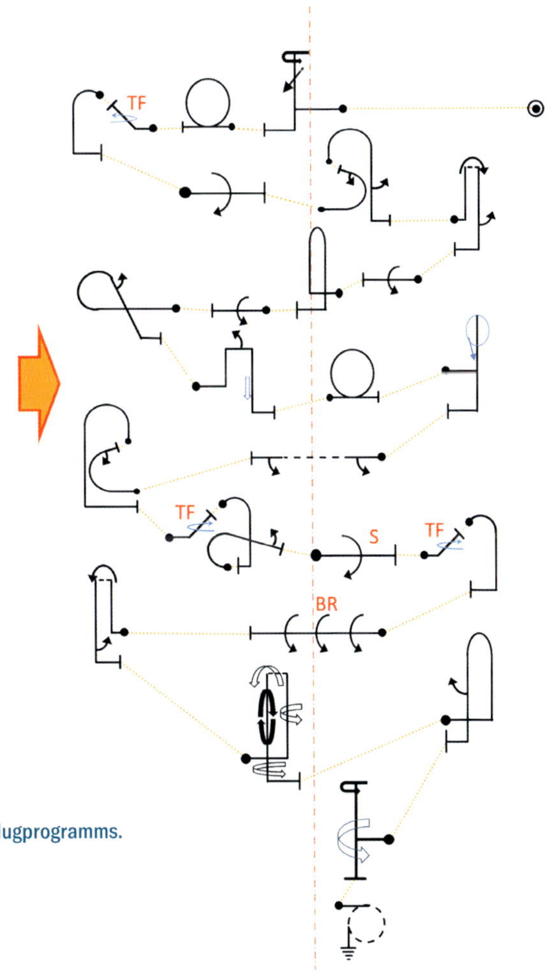

→ **Für den Laien Hieroglyphen, für Rainer die Bibel seines Kunstflugprogramms.**

lauf sehen, für den Fall, dass ich aus irgendeinem Grund im Gedankengang gestört wurde. Ich habe schon Controller im Funk erlebt, die während der Vorführung anspruchsvolle Unterhaltung führen wollten, und das stört doch etwas. Das letzte, bevor ich mich in den Hubschrauber setze und anschnalle, ist noch ein Gang auf die Toilette. Sicher ein Ausdruck von Nervosität. Aber wenn ich dann in Hubschrauber sitze und anlasse, ist das Interesse an meiner Umwelt und jegliche Nervosität verschwunden. Dann gibt es nur noch den Hubschrauber, die Linie unter mir und den Ablauf des Programms.

Mein Programm, auch wenn ich es jedes Jahr etwas geändert hatte, ist so aufgebaut, dass eine spektakuläre Figur am Anfang ist. Wenn die Zuschauer erschrecken, weil sie meinen man stürzt ab, ist die Aufmerksamkeit sicher. Natürlich wollen alle immer Loop und Rolle sehen. Aber mein Interesse waren immer die Überkopfdrehungen. Und eine Figur ist dabei, die immer den Ablauf des gesamten Programms bestimmt. Weil sie mit Rückenwind begonnen werden sollte und in der zweiten Phase der Wind nicht von links kommen sollte. Danach richtet sich, ob ich von meiner Parkposition direkt in das Programm einsteigen kann oder erst in entgegen gesetzter Richtung starte und dann mit einer halben kubanischen Acht den Steigflug für die Startfigur beginne. Mit Verspätung begann ich, aber bereits nach etwas mehr als 4 Minuten sollte ich abbrechen. Das ignorierte ich und beendete das Display mit dem normalen Programmablauf, der 6:30 Minuten dauerte. Nach meinem Flug hatten wir noch die Gelegenheit uns mit einigen Zuschauern zu unterhalten. Und nachdem sich das Vorfeld des Flugplatzes geleert hatte, ließen wir es uns nicht nehmen, einmal auf den „königlichen" Stühlen Platz zu nehmen, bevor wir den Hubschrauber für die Nacht in die Halle schoben.

Am nächsten Tag fanden einige Rundflüge mit Gästen statt und anschließend bekamen wir eine Stadtführung in Riad. Dabei erfuhren wir, dass für den nächsten Tag kurzfristig eine weitere Flugvorführung in Dammam angesetzt worden war. Dammam liegt gegenüber von Bahrain und somit nahezu auf unserer Route. Aber noch während unserer Stadtführung bekamen wir die Information, dass die Erlaubnis für die Vorführung zurückgezogen worden war. Also planten wir doch den Rückflug nach Al Ain auf der gleichen Flugroute wie den Hinflug. Die Landegenehmigung beantragten wir noch während unserer Stadtführung. Aber sie wurde abgelehnt, da in Bahrain am kommenden Tag ein Feiertag war. Deshalb verlegten wir am nächsten Tag lediglich den Hubschrauber von Al Thumamah nach Riad Airport und genossen einen weiteren Tag in Riad. Am nächsten Morgen, nachdem wir die Ausreiseformalitäten erledigt hatten und der Hubschrauber auf bewährte Weise randvoll getankt war, konnten wir um 9 Uhr Ortszeit starten. Nach etwas mehr als 2 Stunden Flugzeit hatten wir die 250 Meilen lange Strecke nach Bah-

← „King Rainer" nach der Flugshow auf den königlichen Stühlen.

→ VFR above clouds ohne IFR Equipment – doppelt herausfordernd.

rain geschafft. Der nächste Abschnitt nach Al Hamrah musste wieder um Katar herum über dem Wasser stattfinden. Nur dass wir diesmal eine geschlossene Wolkendecke unter uns hatten. Als wir rund 30 Flugminuten vor Erreichen den Funkkontakt zu Al Hamrah aufgenommen hatten, wurde uns lapidar erklärt, dass wir dort nicht landen dürfen. Es bedurfte vieler Funkgespräche und letztlich der Hinweis auf unsere Kraftstofflage, um die Landeerlaubnis doch zu bekommen.

Der Service war wieder freundlich und zügig. Im letzten Tageslicht landeten wir in Al Ain. Dort hatte noch militärisches Personal auf uns gewartet. Sie halfen uns den Hubschrauber wieder in die Halle zu schieben und geleiteten uns abschließend auf den zivilen Teil des Flughafens. So interessant dieser Einsatz war, wir waren trotzdem froh wieder zurück zu sein und den nächsten Tag in unsere Heimat fliegen zu können.

Zur Person:

Rainer Wilke erlernte 1971 bei der Bundeswehr das Hubschrauberfliegen auf Alouette II und bereits 1973 flog er auf der BO 105. 1984 wurde er in den Hubschrauberkunstflug innerhalb der Bundeswehr eingewiesen. Noch während seiner Bundeswehrzeit erwarb er 1992 die zivile Kunstflugberechtigung für Hubschrauber und war nebenbei für die Firma Airbus tätig. Nach Beendigung der aktiven Militärzeit erwarb er die zivile Berufspilotenlizenz. Er flog zunächst als Stuntpilot und als Freelancer. Unter anderem bei der Testpilotenschule in Kapstadt, worüber er einen Artikel im „Rotorblatt" veröffentlichte. Ab 2005 arbeitete er für Red Bull. Seine Aufgabe war der Aufbau des Projektes „ziviler Hubschrauber-Kunstflug". Beginnend in den USA dann in Europa begleitete er die Zulassung der Hubschrauber. Er bildete das fliegerische Personal für dieses Projekt aus und führte selbst die BO 105 in vielen Ländern vor. Nebenbei hielt er zahlreiche Vorträge über Hubschrauber-Kunstflug. 2018 wurde er für dieses Projekt als sein Lebenswerk in den Kreis der „Living Legends of Aviation" aufgenommen. Er hat auch ein eigenes Buch über sein spannendes Fliegerleben verfasst: „Hubschrauberflug am Limit", erhältlich ebenfalls im Motorbuch Verlag.

Erdbebenhilfe in Pakistan

Es gibt Katastrophen, die bei uns allen schnell in Vergessenheit geraten sind. Hierzu zählt auch das Erdbeben im Kaschmir 2005. Damals starben über 73.000 Menschen, rund 140.000 wurden verletzt. Eine Tatsache, die viele nicht wissen: Auch die Bundeswehr war mit zahlreichen Kräften vor Ort, um zu helfen. Zwei CH-53-Piloten berichten von ihren Erlebnissen: Pio, der im ersten der beiden Beiträge seine zwei Passionen Fliegen und Fotografieren kombinieren konnte und Andrej mit einem Blick fürs Detail.

↑ Die 84+45 bei einer Landung an einem Umschlagspunkt mitten im Gebirge Pakistans.

Teil 1 von Lukas Piotrowski

Es ist lange her, aber ich erinnere mich noch gut an den Vorfall. Ich wachte spät und sehr müde im Uzbek Hotel in Termez auf, nahe der afghanischen Grenze gelegen. Wenige Minuten später versuchte ich in einem verzweifelten Versuch, die Zeit einzuholen, hastig die fensterlose Treppe hinunterzulaufen. Ich war sehr spät dran. Plötzlich verlor ich fast das Gleichgewicht und konnte gerade noch verhindern, die Treppe hinunterzufallen. Nachdem ich mich von dem gefährlichen Vorfall erholt hatte, machte ich mir Sorgen um meinen Status. Ich verfluchte die Party der letzten Nacht und nahm mir vor, früher ins Bett zu gehen. Was ich in dem Moment noch nicht wusste, aber früh ins Bett zu gehen und sich auszuruhen, sollte sobald nicht möglich sein. Als ich gerade rechtzeitig im HeliOps (Flugbetriebsbüro) ankam, war die Nervosität sofort zu spüren. Der Flugbetriebsoffizier fragte mich, ob ich nicht das Erdbeben gespürt hätte. Da wurde mir klar, dass die Ursache für das Erlebnis im Treppenhaus eine andere war. Diese Anekdote war der Beginn meiner Mission in Kaschmir (Pakistan).

Kaschmir: Erdbeben-Epizentrum

Wir stellten sehr bald fest, dass das Epizentrum des Erdbebens fast 1000 Kilometer entfernt in Pakistan nahe Muzaffarabad lag. 1000 Kilometer Luftlinie, mit Wüsten, gefährlichen Grenzen und hohen Bergen, trennten uns von diesem Ort.

Hubschraubertransfer durch Afghanistan

Die deutsche Regierung entschied kurzfristig, die Hubschraubereinheit Afghanistans zur Bereitstellung humanitärer Hilfe zu entsenden. Ich war einer der Sikorsky CH53 GS Piloten, die an der Operation beteiligt waren. Der Plan, Afghanistan von Nordwesten nach Südosten zu durchqueren, einschließlich des Hindukusch Gebirges, erforderte viel Arbeit.

Überflug der Taliban-Hochburgen

Unsere Route nach Pakistan – zunächst zum Auftanken nach Kabul, dann über Jalalabad und Peshawar nach Islamabad – überquerte dabei die Taliban-Hochburg an der östlichen Grenze Afghanistans. Fliegen in sehr niedriger Höhe zwischen 25 und 50 Fuß (7,5 – 15 Meter) in unwegsamem Gelände, war unsere bewährte Taktik, um Entdeckung und einen

↑ Arbeiten an der Grenze zur physischen und mentalen Erschöpfung.

↑ Tiefstflug bedeutet nicht nur Spaß, sondern erfordert größte Konzentration – oft über Stunden hinweg.

→ Die wunderschöne Berglandschaft des Hindukush.

↑ Die bärenstarke CH-53: Der perfekte Hubschrauber für „hot and high".

möglichen Beschuss durch Handfeuerwaffen durch Aufständische oder Taliban-Kämpfer zu vermeiden. Ja, es ist „Rock'n'Roll", aber es ist keine entspannte Art zu reisen.

Das Hindukusch Gebirge: Herausforderung für Hubschrauberpiloten

Der niedrigste Gebirgspass zwischen Nord- und Südafghanistan der Kunduz mit Kabul verbindet, liegt über 12.000 Fuß hoch. Hubschrauberoperationen in diesen Höhen sind sehr heikel. Hubschrauberpiloten mögen das nicht. Jeder erfahrene Pilot spürt, dass der Heli es auch nicht mag. Man kommt den aerodynamischen Grenzen zu nahe, um sich dabei wohl zu fühlen.

Wenn ich beim Hubschrauberfliegen zusätzlichen Sauerstoff atmen musste, wusste ich, dass es eine Höhe war, die man als Hubschrauberpilot meiden sollte. Ein tragbares Hubschrauber-Pulsoximeter-System ist zuverlässig und einfach zu bedienen. Eine Sauerstoffmaske ist nicht notwendig. Direkt an der Nase angebrachte Atemkanülen erledigen die Arbeit perfekt.

Navigationsausfall – Eine tödliche Falle

Navigationsausfälle im Hochgebirge des Hindukusch haben viele Abstürze und Todesfälle verursacht. Ein häufiger Grund für Flugunfälle ist das Verfolgen eines falschen Tals. Wird das Tal dann zu eng, gibt es keine Möglichkeit mehr umzukehren, denn gleichzeitig bräuchte der Pilot mehr, aber wegen der Höhe nicht verfügbare Triebwerksleistung, um die Berge darüber zu überfliegen. Es ist eine tödliche Falle.

→ Am Rande der Anarchie.

Die Situation in Kaschmir, Pakistan

Trotz aller Widrigkeiten erreichten wir drei Tage nach dem Erdbeben sicher unsere in Islamabad improvisierte Operationsbasis. Doch das Ausmaß der Verwüstung das ich aus dem Hubschraubercockpit sah, überstieg meine Vorstellungskraft. Das Beben war die schlimmste Naturkatastrophe in Kaschmir der letzten 100 Jahre. Über 70.000 Menschen starben und rund die doppelte Anzahl wurde verletzt. Zusätzlich verloren Millionen Bewohner Kaschmirs ihre Häuser und wurden zu Flüchtlingen – eine unvorstellbare Tragödie!

↑ Das Ausmaß der Zerstörung – schwer in Worte zu fassen.

↑ Eine große Herausforderung war es, den Überblick über das Chaos an den Landeplätzen zu behalten.

Ausmaß der Verwüstung durch das Beben

Einige der Dörfer verschwanden einfach – sie rutschten in wilde Flüsse hinab. Gewaltige Erdrutsche beförderten riesige Mengen an Schutt und begruben Gebäude oder sogar ganze Städte und Straßen unter dickem Schlamm und Felsen. Flüsse fanden plötzlich neue Flussbetten und zerstörten alles auf ihrem neuen Weg. Nur wenige Gebäude hielten dem Beben stand, erlitten aber fast ausnahmslos strukturelle Schäden. Wegen des Risikos von Nachbeben war es sehr unsicher sie zu betreten. Viele der Brücken die ich sah, konnten dem massiven Schock nicht standhalten und stürzten ein. Als Ergebnis waren weite Gebiete – einschließlich Tausender Menschen, komplett von der Außenwelt abgeschnitten. Ganz zu schweigen von medizinischer Versorgung oder Dienstleistungen usw. Selbst die Verfügbarkeit von sauberem, frischem Wasser war ein Problem.

„Massenverletztensituation" – Eine humanitäre Katastrophe

Nachdem wir erfolgreich in einer der betroffenen Städte gelandet waren, war die Ankunft des Hubschraubers für viele Opfer die letzte Überlebenschance. Man

→ Der überfüllte Laderaum der CH-53.

→ Erdbebenopfer warten darauf, ausgeflogen zu werden.

↓ Wohin man blickte: Hilfe wurde überall dringlich benötigt.

kann, was wir regelmäßig erlebten, als „Massenanfall von Verletzten" bezeichnen. Hunderte verzweifelte, hungrige, durstige Menschen brachten uns ihre verletzten Liebsten. Manchmal baten sie uns, sie mit nach Islamabad zu nehmen, in der Hoffnung, dort medizinische Hilfe zu erhalten. Am frustrierendsten für mich war, wenn wir keinen sicheren Landeplatz fanden und die Menschen am Boden ohne Hilfe zurücklassen mussten.

Verzweifelte Opfer des Bebens

Ich werde nie den Vorfall vergessen, als ein verzweifelter Vater in der Menge sein neugeborenes Baby durch die sich hydraulisch schließende Rampe in die bereits überfüllte Kabine des Hubschraubers warf. Er rannte davon und wir hatten keine andere Wahl, als das Baby ohne Familienangehörigen nach Islamabad zu bringen.

Triage-Dilemma – Komplexität der Entscheidung über Leben und Tod

So schwierig die Situation für uns war – die Ärzte, die die sogenannte Triage durchführen mussten, hatten die psychisch belastendste Aufgabe. Triage bedeutet, Verletzte schnell zu untersuchen um die Art und die Schwere der Verletzungen einzuschätzen. Der Mangel an Ressourcen zwang die Ärzte zu einer Priorisierung. Indem sie eine Num-

← Die Hoffnung stirbt zuletzt.

mer auf den Arm oder den Kopf des Patienten schrieben entschieden sie oft über Leben oder Tod. Ich wusste nicht, was die Zahlen bedeuteten, bis ein Sanitäter mir das System erklärte. Die Menschen mit der Nummer eins befanden sich in einem so schweren Zustand – zum Beispiel mit schweren Blutvergiftungen, dass es eine „Verschwendung" von Ressourcen gewesen wäre ihr Leben zu retten. Sie würden sowieso sterben.

Enthüllung der schockierenden Realität

Ich war schockiert! Es gab so viele von ihnen – so viele mit der falschen Nummer. Von diesem Tag an änderte sich meine Perspektive und ich sah nur noch lebende Tote statt Patienten. Vor allem der Umgang mit den „1" markierten Kindern war schrecklich. Aber sie zurückzulassen, war noch schlimmer.

Rettungshubschrauber: Ein Wendepunkt

Ich war mir sicher, dass unsere Hilfe wie ein Tropfen auf dem heißen Stein sein würde. Aber trotzdem – wenn man auch nur ein Leben retten kann, ist es das wert. Wir flogen die nächsten zehn Tage von früh morgens bis Sonnenuntergang. Hubschrauberfliegen in unbekanntem Gebirge bei Dunkelheit wäre zu gefährlich gewesen. Unser Auftrag bestand darin, Essen, Wasser, Helfer und Medizin in das Katastrophen Gebiet zu bringen und anschließend verletzte Menschen nach Islamabad zurückzuführen, um dort weitere Hilfe zu leisten. Wir haben gute Arbeit geleistet. Zumindest haben wir unser Bestes gegeben, um so viele Leben wie möglich zu retten.

→ Unsere CH-53 im Anflug, um weitere Hilfsgüter zu transportieren.

↓ Improvisierte Wartung im Felde, hier auf dem Vorfeld des Flughafens Islamabad.

↑ Herausfordernder Landeplatz im Gebirge.

Flugbetrieb nah an der Leistungsgrenze des Hubschraubers

Leider hat jedes Fluggerät „gnadenlose" technische Grenzen, die auf den Gesetzen der Physik und Aerodynamik basieren. Zum Beispiel kann man die maximale verfügbare Triebwerksleistung oder das maximale Abfluggewicht eines Flugzeugs im Feld nicht ändern. Überschreitet man diese technischen Grenzen dennoch, dann riskiert man sein eigenes Leben und das der Passagiere. Ich habe nur unterschätzt, wie schwer es ist, diese Tatsache verzweifelten Eltern, die versuchen das Leben ihrer Kinder zu retten, zu vermitteln.

Kaschmir – Die Schönheit des Landes

Es gab auch schöne Dinge. Kaschmir ist fantastisch – ein atemberaubender Ort. Die Landschaft, die ich aus dem Cockpit sah, war faszinierend. Die Vegetation reicht von tropischen Wäldern am Fuße von Muzaffarabad bis hin zu gemäßigten Wäldern zwischen steilen Bergen und Wildwasserflüssen bis zu alpinen Graslandschaften in großen Höhen.

Bewunderung des majestätischen Himalayas

Es war herausfordernd, mich auf das Hubschrauberfliegen zu konzentrieren, als ich die schneebedeckten Gipfel der massiven Himalaya-Gebirge sah. Die beeindruckenden Gipfel waren tausende Meter höher, als wir jemals mit unserem superstarken Hubschrauber hätten steigen können.

→↓ Don't worry, be happy! Nur Kinderaugen können in solch einer Situation so viel Zuversicht versprühen.

↑ Ein junger Vater bringt sein Kind in Sicherheit.

Unerschütterliche Kinderfreude

Aber noch mehr beeindruckte mich Kinder zu sehen, die mit improvisierten Spielzeugen in den Ruinen eines Dorfes spielten. Trotz allem waren ihr Glück und ihre unermüdliche Lebensfreude inspirierend und motivierend zugleich. Wir könnten viel von unseren Kindern lernen – am wichtigsten, dass das Leben weitergehen muss.

Zwischen den Pflichten eines Hubschrauberpiloten: Ein Fokus auf die Fotografie

In der schwierigen Situation war es eine Herausforderung Zeit für die Fotografie zu finden. Es gab immer Zeitdruck. Die Zeit, die ich am Boden verbrachte, war minimal. Unser Hubschrauberingenieur war gleichzeitig Verlademeister und überwachte unsere Bordschützen/Beobachter beim Be- und Entladen des Hubschraubers. Es verlief normalerweise reibungslos und wir brauchten nur 20 bis 30 Minuten. Es war genug Zeit für eine kurze Pause zwischen der Flugvorbereitung und dem Briefing für die nächste Mission. Danach hatte ich ein paar Minuten Zeit, die Kamera zu greifen und einige Schnappschüsse zu machen. Also nutzte ich die verbleibende Zeit so effizient wie möglich, ohne mich zusätzlich unter Stress zu setzen.

↑ Auf das Beste hoffen.

↑ Das Urvertrauen eines Kindes.

Mentale Anforderungen der Fotografie

Die Fotografie in dieser extremen Situation war nicht nur praktisch, sondern auch mental herausfordernd. Natürlich ist jeder Fotograf ein Voyeur, aber ich halte mich an meine Grenzen. Ich weigerte mich, so zu handeln wie einige andere Fotoreporter, die ich dort traf. Die Jagd nach dem besten, tragischsten Bild, ohne Rücksicht auf die Privatsphäre der Opfer und ohne jeglichen Respekt, war für mich inakzeptabel.

Meine Strategie als Fotograf

Trotzdem möchte ich niemanden verurteilen. Ich stand unter keinem wirtschaftlichen Druck, Fotografie zu betreiben, was einen signifikanten Unterschied darstellt. Daher entschied ich mich, Abstand zu halten und mehr im Hintergrund zu agieren. Ich wollte diese armen Menschen nicht stören oder sogar dem medizinischen Personal im Weg stehen. Deshalb machte ich die meisten meiner Bilder mit einem Teleobjektiv. Meine erste digitale Canon-Spiegelreflexkamera (Single-Lens Reflex Kamera) mit einem Sigma 2.8/70–200-Objektiv erledigte die meiste Zeit die Arbeit, und ich liebte diese Kamera.

Professionelle Kamera und Objektive: Die beste Wahl für anspruchsvolle Leistung

Eine raue und schmutzige Umgebung erfordert robuste Ausrüstung. Außerdem verursacht das Landen schwerer Hubschrauber (fast 19 Tonnen oder 42.000 Pfund des CH53!) einen starken Abwind und erzeugt eine Staubwolke. Selbst die Verwendung einer wasserdichten Kameratasche, die für Wassersportarten bekannt ist, konnte meine Canon EOS 20D nicht vor dem allgegenwärtigen Staub schützen. Daher versuchte ich, meine Kamera mit elektrischem Isolierband abzudichten. Es half viel, aber ich hatte immer noch Schwierigkeiten,

← Menschen und vor allem Kinder zu retten, war unsere höchste Priorität.

↑ Das Gefühl von Sicherheit in den Armen des Vaters.

↑ Diese Augen sprechen Bände.

↑ Überleben zwischen Ruinen.

← Alles wird gut werden!

→ Bereit für die Evakuierung per Hubschrauber.

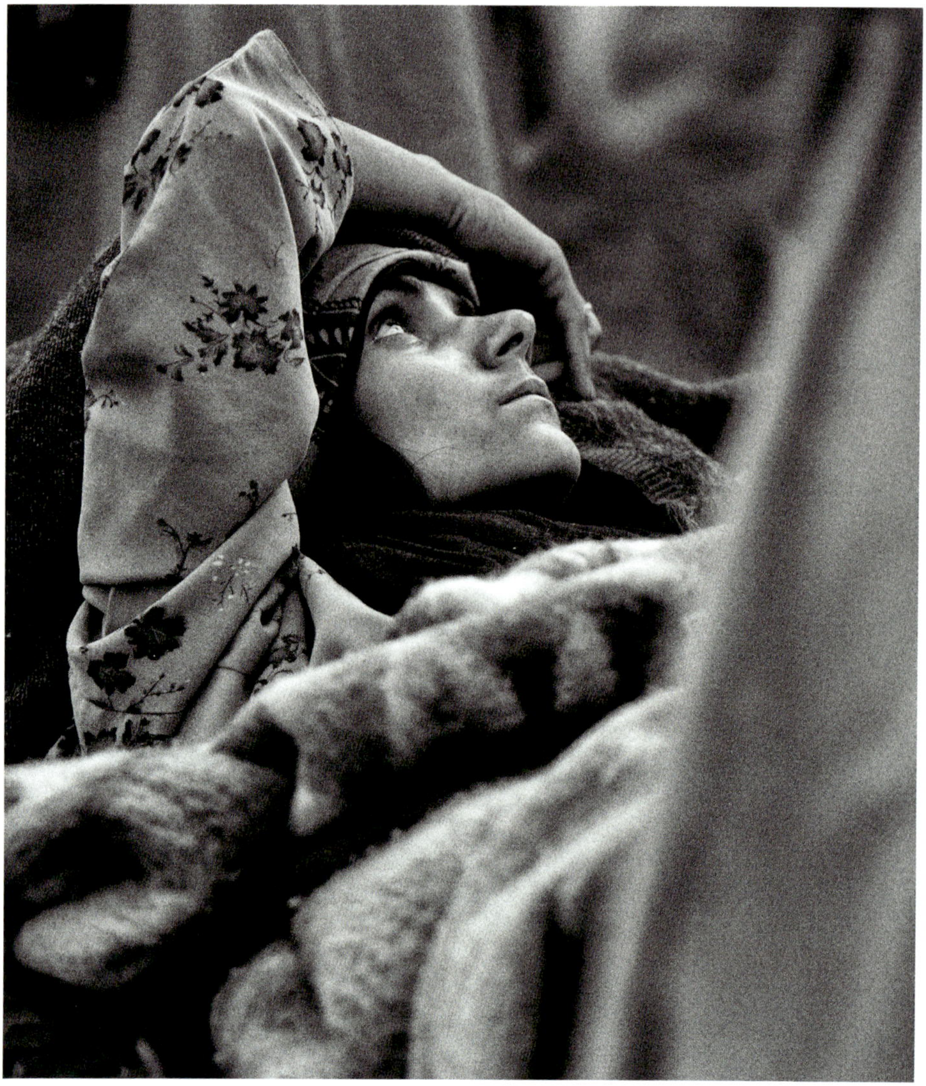

den Kamera-Sensor jede Nacht zu reinigen. Ich entschied mich, während dieser Tage eine staub- und regensichere Kamera zu kaufen. Eine Canon EOS 5D Mk2 sollte bald meine Nachfolgekamera werden.

Motivation – Der Schlüssel zur erfolgreichen Fotografie

Mich interessierte etwas anderes als die Dokumentation, nämlich die Porträts. Ich wollte die Persönlichkeit, die Atmosphäre und die Gefühle der Menschen einfangen und dann die Fakten dokumentieren. Das Suchen nach Ästhetik, Schönheit und außergewöhnlichen Situationen in diesem Chaos inspirierte mich mehr als die traurige Realität. Ja, es ist ein sehr subjektiver Ansatz zur Fotografie, aber es ist nicht mein Ehrgeiz, ein Fotoreporter zu sein. Ich möchte meine persönliche Sicht der „Wahrheit" in meinen Bildern zeigen.

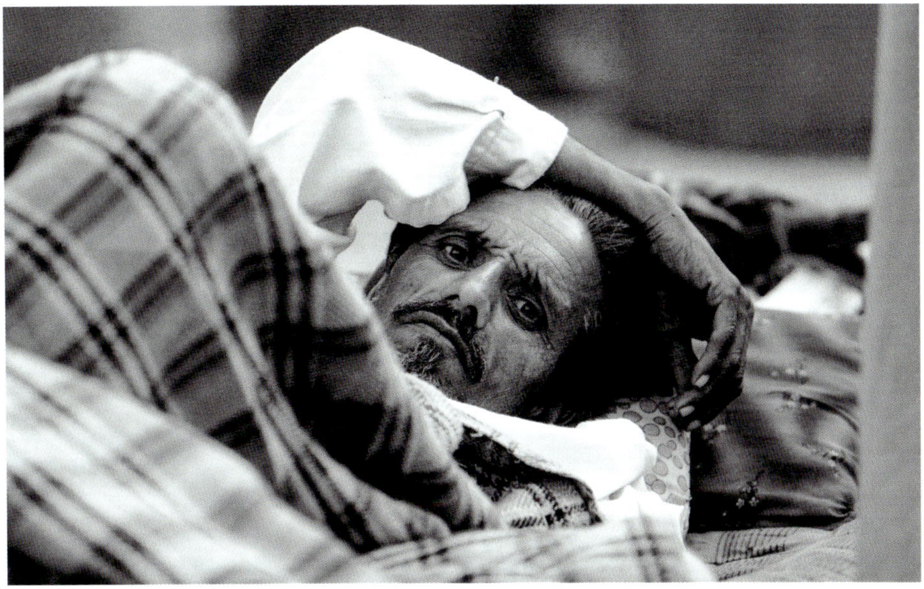

← Vom Schicksal gezeichnet.

Medien: Öffentlichkeitsarbeit oder Realität

Zwei Monate später, als ich nach Deutschland zurückkehrte, war die Erinnerung an das, was in Pakistan passiert war, immer noch sehr präsent. Es war eine intensive Erfahrung, die ich mit anderen teilen wollte. Aber nach zwei Monaten verloren die Medien das Interesse und hörten auf zu berichten. Es war ein zu lange zurückliegendes Ereignis. Ich war desillusioniert und erkannte, dass sich normalerweise niemand dafür interessiert, was in anderen Teilen der Welt passiert, ohne dramatische Fernsehnachrichten. Mir wurde klar, dass nicht die Realität zählt, sondern veröffentlichte Bilder, Filme und was die Medien darüber berichten oder nicht.

← Fiktion oder Realität?

↑ Natürliche Aura und Autorität.

↑ Versteckte, bizarre Gesichter.

Erinnerungen für ein ganzes Leben festhalten

Nur die Gelegenheit zu helfen, konnte meine Eindrücke von dieser Mission in positive Erinnerungen verwandeln. Ich sah viele Opfer, manchmal nur für einen Moment, aber viele von ihnen werde ich für immer in Erinnerung behalten.

Zur Person:

Lukas Piotrowski wurde 1975 geboren und verpflichtete sich 1994 bei der Bundeswehr. Nach seiner Hubschraubergrundausbildung auf Alouette II wurde er zuerst auf Bell UH-1D und anschließend auf CH-53 geschult, auf der er bis 2008 am Heeresflugplatz Rheine diente. In dieser Zeit absolvierte er etliche Auslandseinsätze am Balkan, in Afghanistan und im Kongo. Nachdem er die Bundeswehr verlassen hatte, war sein erster ziviler Arbeitgeber Wiking in Wilhelmshaven, wo er im Lotsenversatz auf Schiffe vor der Nordseeküste eingesetzt war. Im Jahr 2018 wechselte er zu HSI nach Emden. Hier erlebte er mehrere Einsätze in der Arktis und Antarktis an Bord des Forschungsschiffs Polarstern. Sein bisheriges Karrierehighlight war dabei die MOSAiC-Expedition mit Überwinterung in der Arktis. Seit 2022 fliegt Lukas in Mozambique im Offshore-Sektor. Neben den bereits genannten Hubschraubern hat er auf BK117, Sikorsky S76, H145 und AW139 bislang rund 6500 Flugstunden absolviert.

Teil 2 von Andrej Classen

Bevor ich mit meinem Bericht beginne, eine kurze Einführung über die Örtlichkeiten. Usbekistan, Termez, Afghanistan, Pakistan, Islamabad, Mustafarabad, Balakot, Neelum Tal, Kaschmirgebiet, Grenze zwischen Pakistan und Indien. Worte, die wahrscheinlich jeder schon einmal gehört hat. Der eine das letzte Mal, als er die Schulbank drückte, der andere in der jüngsten Zeit durch die Nachrichten oder nun durch mich. Usbekistan ist das Land, in dessen südlichster Grenzstadt zu Afghanistan, Termez, die logistische Drehscheibe für die Versorgung der ISAF-Truppen eingerichtet war. Die materielle Versorgung der Soldaten erfolgte durch zivile Großraumflugzeuge. Diese durften nicht in Kriegs- oder Krisengebiete einfliegen und landen. Östlich an Afghanistan grenzt Pakistan. Islamabad ist die Hauptstadt Pakistans, ca. 160 km südwestlich von Epizentrum entfernt. Hier liegt der Flugplatz, der durch sämtliche Hilfsorganisationen und Nationen der ganzen Welt genutzt wurde.

Mustafarabad und Balakot sind zwei größere Städte, inmitten der Berge, mit jeweils 100.000 Einwohnern. Diese wurden komplett zerstört. Die umliegenden Berge sind überwiegend landwirtschaftlich genutzt, jedoch leben hier die meisten Menschen, nahe der Felder in ihren Häusern. In Mustafarabad wurden mehrere Feldhospitäler eingerichtet, sowie Zeltstädte errichtet. Das kleine Stadion, ein normaler Fußballplatz mit winziger Tribüne, welches zur Drehscheibe für die Versorgung der umliegenden kleineren Orte umfunktioniert wurde, entwickelte sich zunehmend als Hauptanflugplatz dieser Region. Hier fanden vermutlich mehr Flugbewegungen an einem Tage statt wie in einer Woche in Frankfurt.

Unser Auftrag in Afghanistan

Die seit Mitte 2002 in der usbekischen Grenzstadt Termez stationierte Bundeswehreinheit mit damals insgesamt 7 Hubschraubern und 8 „Transall"-Transportflugzeugen hatte bis dato den Auftrag, ISAF-Truppen (International Security Assistance Force), die dort im Norden Afghanistans Wiederaufbauhilfe leisteten und für eine Stabilisierung des Landes sorgten, mit Transportflügen für Personal sowie Material zu unterstützen.

Die wichtigste Aufgabe dieser gemischten Heeres- und Luftwaffeneinheit war aber, die medizinische Versorgung der in Afghanistan eingesetzten Truppen, unabhängig welcher Nation, sicher zu stellen. Deshalb wurde eigens dafür eine Rettungskette entwickelt, die es ermöglichte, einen in Afghanistan verletzten Soldaten bei entsprechender Notwendigkeit innerhalb von 12 Stunden nach Deutschland zu bringen.

Hierfür hielten wir hier zwei stets einsatzfähige, mit medizinischem Gerät ausgerüstete CH-53 Hubschrauber bereit, die Tag und Nacht innerhalb einer halben Stunde in der Luft sein konnten. Ebenso eine „Transall" der Luftwaffe, die, identisch unserer Hubschrauber, mit medizinischem Material bestückt war und eine Reaktionszeit von 3 Stunden hatte. In Deutschland stand eine „Challenger" – eine Art militärischer Learjet mit medizinischer Ausstattung – bereit, der kurzfristig für schwere Einzelfälle zum Einsatz gebracht werden konnte. Oder bei einer größeren Anzahl an Verletzten ein ebenfalls mit medizinischen Geräten ausgerüsteter Airbus.

Samstag, der 8. Oktober, ein Mittwoch wie jeder andere auch

In einem bergigen Gebiet, ca. 1000 km² groß, nördlich von Islamabad, im Westen auslaufend an die afghanische Grenze, im Norden durch die ersten 3000er Ausläufer des Himalayas und im Osten durch die Grenze nach Indien im Bereich des Kaschmirgebietes begrenzt, verlieren innerhalb von Minuten über 70.000 Menschen während des heftigen Erdbebens ihre Häuser und viele leider auch ihr Leben.

Wir haben in Termez die Situation in Pakistan natürlich mit großem Interesse verfolgt. In der Vergangenheit sind solche Gegebenheiten immer wieder zum Anlass genommen worden, uns Heeresflieger schon mal hier- und dorthin zu schicken. Siehe auch Feuerlöschen in Portugal, Griechenland, Schneekatastrophe in Galtür, Hochwasser an der Oder, Elbe, in den Alpen usw..... Im vorauseilendem Gehorsam haben wir uns auf eine eventuelle Verlegung in das Einsatzgebiet nach Pakistan vorbereitet, um nicht von einer Entscheidung der Bundesregierung überrascht zu werden.

Dies umfasste genaue Flugplanung, Länge der Flugstrecke, Kraftstoffberechnungen, Gewichtsberechnung. Kommen wir über die Berge (4000 m) nördlich von Kabul? Wie viel Personal wird benötigt? Welche Impfungen sind noch notwendig? Wo werden wir dort übernachten? Welche Ausrüstung wird benötigt? Wo stehen die Hubschrauber? Wo kann man kleinere Instandsetzungsarbeiten durchführen? Erhalten wir in solchen Fällen Unterstützung von den Pakistanis? Was kann die deutsche Botschaft für uns im Vorwege tun? Was passiert mit den Waffen, Splitterschutzwesten, die für den Flug durch Afghanistan notwendig sind (da ist ja Krieg!), wenn wir in Pakistan sind? Die pakistanischen Behörden haben es nicht so gerne, dass fremde, bewaffnete Hubschrauber in der Nähe der Kaschmir-Grenze fliegen. Für Pakistan benötigen wir auch noch Visa, das wird aber nach Ankunft direkt vor Ort von der deutschen Botschaft erledigt. Ja, das ist nur ein kleiner Auszug von den 7 Millionen Kleinigkeiten, an die wir denken müssen. Ist aber egal, das ist unser Beruf, wir alle machen solche Einsätze gerne, die derart aufwendiger Organisation bedürfen. Da ist jeder mit vollem Engagement dabei. Bis die Bundesregierung sich entschieden hat, vergehen 2 Tage. In dieser Zeit organisierten wir den kompletten Einsatz, noch immer nicht wissend, ob wir dort wirklich zum Einsatz kommen.

Endlich am 10. Oktober morgens um 9 Uhr erhielten wir das „Go" für den Einsatz in Pakistan. Hierbei merke ich an, dass ich erst am 16.10. mit einigen anderen Kameraden als Austausch für das erste Kontingent in das Krisengebiet nach Pakistan verlegt wurde. Der Hinflug von Termez/Usbekistan über Afghanistan und Pakistan verlief problemlos. Über die verschiedensten Frequenzen konnten die entsprechenden Stellen über unsere Flugroute und Absichten in Pakistan informiert werden. Auf Grund der vorher gelaufenen Diplomatischen Anmeldung war danach alles relativ einfach. Über Afghanistan flogen wir noch voll bewaffnet. Schließlich, kurz vor Eintritt in den pakistanischen Luftraum haben wir die Waffen im Flug abgerüstet und in entsprechende Staukisten verpackt.

Zu der ersten Woche kann ich nur kurz das erzählen, was mir von den Vorgängern berichtet wurde. Keiner von uns war jemals zuvor nach einer Erdbebenkatastrophe als Helfer eingesetzt. Keiner wusste was uns dort erwartet. Im Fernsehen sieht alles immer schlimm aus, ist in der Regel aber immer weit weg. Es berührt einen auch nicht sonderlich. Anders, wenn man mittendrin ist. Man sieht, riecht, fühlt, hört das reale Geschehen.

Die erste Woche und das Leben danach

Sie war geprägt vom Chaos. Keiner wusste was wirklich läuft. Hiermit meine ich auch die pakistanischen Behörden, das Militär und die anderen Nationen, die dort mittlerweile eingetroffen waren. Der Flugplatz in Islamabad wurde erschlagen von den dort landenden und startenden Flugzeugen aus der ganzen Welt. Es ist eigentlich nur ein mittlerer Ver-

kehrsflugplatz, vergleichbar mit Friedrichshafen am Bodensee oder Augsburg. Der Tower und die anderen Flugkontrolldienste waren von dem plötzlich hohen Flugverkehrsaufkommen komplett überfordert.

So richtige Kontrollen über die Flugbewegungen wurden nicht mehr durchgeführt. Bei Landungen der großen Cargo Maschinen im Fünf-Minuten-Takt und zwischendrin ständig bis zu 20 Hubschraubern verschiedenster Nationen, die kreuz und quer über die Stadt und den Flugplatz flogen, lief es nach dem Motto, sehen und gesehen werden. Alle hatten nur ein Ziel: „Helfen!"

Der Flugplatz füllte sich innerhalb von Tagen mit Tausenden Tonnen von Hilfsgütern aller Art. Die Cargo Maschinen öffneten ihre Klappen und Tore. Gabelstapler und Hunderte von Menschen, meist pakistanische Soldaten, eilten herbei, entluden diese im Eiltempo um den nächsten, im Orbit kreisenden Flugzeugen auf dem engen Gelände Platz zu machen. Zelte, Decken, Pakete, Medikamente, Lebensmittelkartons, Wasseraufbereitungsapparate,

↑ Der Flughafen Islamabad – Drehkreuz für den Erdbebeneinsatz.

← Mehr oder weniger kontrolliertes Chaos.

→ Zwei bekannte Arbeitstiere auf einem Bild: Mil-Mi 8/17 und CH-47 Chinook.

↑ Eine amerikanische Chinook wird mit Hilfsgütern beladen.

Kisten und Tonnen mit allen nur denkbaren Inhalten stapelten sich links und rechts der Betonflächen, auf denen die großen Flugzeuge rollten. Kleine und große Lastwagen, Fahrzeuge aller Art fuhren ununterbrochen durch dieses stetige Durcheinander.

Ist eines der großen Transportflugzeuge entladen worden und schon wieder auf dem Weg zur Startbahn, konnte es schon mal vorkommen, dass wieder mal ein Gabelstapler quer vor der Maschine her flitzte und diesen „kleinen" Flieger übersah. Aufgrund der vielen Großraumflugzeuge hatte der Flugzeugschleppdienst alle Hände voll zu tun. Mit seinem einzigen Fahrzeug war er bei diesem hohen Verkehrsaufkommen nicht in der Lage alle schnell zu versorgen, so kam es denn auch öfters vor, dass die Giganten mit eigener Triebwerkskraft(!) aus ihren Parkpositionen rollten. Dabei wurden dann die links und rechts der Taxiway gelagerten Hilfsgüter von dem Triebwerkschub „verblasen".

Wir hatten unser kleines Lager, bestehend aus zwei großen Zelten, direkt neben den Taxiways, wo die größeren Maschinen entladen wurden. Es war interessant, diesem Treiben zuzusehen. Nur hatte jenes eigenständige Rollen der großen Cargo Maschinen zur Folge, dass in 3m Höhe eine laufende Triebwerksgondel einer russischen „Iljushin-Irgendwas" langsam an uns vorüberschwebte. Ist nicht weiter schlimm, nur furchtbar laut. Allerdings waren dann Kaffeebecher, Teller, Taschen, Klamotten und andere nicht festgebundene Gegenstände auch weg. Mit der Zeit ist der Mensch ja auch lernfähig und räumt das Zeug in die Zelte. Dies erspart einem viel Lauferei.

Es stank nach Kerosin, verbrannten Abgasen von Diesel und anderen undefinierbaren Dämpfen. Der Staub vermischte sich mit dem muffigen Geruch der Hilfsgüter und dem Schweiß der pakistanischen Soldaten, die bis zum Umfallen Maschinen oder LKWs be- oder

↑ Auch das größte Flugzeug der Welt, die AN-225, wurde eingesetzt, um Güter aus der ganzen Welt in das Erdbebengebiet zu bringen. Die einzige noch flugfähige Maschine dieses Typs wurde mittlerweile im Ukrainekrieg zerstört.

entluden. Überall wurden Kabel gespannt, Kameras mit Reportern davor, die von dem Treiben am Flugplatz berichteten. Ankommende, die helfen wollten, egal ob Rettungsstaffeln mit Hunden, Notärzte aus Bolivien, THW aus Deutschland, Spezialbergungsteams aus Spanien, usw. liefen hektisch in der Gegend herum. Immer auf der Suche nach Information, oder nach einer Mitfluggelegenheit ins Krisengebiet.

Wie gesagt, keiner wusste wer, wo, wie, für was zuständig war.

Unsere Heeresfliegerkameraden, die in der ersten Woche da waren, mussten diese Teams, auch die Reporter, immer wieder mit den Worten vertrösten: „Wir können sie mit hochnehmen, aber nicht wieder mit zurück, da die Hubschrauber dann mit Verletzten besetzt sein werden!"

Nachdem unsere Maschinen in Islamabad gestartet waren, hatten sie den Laderaum bis unter die Decke vollgestapelt mit Decken und Zelten. Wer mit wollte, musste sich dort hinsetzen oder hinstellen, wo er noch einen Platz fand.

So auch der deutsche Botschafter mit seinem, aus 3 weiteren Personen bestehenden, Gefolge. Er hatte einen offiziellen Akt in Mustafarabad zu erledigen. Hierbei sollte er eine Hubschrauberladung Hilfsgüter im Namen der deutschen Regierung an den örtlichen Gouverneur übergeben. Kurz vor dem Flug erfuhr ich von meinem „besonderen Passagier". Da jedoch meine Maschine schon voll bis oben hin mit Deckenpaketen zugestapelt war und ich nur wegen ihm Teile davon hätte ausladen müssen um ihn seiner Person entsprechend zu transportieren, entschied ich, dass er aufgrund der Lage diesmal nicht wie sonst reisen wird. Der deutsche Botschafter und sein Gefolge bekamen Stehhaltegurte über ihre schicken Anzüge und mussten sich in den engen vorderen Teil des Laderaumes quetschen. Dort einzeln liegende Deckenpake-

↓ Der deutsche Botschafter Gunter Mulack als Fluggast in der CH-53.

→ Ein Bild der Verwüstung: Rund 70.000 Tote, 140.000 Verletzte und über 4 Millionen Obdachlose forderte das Beben mit einer Stärke von 7,8 auf der Richterskala.

te ersetzten die Sitzbank. Er, sichtlich überrascht und nicht gerade angetan von dieser Art zu reisen, protestierte aber aufgrund der vorherrschenden Not nicht dagegen und fügte sich der Lage. Er sagte später auch, dass es trotz der Umstände für ihn ok war, da er wisse, dass solche Leute wie er Hilfsaktionen nur behindern. Bei der offiziellen Einladung in die Deutsche Botschaft nach unserem Einsatz in Pakistan sagte er mir auch noch, dass er so noch nie in einem Hubschrauber geflogen sei und es überaus genossen hatte, ganz im Gegensatz zu seinem Gefolge. Da musste er grinsen.

Nach den Erzählungen meiner Kameraden waren die ersten Landungen in den stark betroffenen Gebieten der Stadt Balakot oder Mustafarabad ein Alptraum, wie man ihn schlimmer nicht erleben hätte können. Mittlerweile sind schon drei Tage, seit das Erdbeben gewütet hatte, vergangen. Die Menschen sind verzweifelt. Sie sind hungrig, haben nichts

↑ Turbulente Szenen bei der Ankunft des Hubschraubers. Erst das landeseigene Militär konnte solche Situationen unter Kontrolle bringen.

anzuziehen, kein Dach über den Kopf, nachts ist die Kälte erbärmlich, Familienmitglieder sind verletzt, getötet, nicht mehr da. Kinder haben keine Eltern mehr, Eltern suchen ihre Kinder in den Schulen. Verwandte suchen Angehörige. In diese Verzweiflung landet ein Hubschrauber mit der ersehnten Hilfe.

Das Bild, das sich den Besatzungen bot, ist kaum in Worte zu fassen. Die anfängliche Ordnung durch die ein bis zwei pakistanischen Polizeikräfte wurde durch die Angst jener, die glauben nichts abzubekommen, zunichte gemacht. Der Hubschrauber wurde gestürmt, Pakete zerrissen, Decken wechselten mehrmals ihre Besitzer, bis diese dann unter der Menge samt Besitzer verschwanden. Zertrampelt vor lauter Angst.

Angstverzerrte Gesichter schrien, weil sie vor Kraftlosigkeit in der Menge unterzugehen drohten. Andere schlugen sich mit Knüppeln auf dem staubigen Landeplatz fast tot, nur für ein paar Decken. Mütter saßen mit ihren Kindern am Rande des Geschehens, weinten weil sie vermutlich wieder nichts abbekamen. Die Besatzung stand nur daneben, in der Hoffnung, dass der Hubschrauber nach diesem Wahnsinn noch flugtauglich sei. Ändern konnten sie am Verhalten dieses wütenden Mobs sowieso nichts. Es blieb ihnen nur das Zuschauen.

So, oder so ähnlich spielten sich die Landungen in den nächsten Tagen immer wieder ab, bis endlich die pakistanischen Soldaten durch das eigene Militär in die Region geflogen wurden, um auf den Landeplätzen für Ordnung zu sorgen und sich um die gerechte Verteilung der Hilfsgüter zu kümmern.

In dieser Zeit flogen natürlich nicht nur deutsche Hubschrauber, sondern auch pakistanische, amerikanische, russische und japanische Maschinen in den Tälern herum, was nicht

↑ **Pakistanische Soldaten helfen beim Be- und Entladen der Maschinen.**

unbedingt flugsicherheitsfördernd war. Man muss wissen, in Pakistan wird im Straßenverkehr links gefahren, wie in Großbritannien, so hat man es dann auch im Fluge gehalten.

Keep it simple, sagt der Flieger! Deshalb, wenn in einem Tal geflogen wird, fliegt man immer links an der Hangkante. Eigentlich einfach und sicher, wenn sich alle daran halten würden und nicht rechts und links verwechseln. In diesem Fall waren es meist unsere amerikanischen Kameraden, die stets für eine Überraschung gut waren.

Meine Woche

Sie ist eigentlich ganz einfach in ein paar Sätzen erklärt: Übernachtet haben wir im Dreamland Hotel. Hört sich toll an, war es aber nicht! Auch hier hat unsere deutsche Botschaft in Pakistan gespart. Es hatte etwas von einer mittelklassigen Trucker-Absteige, war ziemlich heruntergekommen, aber den Umständen entsprechend sauber.

↑Der Name war leider nicht Programm: Die Unterkunft der deutschen Heeresflieger in Islamabad.

Großer Nachteil: Es lag ca. eine halbe bis dreiviertel Autostunde, je nach Verkehr, vom Flugplatz entfernt. Um 05.00 Uhr begann der Tag. Zum Frühstück gab es immer Tee, Spiegelei, Omelette und labberiger Toast. Sonst nichts. Den ganzen Tag durchgeflogen, im totalen Stress, kein Mittag, schnell ein Keks oder einen Müsliriegel, eine Cola zwischendurch bis abends um 18.00 Uhr.

Warten, bis die Maschinen für den nächsten Tag überprüft und fertig gemacht wurden. Halbe Stunde Bus fahren. Um 20.00 Uhr Abendessen im Hotel (ausnahmslos Wasser, Reis und Huhn), um 21.00 Uhr ins Bett. Einschlafen? Schwierig, erst um 01.00 oder 02.00 Uhr.

Dann Träume vom vergangenen Tag und so manche Fantasie an den nächsten. Um 05.00 Uhr aufstehen. Wieder Ei und Toast. Wieder fliegen. Wieder kein Mittag.

Unser Auftrag in Pakistan

Zunächst sei gesagt, der Sinn unseres Einsatzes in Pakistan ist selbsterklärend: Transporthubschrauber transportieren – was und wen auch immer. Nach diesem Prinzip wurde verfahren. Morgens, beim ersten Büchsenlicht standen schon die ersten LKWs vor Ort und warteten darauf, ihre Ladung in unsere Maschinen zu befördern. Keine halbe Stunde später waren wir abflugbereit. In der Regel wusste keiner von uns wer festgelegt hatte, was eingeladen wurde, aber aus der Erfahrung heraus hatte hier alles irgendwie einen Sinn.

Später kam auch ein wichtiger pakistanischer Soldat, erkennbar an seiner korrekten Falte in der Hose, dem gepflegten Rausche-Bart sowie dem wahrscheinlich angewachsenen Barett und den goldenen Metallsternen auf seiner Schulter. Er erklärte unserem ebenfalls pakistanischen Sicherheitspiloten, wo es hingehen sollte. Dieser Pilot unterstützte uns als Dolmetscher, beim Navigieren und beim Finden der Landeplätze in den Bergen. Er war immer dabei. Sicherlich war er nützlich, aber seine Hauptaufgabe war, uns ein wenig auf die Finger zu schauen. Selbst bei solchen Einsätzen war das pakistanische Militär misstrauisch.

Mit dem Laderaum voller Decken und Zelten landeten wir an den verschiedensten Plätzen in den Bergen. Kleine und große, schiefe und holprige. Überall landeten wir unseren

↑ Um keine wertvolle Zeit im Tageslicht zu vergeuden, fuhren die ersten LKW zur Beladung der Hubschrauber bereits in den frühen Morgenstunden vor.

großen Hubschrauber, öffneten die Rampe und hinterließen nach dem Abflug einen riesigen Haufen Hilfsgüter. Ohne Gebirgsflugausbildung wäre ein sicherer Flugbetrieb kaum möglich gewesen, da jeder Flug auf Grund der maximalen Beladung, Flughöhe und Temperatur stets eine besondere Herausforderung aller Besatzungsangehöriger war.

Mittlerweile (9 Tage nach dem Beben) verliefen die Ausladeaktionen sehr organisiert ab. Die pakistanischen Soldaten hatten die Lage voll im Griff, die Menschen wussten, dass alles geordnet und nach Plan verteilt wurde. Die „Chefs" der Einheimischen hatten einen eigenen Plan, wie jeder bedürftige Mensch, sei er auch noch so weit weg vom Landeplatz, zu seiner Decke oder Zelt kam. Es gab einen sogenannten Dorfvorsteher, der wusste genau, wie viele Menschen zu seinem Distrikt gehören und konnte so jede Ladung gerecht verteilen. Nach dem Ausladen entstand jedes Mal ein heftiges Durcheinander. Alle möglichen Leute, wichtige und unwichtige, redeten auf meinen Sicherheitspiloten ein.

← Einer der zahlreichen Landeplätze im Hochgebirge Pakistans. Hier konnte die CH-53 ihre Robustheit und Leistung perfekt ausspielen.

Es ging immer nur um die Verletzten, die noch mitzunehmen waren. Grundsätzlich kein Problem, dafür waren wir ja da. Nur, es waren immer so viele. Traurige Gesichter, unfassbar dass sie zurückbleiben mussten. Es hieß für uns nur: „Kein Hubschrauber fliegt leer wieder zurück nach Mustafarabad"!

Alles verlief immer unter ständigem Zeitdruck, umplanen … wohin zuerst …was ist wichtiger … keine Maschine soll leer fliegen. Wie plane ich es am geschicktesten? Staub, Dreck, Hitze, ständiger Lärmpegel. Schnell ausladen, schnell einladen, schnell wieder los. Aufpassen! Landet die russische Maschine nicht zu dicht an unserer? Komme ich hier noch weg, wenn die da jetzt stehen bleibt? Sind wir zu schwer? Wie heiß ist es? Über 30 Grad? Wie hoch ist der Landeplatz? Schafft das unsere Maschine mit der Beladung? Jetzt aber los, wir müssen noch einmal zurück, möglichst viele Verletzte aus den Bergen bringen!

Denn bei vielen wussten wir, dass sie die nächste Nacht nicht überleben werden, wenn sie jetzt nicht das Feldlazarett von Mustafarabad erreichen würden. Also was blieb uns übrig, als in unserer Maschine so viele Menschen wie möglich mitzunehmen?

Es ist nicht in Worte zu fassen, was für Gestalten menschlichen Ursprungs uns zur Rettung gebracht wurden. Alte Menschen, junge Menschen, Kinder und Babys. Schier endlos war das weiße Verbandszeug um die Menschen gewickelt. Manchen fehlte ein Arm, manchen ein Bein, manche hatten keine Füße oder Hände mehr. Sie wurden von Freunden oder Verwandten auf dem Rücken, auf selbstgezimmerten Holz- oder Bettgestellen getragen. Manche wurden auch nur in Decken gehüllt hinterher gezogen, weil sie schon selbst zu schwach waren den Verletzten zu tragen. Seit Tagen waren sie unterwegs, um für ihre Angehörigen die ersehnte Rettung zu bringen. Bis zum Rand der Erschöpfung trugen sie die Verletzten. Einige hatten Verbrennungen vom Kinn bis zu den Knien, oft waren es Kinder. Sie standen neben heißen Kochtöpfen, als das Beben ihre Körper entstellte. Jeder

↓ Menschenmengen wie diese waren an den improvisierten Landeplätzen keine Ausnahme, sondern die Regel.

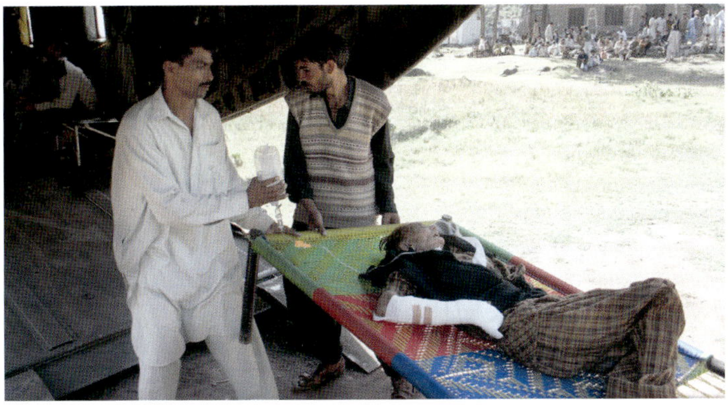

← Ein Erdbebenopfer wird in den Hubschrauber gebracht, um ausgeflogen zu werden.

↓ Improvisation statt deutsche Gründlichkeit war in diesen Tagen das Mittel zum Zweck.

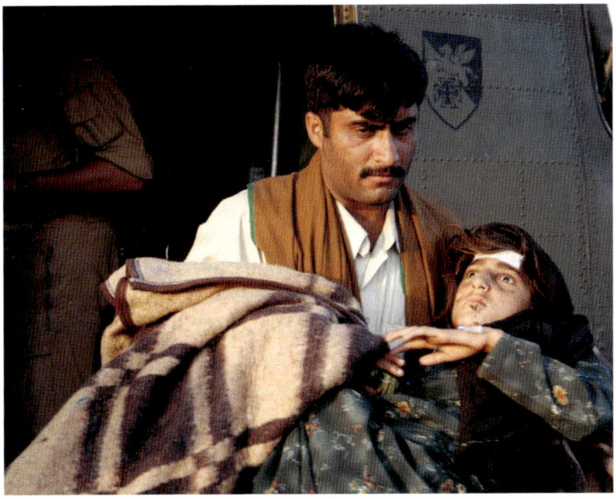

↑ Der pure Horror spiegelt sich in den Augen dieses verletzten Kindes wieder. Was die Menschen dort erleben mussten, lässt sich nur erahnen.

Platz, den wir in den Bergen anflogen, barg neue, mittlerweile „alltägliche" Verletzungen. Auch dort, wo wir an diesem Tag schon mehrmals waren, fanden sich immer wieder neue verletzte Menschen ein. Wieder und wieder sprudelten die Berge an Verletzten und hilflosen Menschen ins Tal. Manchmal kam es vor, dass Einheimische uns mitteilten, dass irgendwo oben auf dem Berg noch Leute auf Hilfe warteten.

Keiner wusste aber genaueres, konnte schon ein oder mehrere Tage her sein… Aufgrund solcher Aussagen flogen wir an die besagten Stellen, entlang des Grats, in 2700 m Höhe, suchten nach verzweifelt winkenden Menschen.

Hatten wir das Glück und konnten sie ausmachen, versuchten wir, in der Nähe für unseren 16 Tonnen-Koloss zwischen Obstbäumen, Feldern, zusammengebrochenen Hütten und steilen Abhängen einen geeigneten Landeplatz zu finden. Manche dieser Landeplätze waren gerade so, dass wir die Maschine draufstellen konnten. Zum Beladen wurden in

↑ Wo auch immer Hilfe benötigt wurde – die CH-53 brachte sie.

der Regel die Triebwerke abgestellt, um so das Kommunizieren zwischen den Pakistanis und uns zu erleichtern. Wie gesagt, auf solchen Landeplätzen war dies jedoch nicht immer möglich, da die Maschine ansonsten abrutschen würde.

Da nie genau gesagt werden konnte wie viele verletzte Menschen noch dort liegen, war es immer ein schweres Los für jeden von uns, wenn man nur einen Teil von ihnen mitnehmen konnte. Die Triebwerke und der Rotor dröhnten, in dieser Hölle wurden die Menschen in den sowieso schon überfüllten Laderaum „verfrachtet".

Selbst unter dem Lärm des Hubschraubers hörten wir vorne, die wir bei solchen „Beladeaktionen" kaum etwas von dem mitbekamen, was hinten drin vor sich ging, die Schreie der Leute, die noch enger zusammenrücken mussten, um für ihre Landsleute Platz zu machen. Nie hat auch nur irgendeiner dagegen geschimpft. Sie sahen sich alle in dem gleichen Boot sitzen und halfen auch gegenseitig, wo es nur ging. Bereitwillig machten sie sich gegenseitig Platz. War jemand weniger verletzt als ein anderer, nahm er noch ein Kind auf den Arm. Er ertrug diese Strapaze fast eine halbe Stunde lang bis er endlich durch die Ärzte und Helfer am Hospital erlöst wurde. Obwohl wir während des Fluges die große Laderampe, und vorne im Laderaum die Fenster geöffnet hatten, war der Gestank der Menschen unerträglich.

Die mittlerweile 9 Tage alten Verletzungen nahmen ihren natürlichen Verlauf. Hautfetzen starben unter dem nie gewechselten Verband ab, entzündeten sich und setzten einen Verwesungsgeruch frei, der sich noch tagelang in unserer Bekleidung hielt.

Wir halfen uns mit Pfefferminzöl, welches wir uns unter die Nase rieben. Unsere Hände reinigten wir nach jeder Berührung mit dem alles tötenden „BACILLO Plus". Eine Art Sagrotan, nur viel stärker ... Die Menschen, unerfahren mit den verschiedenen Belastungen des Fliegens, äußerten ihre Angst in Erbrechen. Egal wo sie lagen, saßen oder standen. Weg von ihrem kleinen Fleck konnten sie nicht, also blieb ihnen nichts Anderes übrig als sich dort zu übergeben, wo sie sich gerade befanden. Wer vor Angst nicht mehr an sich halten, konnte ließ es da laufen, wo er lag oder stand.

Die Ladefläche unserer Maschine umfasst ganze 18 m², dazu kommt noch die klappbare Rampe mit 4 m². Die Verletzten, die wir flogen, waren mit bis zu 9 Tage alten Verbänden versehen. Sie mussten zusätzlich zum Verlust ihrer Familien, Freunde, Eltern, Kinder etc., Höllenqualen durchgemacht haben. Es war eine unglaubliche Meisterleistung meiner Besatzung wie sie den Laderaum maximal ausnutzte. Teilweise befanden sich bis zu 60(!) Personen in unserem Hubschrauber! 18 m², 60 Personen, davon 40 liegend?! Trotzdem waren wir froh, sie alle von den Bergen in das sichere Mustafarabad zu bringen zu können.

War auch mal etwas Zeit, während die Verletzten eingeladen wurden, habe ich mit

→ Blick in den überfüllten Laderaum, der als solcher gar nicht mehr zu erkennen ist.

↓ Verzweifelte Pakistanis laufen auf den gerade gelandeten Hubschrauber zu, um sich und die Verletzten in Sicherheit zu bringen.

→ Eine kurze Verschnaufpause beim Beladen in Islamabad. Das Heck wurde dabei bei Bedarf angeklappt, um eine potentielle Beschädigung des Heckrotors durch Stapler oder Radlader zu verhindern.

noch einem Kameraden die eine oder andere Kugel Maoam, manchmal auch einen kleinen Keks, an die Kinder verteilt. Zumindest an die, die noch aufnahmefähig und einigermaßen gesund waren. Glücklich das eine, das andere apathisch und mit Ausdruckslosigkeit in den Augen. Mit Hilfe der Eltern wurden die kleinen Finger geöffnet, weil sie vermutlich nicht wussten, wie ihnen geschah. Die bunte Kugel rollte in die schmutzige kleine Hand, sie umschloss diese und versteckte sie samt Kugel unter dem Hemd. Aufheben für später. Mir gab diese Art „Hilfe" zumindest das Gefühl, die Kinder von dem Geschehen etwas abzulenken. Wie gesagt, nur das Gefühl.

Eine Situation wird mir auch noch lange im Kopf bleiben. Gerade waren wir mit dem Beladen fertig, die Triebwerke liefen schon und alle Besatzungsangehörigen meiner Maschine saßen an ihren Plätzen. Da rief plötzlich mein Copilot, „Hey, schaut mal, da kommen noch zwei!"

Und wirklich, ein alter Mann kam auf dem steinigen Weg den Berg hinunter. Er hatte einen etwas Jüngeren auf dem Rücken huckepack getragen. Wir alle vorne im Cockpit starrten gebannt auf die zwei, wie in Zeitlupe spielte sich die Szene vor uns ab. Dann sagte einer von uns, was wir alle dachten. „Das sieht nicht gut aus, der läuft ganz schön schnell!" Der Alte hatte vermutlich Angst wir würden ohne ihn losfliegen, völlig erschöpft stolperte er weiter uns entgegen. Nun sahen wir auch, was der Mann auf dem Rücken hatte, das heißt nicht mehr hatte: Füße. Zwei stumpfe Enden seiner Beine baumelten links und rechts von dem Alten hin und her. Angst und Schmerz verliehen dem Fußlosen ein Gesicht, das ich nicht so schnell vergessen werde. Der Alte, vor Kraftlosigkeit kaum noch richtig gehend, stolperte, und mit einem unglaublich schmerzverzerrten Gesicht schlugen beide auf dem steinigen Weg auf, rollten etwas weiter hinunter und blieben dann liegen. Viele, die dieser Szene folgten, rannten sogleich zu ihnen und halfen, sie in unseren Hubschrauber zu tragen. Der Fußlose, mittlerweile wohl ohnmächtig vor Schmerz, wurde an Armen und Beinen in unseren Laderaum gezerrt. Endlich konnten wir los.

Nicht selten flogen wir Schwerstverletzte nach Islamabad auf den Flugplatz. Hier bekamen sie die Versorgung, die für sie notwendig war. In Islamabad am Flugplatz war der

Abtransport der Verletzten gut organisiert. Schon weit vor der Landung kündigten wir über eine entsprechende Stelle unsere Ankunft an und gaben Anzahl der Verletzten durch. Gleich nach Stillstand des Rotors kamen sie auch schon herbei, die vielen pakistanischen Soldaten und entluden unsere Fracht.

Die hygienischen Zustände in der Katastrophenregion und besonders in Mustafarabad waren katastrophal. Ein Beispiel: Man stelle sich einen normalen Fußballplatz vor, um den Platz eine Sandbahn oder wie wir sie nennen „Tartanbahn", wie sie für Wettkämpfe genutzt wird. Im Norden, Osten und Westen säumen hohe Bäume die Anlage. Im Osten befand sich eine kleine Tribüne mit drei großzügigen Sitzreihen auf gesamter Länge des Fußballfeldes, die vermutlich vor dem Beben eine größere Überdachung beinhaltete, sowie die Umkleidekabinen und eine Toilette. Übrig geblieben ist nur ein riesiger Schutthaufen und die Toilette mit einem Teil der Kabinen. Wie schon erwähnt ist dieser Platz im Zuge der Hilfsmaßnahmen zu einem Hauptumschlag- und Landeplatz gestaltet worden.

Dementsprechend viel Personal, Soldaten, Helfer, Ärzte etc. fanden sich auf diesem kleinen Fleckchen ein. Annähernd an die fünf- bis sechstausend Menschen, darunter auch die Helfer aller Nationen, sowie die kranken und verletzten Menschen hielten sich am Tage und in den Nächten hier auf. Alle müssen irgendwann mal das WC benutzen. Das eine.

← Eine fast schon wortwörtliche Rettungskette bildlich festgehalten. Sie funktionierte nach und nach immer besser und koordinierter.

Wer von den Lesern einen leicht reizbaren Magen hat, sollte die nächsten Zeilen nicht lesen!

In den ersten 14 Tagen war es auch nur das eine. Was ich bei einer späteren Nutzung leider erfahren musste. Wie jeder Mensch hatte ich in jenem Moment auch ein dringendes Bedürfnis, allerdings nur ein „kleines", zum Glück! Die Toilette, ein kleiner Raum ca. 3 m² groß mit normalem WC, einem größeren Waschbecken und rosa Kacheln an den Wänden und auf dem Boden. Allerdings war die Bodenplatte ca. 10 cm tiefer als die Türschwelle. Also, ein Örtchen nach westlichem Standard.

Als ich nun die Tür vorsichtig aufstieß, traute ich meinen Augen kaum. Vor mir hockte ein junger Pakistani, barfuß in kurzer Hose und einem grünen T-Shirt. Er wischte mit einem normalen Wischlappen den Boden und hatte dabei auch keine Handschuhe an.

↑ Ein Sportplatz diente hier als Umschlagsplatz, um Hilfsgüter in die betroffene Region zu bringen.

So weit ist das nicht ungewöhnlich. Nur, der komplette Fußboden war überflutet mit allem, was Menschen irgendwie ausscheiden. Seine Knöchel konnte ich nicht mehr erkennen daran konnte ich die ungefähre Höhe der braunen schlickartigen Masse feststellen, die in diesem Raum schwamm. Die WC-Schüssel stand bis zum Deckel voll mit ebenfalls der gleichen Masse, die Wände waren bis in anderthalb Meter Höhe mit Fäkalien beschmiert. Und dieser „arme Hund" versuchte nun das Unmögliche… Ich sah während des Öffnens der Tür gerade noch, wie er versuchte mit bloßen Händen einen größeren Haufen durch den Abguss des Waschbeckens zu drücken. Er starrte mich an, sagte irgendetwas auf pakistanisch, was ich als so was wie „Sorry, Toilette funktioniert grad' nicht" deutete.

Nachdem ich die Tür wieder zuzog, atmete ich erst einmal tief durch, verrichtete mein kleines „Geschäft" unter unserem Hubschrauber unter Inkaufnahme von Hunderten von Menschen, die mir dabei zusahen. Aus Erzählungen meiner Kameraden erfuhr ich später, dass der arme Hund es wohl tatsächlich geschafft hatte, dieses Örtchen wieder in den Urzustand zu bringen. Allerdings glaube ich, dass man gar nicht so viel Bakterien abtötende Mittel in diesen Raum sprühen kann, um mit sicherer Gewissheit zu sagen, hier ist wieder alles ok. Später wurden dann auch Dixis bereitgestellt.

Natürlich widerfuhren uns auch lustige Geschichten. So auch die mit den pakistanischen Soldaten. Oft waren es so eine Art Pioniere, die von uns in die Berge geflogen wurden, um dort die verschütteten Straßen wieder befahrbar zu machen. Sie hatten alles, was sie dafür brauchten, dabei: Schaufeln, Werkzeug, kleinere Aggregate, Dieselfässer und was weiß ich noch alles. Gefahrgut? Na klar, aber alles sicher! Papiere? Wozu? Fliegt doch! Neben all dem auch noch ihre Verpflegung, da sie offensichtlich dort oben auch auf sich selbst gestellt waren. In diesem Fall bestand ein Teil ihre Nahrung aus lebenden Hühnern, da sie welche in Kisten dabeihatten und auch welche in den Händen trugen. Ich glaube vier Soldaten waren es, die jeweils sechs Hühner in den Händen hielten. Sie saßen während des Fluges auf ihrer Ausrüstung. Anschnallen? Womit? War ja alles ausgebaut. Bei einem Flugmanöver verlor ein Soldat vermutlich seine sichere Haltung und ließ, um sich irgendwo festzuhalten, seine Viecher los. Diese flatterten nun wie irre im Laderaum umher, ließen Federn, weil andere danach schlugen, um sie wieder einzufangen. Totale Hektik und Geschrei brach unter den Soldaten aus, gefolgt von heftigem Gelächter. Leider flogen ein paar dieser blöden, gackernden Hühner hinten aus dem Laderaum, da diese während des Fluges immer geöffnet ist. Schade drum. Von außen mussten wir für eine kurze Zeit ausgesehen haben wie Frau Holle.

Ein anderes Mal luden diese pakistanischen Pioniere Berge von Kartons ein. Jeder Karton so groß wie ein 12-Liter-Milchkarton aus dem Supermarkt. Nachdem die Soldaten schon über 50 Stück von diesen Kartons eingeladen hatten, las einer von meiner Besatzung auf einem Karton: „E-X-P-L-O-S-I-V-E“.

← Pakistanische Soldaten an Bord der CH-53. So sieht wohl Zuversicht in einer prekären Lage aus.

↓ Hühner als Fluggäste.

Er hat sofort das Einladen gestoppt und gesagt: „Jetzt schauen wir erst mal da rein, was das überhaupt ist“. So nahm er sein Messer, wollte gerade mit dem Aufschneiden des Kartons beginnen, da kam einer der pakistanischen Soldaten hektisch angelaufen, fuchtelte wie wild mit den Händen, nahm ihm das Messer weg und schnitt selbst vorsichtig und offensichtlich wissend wo, den Karton auf. Vor uns lagen Dynamitstangen mit einer Lunte, wie man sie aus den alten Western-Filmen kennt. Sie wollten diese zum Räumen der Straßen nutzen. Wir trauten unseren Augen kaum, was wir da sahen. Mit dem Zeug im Laderaum und dem, was noch hinter unserem Hubschrauber lag, hätten wir uns in eine andere Galaxie sprengen können. Natür-

→ Explosive Ladung, die ihren Weg nicht in den Hubschrauber fand.

lich war ausladen angesagt. Weit, weit weg standen wir ab jetzt von unserer „Nun-nicht-mehr-Ladung" – zum Glück. Wie gesagt, Gefahrgut. Alles sicher.

Nachwort

An den Abenden im Hotel aßen wir, weil wir nach den Strapazen des Tages Hunger hatten, nicht weil wir Appetit hatten. Gegen 21.00 Uhr hielt unser Führer vor Ort immer eine kurze Rede über die Tagesgeschehnisse und die Dinge, die uns am nächsten erwarten würden. Überraschenderweise sollten wir am nächsten Morgen auch wieder Decken, Zelte und Verletzte fliegen....

Anschließend wurden noch Gespräche über Erlebtes geführt, die uns etwas halfen, das Erlebte mit anderen zu teilen, um somit Abstand vom Tag zu gewinnen. Half aber auch nicht immer. Viele von uns, darunter auch ich, hatten immer die Nacht dazu genutzt, die Dinge des Tages noch einmal zu durchdenken. Unser aller Wille Gutes zu tun, die dankbaren Blicke und Gesten der Menschen, denen wir helfen konnten – all das gab uns jedoch die Kraft, weiterzumachen.

Die Zahlen unserer Hilfsaktion sprechen für sich. Eine Handvoll Soldaten, 2 Hubschrauber, gerade mal 44 Männer und zwei Frauen, arbeiteten 14 Tage für die Menschen, die alles verloren haben, was ihnen lieb und teuer war. Über 2100 Verletzte konnten in Sicherheit gebracht werden. Fast 1700 Personen, darunter Soldaten, Ärzte, Rettungsteams, sowie über 170 Tonnen Hilfsgüter wurden in die zerstörte Region gebracht.

Während unserer Zeit hier vor Ort verlor die pakistanische Armee 5 Transporthubschrauber russischer Bauart des Typs Mi 17. Hierbei starben 7 Soldaten und 5 Zivilisten. Ein Hubschrauber stürzte infolge von Überladung ab, einer wegen Triebwerksausfall nach dem Start. Die anderen wurden an den engen Landeplätzen durch startende und landende Hubschrauber derart beschädigt, dass sie als Totalschaden eingestuft wurden.

→ Obdachlose schlugen häufiger ihre Zelte nahe den Umschlagplätzen auf, so auch hier.

Der Rückflug am Samstag, den 22.10.2005, erfolgte ohne Zwischenfälle von Islamabad über Kabul zurück nach

Termez in Usbekistan. Die Flugzeit betrug 3 Stunden und 40 Minuten mit einer Geschwindigkeit von 260 km/h.

In den folgenden drei Tagen nach diesem Einsatz hatten wir wieder Zeit loszulassen und Gespräche zu führen. Die meisten von uns nahmen auch an Gesprächsrunden teil, die von einem unserer Psychologen hier initiiert wurden, was durchaus notwendig war. Viele wurden krank, da durch Malaria Medikamente, schnelles Essen, Stress eine Schwächung des Magen-Darm-Traktes hervorgerufen wurde. Durch das ständige Schwitzen, während der Be- und Entladevorgänge hatten sich auch einige in der zugigen Maschine eine stärkere Erkältung eingefangen. Mittlerweile ist bei allen wieder alles so weit in Ordnung, der Alltag hat sich eingeschlichen und alles läuft wie bisher.

Trotzdem werden wir noch lange an diesen Einsatz und unsere individuellen Erlebnisse denken. Jeder Einzelne.

↑ Eine beschädigte Mi-17 der pakistanischen Luftstreitkräfte.

Zur Person:

Hauptmann Andrej Classen, geboren 1970, ist ein waschechter Hamburger Jung, verheiratet und Vater von zwei Kindern. Als gelernter Schreiner begann er 1989 seine Karriere bei der Bundeswehr. Nach einer kurzen Zeit als Bodengerätemechaniker am Waffensystem HUEY begann er 1992 die fliegerische Grundausbildung auf Alouette II, wurde anschließend weitergeschult auf Bell UH-1D und verbrachte bis 1997 zwei Jahre als Einsatzpilot in Faßberg. Während dieser Zeit legte er den Grundstein für seinen weiteren Werdegang und beantragte die Versetzung nach Laupheim. Es folgte 1997 die Umschulung auf CH-53 und im selben Jahr die Offiziersschule, damals noch in Hannover. Nach seiner Versetzung nach Oberschwaben im Folgejahr wurde er dort zum Kommandanten, Fluglehrer und Nachprüfflugpiloten aufgebaut. Hinzu kam die Gebirgsflugausbildung in Deutschland und der Schweiz. Zudem wurde er Beauftragter für die Brandbekämpfung aus der Luft. Sein erster Auslandseinsatz führte ihn 1999 in das ehemalige Jugoslawien, gefolgt von über zwanzig Einsätzen in Afghanistan sowie einem Einsatz im Kongo. Als Hubschrauberführer hat er bei verschiedenen Katastropheneinsätzen wie Hochwasserhilfe sowie Feuerlöschen in Deutschland, Griechenland und Österreich, als auch bei der Erdbebenhilfe in Pakistan mitgewirkt. Aktuell blickt er auf über 900 Tage Auslandseinsatz und mehr als 4000 unfallfreie Flugstunden zurück.

Räuber und Gendarm – Verfolgungsjagd aus der Luft und das Dasein als fliegender Polizist

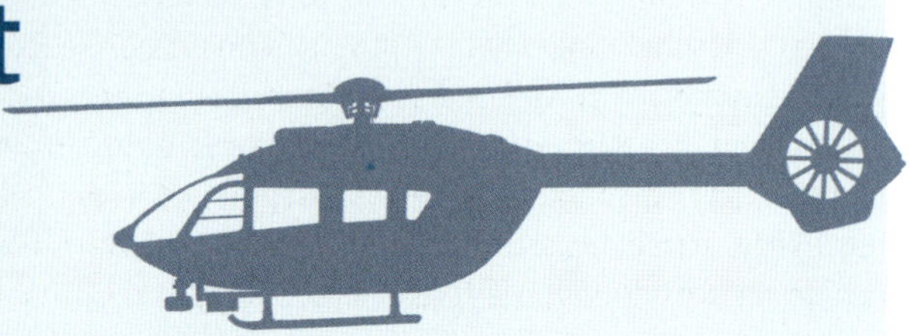

Die Exekutive und der Hubschrauber: Eine Kombination, die nicht mehr wegzudenken ist. Ob bei der Suche nach Vermissten oder der Fahndung nach flüchtigen Straftätern – der Hubschrauber ist das fliegende Auge der Ordnungshüter. Tim erläutert uns nicht nur seinen Weg ins Cockpit, sondern nimmt uns direkt mit in seinen Arbeitsalltag. Auch wenn vieles als Routine und Standard in der Masse der Einsätze untergeht, so war dieser Einsatz für Tim und seine diensthabende Crew der Polizeifliegerstaffel NRW auf jeden Fall unvergesslich.

Von Tim Pittelkow

Hummel 3, ihr seid mit Dank aus dem Einsatz entlassen – gute Arbeit.
Ein ganz alltäglicher Funkspruch, der zwischen den Zeilen für eine hervorragende Zusammenarbeit innerhalb der Crew im Hubschrauber und den Bodenkräften steht. Damit geht einher, dass Gefahren für Leib und Leben abgewendet, bedeutende Sachwerte gerettet oder flüchtige Straftäter gefasst werden konnten.

Das beschreibt die Kernaufgaben der Polizei. Dazu stehen der Polizei viele Möglichkeiten und Einsatzmittel zur Verfügung – der Polizeihubschrauber ist eines davon.

Ich bin seit dem Jahr 2001 Teil der Polizei Nordrhein-Westfalen und bekam im September 2007 die Möglichkeit, im Rahmen eines Auswahlverfahrens meine Eignung als Einsatzpilot nachzuweisen und meinen Beruf, im besten Fall, auf einem anderen Level auszugestalten.

Nach zwei langen und herausfordernden Tagen am fliegerpsychologischen Zentrum der Deutschen Luft- und Raumfahrt in Hamburg wurde mir letztendlich mitgeteilt, dass ich die Ausbildung zum Hubschrauberpiloten für die Polizei beginnen darf. Nach weiteren zwei Jahren an der Luftfahrerschule für den Polizeidienst des Bundes und der Länder war es geschafft. Ich meisterte in diesem Zeitraum viele weitere theoretische und praktische Prüfungen und darf mich seitdem Berufshubschrauberführer nennen. Der Virus „Luftfahrt" hatte zu diesem Zeitpunkt bereits ganzheitlich Besitz von mir ergriffen. Aber es war kein Parasit, der in mich eingedrungen war. In meinen Augen ist es eine der schönsten Formen der Symbiose, eine Win-Win-Win Situation.

Wie im Auswahlverfahren festgestellt, scheint mein Talent darin zu bestehen, zwischen den Wolken zu tanzen, in herausfordernden Situationen Ruhe zu bewahren und richtige Entscheidungen zu treffen. Dies brachte mich dazu, diesen Virus und diese Erfahrung weitergeben zu wollen. Meine Staffel erkannte mein Potential und so wurde mir die Möglichkeit gegeben, Fluglehrer zu werden. Heute bin ich zudem stellvertretender Leiter von Aus- und Fortbildung der Polizeifliegerstaffel NRW am Standort Düsseldorf, Prüfer für das Luftfahrtbundesamt und verantwortlich für verschiedene Spezialverfahren einschließlich deren Ausbildung, wie Night Vision Goggles (Nachtsichtgerät) oder Aerial Firefighting (feuerlöschen aus der Luft). Firefighting mit dem Bambi Bucket muss regelmäßig trainiert werden, um mit den Abläufen vertraut zu bleiben

Unabhängig davon unterstütze ich so oft es geht im Einsatzflugbetrieb. Was sich so simpel anhört ist das, weshalb wir Einsatzpiloten eine komplette weitere Berufsausbildung und jährliche Überprüfungen unseres Könnens auf uns nehmen. Im Früh-, Spät und Nachtdienst sind wir bereit für jeglichen Einsatz, der Unterstützung aus der Luft erfordert. Gerade mit unserer Wärmebildkamera sind wir ein höchst effektives Einsatzmittel bei der Fahndung nach Personen und Fahrzeugen.

Hier gibt es beispielsweise den Einsatzanlass „vermisste Person", bei deren Suche wir aus der Luft unterstützen und aus einer anderen Perspektive auf die Landschaft schauen können.

Bei bedeutenden Straftaten, wie bewaffnete Raubüberfällen, versuchen wir den oder die Täter bei der Flucht aufzuspüren. Aber auch Amtshilfe für andere Behörden, wie die Hilfe bei der Zählung der Wildschweinpopulation in der Eifel oder Kenntlichmachung von Strömungsverläufen in Flüssen zum Anlegen einer Fischtreppe. Für all dies benutzen wir unsere Infrarotkamera, die kleinste Temperaturunterschiede optisch sichtbar machen kann.

Grundsätzlich sind wir bei allen Einsätzen abhängig vom Wetter und der Zeit. Je schneller wir zum Einsatz hinzugerufen werden, desto größer unsere Erfolgschance. Als Einsatzmittel der Polizei dürfen wir, um unser Einsatzziel zu erreichen, zum Beispiel Mindestflughöhen unterschreiten. Dies ist vergleichbar mit einem Streifenwagen, der mit Blaulicht und Martinshorn über eine rote Ampel fährt. Dabei ist eine akribische Risikoanalyse notwendig und ein kühler Kopf unabdinglich, um nicht zu weit zu gehen und beim Einsatzdruck die Sicherheit des Hubschraubers, der Besatzung und unbeteiligter Dritter zu gefährden.

Wir bewegen uns regelmäßig in Höhen, wo wir innerhalb der Hinderniskulisse agieren und hierbei oft so tief fliegen, dass bei Fehlfunktionen vom Hubschrauber die Reaktionszeit des Piloten auf ein absolutes Minimum reduziert ist. Das ist nicht weniger gefährlich, als dies für zivil ausgebildete Piloten wäre, aber durch unsere selektive Auswahl, intensive Ausbildung und ständige Trainings sind wir genau auf diese Situationen spezialisiert. Wir kämpfen auf demselben Schlachtfeld einfach mit geschärften Waffen.

Besonders ist dabei, dass wir nie wissen, wann diese Situationen auf uns zukommen. Genau so war es auch an einem Freitag im März des Jahres 2020. Wir saßen als Spätdienst-

↑ Eine H145 der Polizeihubschrauberstaffel NRW während eines Einsatzfluges.

besatzung im Aufenthaltsraum und sprachen gerade darüber, was wir zum Abendessen kochen, als unser Alarmtelefon klingelte. Das ist nichts Ungewöhnliches, aber vermutlich mit einem Einsatz verbunden, der unsere Abendessenspläne nach hinten verschieben würde.

Unser Operator nahm ab und nach zwei bis drei Sekunden schwenkte er seinen Arm über den Kopf. Ein eindeutiges Signal für uns, dass es jetzt schnell gehen muss. Ich lief sofort in die Halle und griff mir auf dem Weg aufs Vorfeld meinen Helm und sprang in den Hubschrauber. Kurz nach mir sprang mein Co-Pilot ins Cockpit und unterstützte mich beim Anlassen des Hubschraubers. Kaum waren die Triebwerke hochgefahren, kam auch unser Operator dazu.

Sobald er Platz genommen hatte, teilte er uns den Einsatzanlass mit. Es geht zu einer Verfolgungsfahrt in Eschweiler. Unmittelbar danach hoben wir ab und im Takeoff meldete ich dem Tower des Düsseldorfer Flughafens, an dem wir stationiert sind: „Urgent Mission, request leaving to the south." Ein eingespieltes Verfahren mit den Lotsen auf dem Tower, die auch in diesem Fall blitzschnell reagierten und uns die Freigabe erteilten, weil wir von der aktiven Start- und Landebahn wegflogen und dem Flugverkehr nicht in die Quere kommen.

Zu diesem Zeitpunkt greifen bereits alle Rädchen ineinander, während ich mit dem Tower gefunkt habe, hat unser Operator bereits unseren Zielpunkt in unser Navigationssystem eingegeben und für mich erscheint ein Kurs im Navigationsdisplay, der uns in den Einsatzraum bringt. Der Co-Pilot hat unterdessen über Funk Kontakt mit der Polizeibehörde aufgenommen, die die Verfolgungsfahrt gemeldet hat.

Über die Leitstelle erhalten wir ein kurzes Einsatzupdate. Ein Fahrzeug hat Anhaltezeichen eines Streifenwagens missachtet und versucht nun mit überhöhter Geschwindigkeit und rücksichtsloser Fahrweise die verfolgenden Polizeifahrzeuge hinter ihm abzuschütteln. Wir werden dringend vor Ort gebraucht, da der Sichtkontakt der Kollegen am Boden zu dem flüchtenden Fahrzeug immer wieder zwischendurch abbricht.

Es ist, wie es immer ist. Die Bedingungen in so einem dringlichen Fall lassen zu wünschen übrig. Wir haben Gegenwind und werden zwölf Minuten bis zum Eintreffen brauchen. Hinzu kommt, dass das Wetter im Zielgebiet nicht besonders gut ist. Die Wolkenuntergrenzen liegen beim Start in Düsseldorf bei 1000 ft, nehmen aber immer weiter ab. Zudem wissen wir, dass sich in der Entfernung ein großes Gewitter zusammenbraut, welches sich in unsere Richtung bewegt.

Auf dem Anflug versuchen wir unseren Informationsstand anzugleichen. Im Telefonat um die Einsatzübernahme war nicht viel übermittelt worden. Unser Kenntnisstand war folgender: Eine Verfolgungsfahrt über Bundesstraßen im Bereich Eschweiler in Richtung der niederländischen Grenze, schwarzes Fahrzeug flüchtig, mehrere Streifenwagen verfolgen mit hoher Geschwindigkeit, mindestens zwei Insassen konnten erkannt werden.

Via Funk bekommen wir immer wieder neue Standortmeldungen und gehen schließlich auf Abfangkurs. Alles ist sehr hektisch. Am Funk spürt man, dass die Situation alles andere als alltäglich ist, aber alle Beteiligten agieren professionell. Die durchgegebenen Informationen sind kurz und knapp. Ständig erfolgen Standortinformationen, welche zusätzlich Fahrtrichtungs- und Geschwindigkeitsangaben beinhalten. Wenn diese nicht erfolgen, werden neu eintreffende Kräfte über ihren Einsatzauftrag in der besonderen Lage informiert, Orte für Straßensperren zugewiesen und andere taktische Anweisungen gegeben. Alles läuft nach einem festen Muster, um die Gefährdung unbeteiligter Dritter gering zu halten und das flüchtende Fahrzeug im besten Fall zum Anhalten zu bewegen.

Für Unbeteiligte würde es sich wie geordnetes Chaos anhören und irgendwie ist es das auch ein wenig, da alle nur darauf reagieren können, was der Fahrer des flüchtenden Fahrzeugs als nächstes tut.

Endlich, wir erreichen Stolberg und können schon aus der Entfernung die, sich bewegenden Blaulichter in den Häuserschluchten sehen. Kurz darauf sind wir dran. Auf dem Bildschirm hat unser Operator das flüchtige Fahrzeug schnell identifiziert. Das gestaltet sich von oben auch nicht schwer, wenn sich ungefähr sechs Streifenwagen mit Blaulicht dahinter befinden.

Ich nehme mit dem Hubschrauber eine Position und Geschwindigkeit ein, die eine leichte Kameraführung möglich macht, wir das Fahrzeug nicht überholen und gegebenenfalls länger unerkannt bleiben. Mein Co-Pilot meldet der führenden Polizeileitstelle unser Eintreffen und nachdem er bestätigt hat, dass wir das Fahrzeug sicher im Bild haben, werden die verfolgenden Bodenkräfte angewiesen sich zurückfallen zu lassen, um den Druck auf den Fahrer zu mindern und so das Risiko für alle anderen Verkehrsteilnehmer zu reduzieren. Und tatsächlich, die Fahrweise des schwarzen Fahrzeugs wird weniger aggressiv. Selbstverständlich werden noch rote Ampeln überfahren und langsame Fahrzeuge überholt, aber eben nicht mehr ohne Rücksicht auf Verluste, wie es so schön heißt.

Durch die niedrige Flughöhe und die damit verbundene wahrnehmbare Lautstärke am Boden werden wir aber auch bald bemerkt und die Fahrtweise wird wieder aggressiver.

Durch häufiges Abbiegen und schnelle Richtungswechsel beabsichtigt der Flüchtige, uns abzuschütteln, aber es gelingt ihm nicht und er fährt auf die Autobahn Richtung Aachen auf.

Unsere Flughöhe beträgt mittlerweile nur noch 500 ft. Zwischenzeitlich hat es angefangen zu regnen und die Gewitterzelle kommt bedrohlich auf uns zu. Was eben noch in der Ferne war, liegt nun direkt vor uns. Der Co-Pilot ist indessen mit ständigen Standortmeldungen beschäftigt, damit die nachfolgenden Fahrzeuge, die sich nicht mehr im Sichtfeld befinden, wissen wo sie langfahren müssen.

In einem kurzen Moment der Funkstille informiere ich ihn, dass er dem Einsatzleiter mitteilen muss, dass wir nicht mehr lange an dem Fahrzeug dranbleiben können, wenn es weiter über die Autobahn in der aktuellen Richtung fährt, da wir dann in die Gewitterzelle fliegen. Mittlerweile befinden wir uns nur noch in 400 ft über Grund. Windräder, hohe Stromleitungsmasten und Fabrikschornsteine werden zu relevanten Hindernissen auf unserem Flugweg.

Kurz vor Abbruch unserer Verfolgung aufgrund des schlechten Wetters schert der schwarze PKW von der Überholspur auf die Ausfahrt aus und verlässt die Autobahn. Die Fahrt geht weiter, direkt in die Aachener Innenstadt.

Wie es der Zufall will, vor seiner Zeit in unserer Staffel, verrichtete mein Co-Pilot hier seinen Polizeidienst. Dass ihm das einen entscheidenden Vorteil verschafft, wird sich später herausstellen.

Die Wolken und der Regen haben uns mittlerweile auf eine Flughöhe von 300 ft heruntergedrückt.

Bei uns gibt es eine wichtige Abmachung, jedes Besatzungsmitglied hat jederzeit die Möglichkeit zu sagen, dass es sich während des Fluges aufgrund der Umstände unwohl fühlt. Sobald das passiert, wird der Einsatz abgebrochen.

Aber unser eingespielten Team funktioniert zu diesem Zeitpunkt perfekt. Ich kann mich aufs Fliegen konzentrieren, mein Co-Pilot koordiniert die Einsatzkräfte am Boden und der Operator hält das Fahrzeug in der Kamera. Interne Kommunikation erfolgt kurz und knapp, ich fliege so, dass der Co-Pilot das Fahrzeug sehen kann und der Operator es in der Kamera behalten kann. Im Idealfall kann ich es auch sehen und mich so optisch orientieren. Wir befinden uns allerdings mittlerweile in einer Höhe, wo der Blickwinkel der Kamera entscheidend ist.

So passiert es, dass durch die niedrige Flughöhe das verfolgte Fahrzeug in den Häuserschluchten der Aachener Innenstadt immer öfter nicht über die Kamera zu sehen ist, sondern abgeschirmt wird. Ich muss also direkt über der Straße fliegen, was dazu führt, dass der Co-Pilot und ich keine direkte Sicht mehr auf das Fahrzeug haben.

Der Co-Pilot weißt mich darauf hin, dass er keinen Blickkontakt mehr hat und ich weiter rechts fliegen soll. Der kurze Hinweis, dass dann der Operator keinen Kontakt mehr mit der Kamera hat, reicht aus, dass er weiß, dass er sich nunmehr auf die Kamerabilder konzentrieren muss und immer wieder mit dem Bild draußen abgleichen muss.

Dadurch, dass wir jetzt direkt an dem Fahrzeug sind, werden plötzliche Abbiegemanöver zur Herausforderung. Kurven mit starker Querneigung, abrupte Bremsmanöver und generell extreme Fluglageänderungen machen es für den Operator zur Herausforderung das Fahrzeug im Blick zu halten.

Im Übrigen ermöglicht die Technik mittlerweile, der Polizeiführung die Bilder unserer Kamera direkt zu übertragen, was es den Entscheidungsträgern auch leichter macht, die Situation einzuschätzen und entsprechende Entscheidungen zu treffen, ohne den Funk mit weiteren Funksprüchen zu belasten.

Nachdem der Verfolgte gegen unzählige Verkehrsregeln verstoßen hat, diverse Polizeisperren durchbrochen und mittlerweile eine hohe zweistellige Anzahl an Polizeikräften bindet, scheint er einen entscheidenden Fehler gemacht zu haben, denn mein Co-Pilot sagt nach einem erneuten Abbiegemanöver „Ha, das wars gleich, jetzt ist er in eine Sackgasse gefahren." Und tatsächlich, es geht augenscheinlich erstmal nicht mehr weiter ... oder vielleicht doch?

Die Straße endet, aber das Fahrzeug biegt in ein Parkhaus ab. Uns bleibt nichts anderes übrig, als uns darüber zu stellen und zu gucken, ob Personen das Gebäude verlassen. Wir haben zu diesem Zeitpunkt nur eine ungefähre Ahnung, wo sich das Fahrzeug im Parkhaus befindet, da immer wieder die Scheinwerfer durch Auf- und Abfahrten blitzen. Nur wenige Sekunden nach dem schwarzen PKW fahren auch diverse Polizeifahrzeuge in das Parkhaus. Für uns steht fest, dass er nicht mehr einfach herausfahren kann.

Nach einigen weiteren Sekunden erkennt unser Operator auf der Kamera zwei Personen, die im Sprint das Parkhaus über ein Flachdach und eine Feuertreppe nach hinten verlassen. Aufgrund der Gesamtumstände liegt es sehr nahe, dass diese beiden Personen unsere gesuchten Tatverdächtigen sind.

Jetzt kommt es uns zum Vorteil, dass mein Co-Pilot genau in diesem Bezirk Aachens jahrelang Dienst verrichtet hat. Er weiß, dass die beiden Flüchtigen über diese Seite nur auf einer Straße herauskommen können. Er informiert zügig alle weiteren beteiligten Kräfte über Funk, wo durch die Tatverdächtigen das Parkhaus mutmaßlich verlassen werden wird und zu welcher Straße die anderen Kräfte verlagern müssen, um diesen den Fluchtweg abzuschneiden.

Nur wenige Meter hinter den flüchtenden Tatverdächtigen, verlassen auch schon die ersten Kollegen das Parkhaus und haben die fußläufige Verfolgung aufgenommen. Wir bleiben mit unserer Kamera am ersten Tatverdächtigen, da dieser bereits das Parkhaus in einen Innenhof verlassen hat und jeden Moment auf die oben erwähnte Straße treten muss.

Und so ist es. Aus einer Durchfahrt läuft der erste Tatverdächtige auf die Straße und den Kollegen entgegen. Als er dies bemerkt, dreht er um und läuft in entgegengesetzte

↑ **Gut erkennbar sind die vorne an die Kufen angebrachten Hilfsmittel der Crew: Links die Wärmebildkamera und rechts der Hochleistungs-Suchscheinwerfer.**

Richtung, aber auch dort sind bereits Kollegen angekommen. Als er seine Situation bemerkt, ist es auch schon zu spät. Er wird durch die Beamten fixiert und festgenommen.

Aber was ist mit dem zweiten Tatverdächtigen? Wir überprüfen den Innenhof genauer und sehen, dass dieser an einer Mauer im Innenhof, über die er es nicht geschafft hat, von den nacheilenden Kollegen aus dem Parkhaus festgenommen werden konnte. Die Kollegen am Boden geben anschließend über Funk durch: „zwei Tatverdächtige sicher, Fluchtfahrzeug ebenfalls sichergestellt."

Wir befinden uns mittlerweile sehr tief über der Stadt und das Gewitter ist kurz davor uns zu erreichen. Wir drehen ab und verlassen die Szenerie in Richtung unseres sichereren Heimathafens – dem Düsseldorfer Flughafen. Über die Polizeiführung erreicht uns der Funkspruch:

„Hummel 3, ihr seid mit Dank aus dem Einsatz entlassen."

Nach wenigen Flugminuten ist das Wetter deutlich besser und wir befinden uns wieder in einer sicheren Flughöhe. Jetzt ist der Rückflug nur noch eine Formsache und wir alle haben Zeit durchzuatmen. Auch wenn der Einsatz lediglich 20min gedauert hat, hatte jeder von uns eine Menge herausfordernder Aufgaben in so kurzer Zeit zu bewältigen.

Zurück am Standort werden noch die anfallenden Arbeiten erledigt, tanken, Berichte schreiben, Flugbuch stehen auf dem Plan. Aber dann sitzen wir wieder zusammen im Aufenthaltsraum und warten darauf, dass das Telefon klingelt. Ganz genau wie vorher, als wäre nichts gewesen.

Nein, nicht ganz so, denn wir haben eine Menge über das wir jetzt reden und uns freuen können. Ein außergewöhnlicher Einsatz, bei dem trotz des hohen Gefahrenpotentials niemand verletzt wurde und die Tatverdächtigen am Ende durch uns alle festgesetzt werden konnten.

Zur Person:

Tim Pittelkow ist seit Anfang 2001 Polizist und seit 2007 Hubschrauberpilot bei der Polizeifliegerstaffel Nordrhein-Westfalen. In seiner fliegerischen Laufbahn kann er bislang auf über 4000 Flugstunden zurückblicken. Einen Großteil davon hat er als Einsatzpilot am Tag und in der Nacht erworben. Aber auch in seiner Funktion als Fluglehrer und Prüfer konnte er reichlich Erfahrung sammeln. Seit 2024 ist er nebenbei noch Pilot bei der Johanniter Luftrettung. 2019 wurde die Fliegerstaffel NRW mit der Aufgabe des Löschens aus der Luft betraut. Als ausgebildeter Pilot der ersten Stunde kann er auf viele Trainingsabwürfe und nahezu alle Echteinsätze in NRW als Erfahrung zurückblicken. Tim betreibt in seiner Freizeit mit einem weiteren Fliegerkameraden den Podcast „Abgehoben – Der Hubschrauber Podcast", bei dem die beiden entweder fliegerische Themenbereiche aufarbeiten oder spannende Gäste interviewen.

Fliegen wo die Flotte kämpft – Abenteuer mit dem Waffensystem SEA LYNX

Starke Worte und eine Überschrift, die bekannt klingen dürfte. Denn der eigentliche Marine-Werbeslogan war über Jahrzehnte „Fliegen wo die Flotte fährt". Doch Zeiten ändern sich und Begrifflichkeiten eben auch. Aber was ist das für ein fliegendes Gerät, das sich anmaßt, hier so martialisch aufzutreten? Auch wenn die Marineflieger meist unter dem Radar der Öffentlichkeit arbeiten, so bekommen wir hier einen seltenen und wertvollen Einblick in ihren Alltag.

Von Markus Gawlitza

Oft begegnet uns die Frage: „Seid ihr ein Rettungshubschrauber?" auf Flugtagen, weil wir eigentlich standardmäßig eine ausklappbare Rettungswinde eingerüstet haben. Nun, im Jahr 2006 waren wir mit einer Maschine auf dem Flugtag in Speyer. Mitgebracht haben wir eine der selteneren Kombinationen, nämlich die besagte Rettungswinde auf der rechten und einen (Exerzier-) Lenkflugkörper SEA SKUA auf der linken Seite. Der mitgereiste Luftfahrzeugtechnische Offizier, nennen wir ihn Palimpalum, machte sich also einen Spaß nach obiger Frage und führte die Interessierten an Rettungswinde und Flugkörper vorbei mit der Bemerkung: „Wir retten sie nachdem wir sie aus dem Wasser geschossen haben!" Es gab schon damals den ein oder anderen konsternierten Blick aus Besucheraugen. Aber die Realität bleibt leider.

Die Marine sichert Seewege, beherrscht Seeraum und ermöglicht der NATO, die Versorgungswege über den Atlantik zu nutzen. Die Bedrohungen sind real. Ein Gegner hat Kampfschiffe, U-Boote und Luftfahrzeuge. Auch er wird versuchen, mit diesen Kräften See- und Luftraum zu dominieren. Daher setzt die NATO Schiffsverbände ein, die schnell agieren können und das Gefecht zum Gegner tragen. Auch werden, wo möglich, die taktischen Jets der Flugzeugträger genutzt, um See- und Luftraum zu beherrschen. Die Dimensionen sind nun angesprochen, es geht um Gefechte unter, auf und über dem Wasser. Und hier kommt unser SEA LYNX Mk88A ins Spiel.

Sein Platz ist auf den Fregatten der Deutschen Marine. Wir bringen immer zwei Maschinen mit aufs Schiff, damit diese sich taktisch ergänzen. Für den Fall der U-Boot-Jagd

→ Der Gefechts-Lenkflugkörper Sea Skua, erkennbar an der grauen Farbe. Wäre er grün, wäre es die zementbefüllte Exerzierversion.

heißt das, dass ein LYNX ein tiefenvariables Sonar gerüstet hat, um Unterwasserkontakte zu finden, zu identifizieren und zu klassifizieren, während der andere Bordhubschrauber, im Marineslang BHS genannt, zwei Torpedos MU90 trägt, um sofort ein ausgemachtes Ziel bekämpfen zu können. Uboote bedrohen jeden Einsatzverband und sind daher hochpriorisierte Ziele. Ein Uboot wird meist durch einen Kommandanten gefahren, der eine rigorose Ausbildung durchlaufen hat und im Rahmen einer Bestenauslese ausgewählt worden ist.

Gegen solche Leute anzutreten bedarf viel Übung, ständige Disziplin und ist mit einem Schachspiel vergleichbar. Wir wissen, ob ein Uboot im Bereich ist, wenn Flugkörper aus der

→ Fliegender David gegen tauchenden Goliath: Eine Lynx im Tiefflug neben einem Uboot.

See aufsteigen oder eines unserer Schiffe durch Torpedierung verloren geht. Wir wollen und müssen diese Bedrohung abwenden, und dazu kann man uns und die anderen Hubschrauber 24/7 in die Luft befehlen. Auch Seefernaufklärer, hochspezialisierte Kampfflugzeuge zur Aufklärung mit erheblicher Flugausdauer helfen dabei. Sie suchen mit Schallmessbojen und bekämpfen mit Torpedos.

Warum standen wir aber 2006 mit einem Lenkflugkörper in Speyer? Nun, neben der Ubootbekämpfung ist eine weitere Hauptaufgabe unseres Waffensystems die Aufklärung eines Überwassergegners, soll heißen, wir müssen die Schnellboote, Korvetten, Fregatten und Zerstörer des Gegners finden und die Zieldaten an unseren Verband in See übermitteln. Mit validen Daten können unsere Schiffe ihre Flugkörper zielgenau auf den Gegner ansetzen. Dies geschieht über große Entfernungen. Sind wir aber mit unseren LYNX im Bereich, können wir in relativ kurzer Zeit die BHS von der Sonarrüstrolle und Ubootjagd auf den Überwasserangriff mit SEA SKUA LFK umrüsten. Dann fliegen wir in einer Helicopter Action Group, eine HAG, mit dem Auftrag, die Überwasserbedrohung für unseren Verband auszuschalten. Dazu haben wir ein hochspezialisiertes 360-Grad-Radar unter der Nase. Mit dessen Hilfe können wir Kontakte über Wasser erfassen, übrigens bis hin zu dem aus dem Wasser gefahrenen Seerohr eines Ubootes.

Man muss wissen, dass der elektromagnetische Kampf eine eigene Kunst ist. Strahlt das Radar, nimmt der Gegner es mit passiven Methoden auf und kann mit Triangulation die Position des aktiven Strahlers bestimmen. Daher will es genau überlegt sein, wer in der Höhe und außer Reichweite der Gegnerwaffen fliegt, um aufzuklären. Hier ist wieder die MPA von Vorteil, die verschiedensten Methoden der Lokalisierung besitzt. Ist der Gegnerverband erfasst und identifiziert, können die Daten verschlüsselt an die HAG verschickt werden, die dann „silent", also ohne aktive Radarstrahlung, einen Zangenangriff auf den Gegner durchführt. Durch die Nahbereichsabwehrwaffen von Kampfschiffen müssen diese Angriffe über mehrere Angriffsachsen erfolgen, um sowohl Sensorik als auch Waffenanlagen des Gegners zu überfordern. Diese Angriffsverfahren brauchen extreme Koordination zwischen den beteiligten Hubschraubern. Die LFK müssen, sollen sie wirksam sein, innerhalb von Sekunden unabhängig voneinander aus verschiedenen Richtungen beim Gegner wirken.

Nach all diesem Vorgeplänkel finden wir uns nun 2006 erneut in Wales wieder. Hier unterhält das britische Verteidigungsministerium eine scharfe Schiessrange in der Cardigan Bay. Wir verlegten also mit drei SEA LYNX von Nordholz aus über De Kooy in den Niederlanden und dem Flugplatz Manston in Kent zum West Wales Airport. Eine ganz besondere Erfahrung war hier der enge Formationsflug durch London entlang der Themse. Das geballte Auftreten von Luftfahrzeugen mit dem Eisernen Kreuz auf der Rumpfseite über der Hauptstadt sorgte seinerzeit in England für interessante Presseberichte!

Für drei Wochen standen nun lange Tage an, um bei typisch britischem Wetter morgens auf dem Flugplatz aufzutauchen, um festzustellen, dass der zähe Nebel auch über den Tag keine Anstalten machte, sich zu verziehen. War das Wetter uns hold, verlegten wir mit den LYNX zum Erprobungsstandort des Ministry of Defence Aberporth, nur etwa drei Flugminuten nördlich des Platzes. Dort wurden die Maschinen mit jeweils zwei LFK aufgerüstet. Wir mussten aufgrund britischer Sicherheitsvorschriften in der Zwischenzeit in Bunkeranlagen Zuflucht suchen, wo man pappige Sandwiches und Chips in allen Geschmacksrichtungen für uns bereithielt. Wer noch nie die sogenannten Crisps in Geschmacksrichtungen

↑ Zwei Lynx in Eckernförde. Im Vordergrund ist das Seapray 300 Seezielradar unter der Nase mit zugerüstetem FLIR-Kopf gut zu erkennen.

wie Seriously Salt and Vinegar, Supreme Prawn Cocktail oder Puckering Onion genossen hat, weiß nicht was er – oder sie -verpasst hat.

Es ist unnötig zu sagen, dass die Montage der Waffen an Bord der Fregatten in wesentlich kürzerer Zeit von statten ging. In der Cardigan Bay wurde in der Zwischenzeit das bewegliche Ziel verbracht, auf das geschossen werden sollte. Hierbei war es wichtig, das kleinstmögliche Ziel zu wählen, um die Effektivität des SEA SKUA zu belegen, der schon im Golfkrieg 1991 gegen Seeziele sehr erfolgreich war. Wichtig ist in diesem Zusammenhang, dass es sich hierbei um Ziele mit sehr kleiner Radarrückstrahlfläche handelte, da der Flugkörper radargelenkt ins Ziel verbracht wurde. Grundsätzlich versuchen wir immer, uns ohne verräterische Strahlung dem Ziel zu nähern, um im letzten Augenblick das Radar zu aktivieren, den Gegner aufzufassen und die Zielleitlösung zum Abschuss zu erarbeiten.

Und Arbeit ist es, denn es sind einige Daten in den Waffenrechner einzugeben, bis der Flugkörper gefechtsbereit ist. Es gibt viele Details zu bedenken wie Windrichtung und -stärke, die Höhenwahl des Flugkörpers bei stürmischer See, die relative Position des Angriffspartners und die dann aktuelle Position des Zieles mit Kurs und Fahrt durchs Wasser, die sekundengenaue Aktivierung des eigenen Radars und das Timing sowie die Escape Route nach Abschuss des LFK. Das hervorragende 360-Grad-Radar SEASPRAY 3000 leistete hierbei extrem gute Dienste, da die Führung des LFK bis ins Ziel auch im Abflug aus der Waffenreichweite des Gegners möglich war.

Zusätzlich zu den im Hubschrauber durch den Tactical Coordinator, den TACCO, durchzuführenden Schritten bis zur Waffenauslösung musste sichergestellt werden, dass sich der BHS in den für den Abschuss freigegebenen Sicherheitsboxen befand. Dies ist eine weitere Erschwernis, die sich so im realen Gefecht wohl nicht ergeben hätte. Die Cardigan Bay jedoch ist ein ganz normales Seegebiet, in dem Seeverkehr wie Fischer und Fähren sowie Sportboote unterwegs sein können. Ab und an werden Beschränkungsgebiete aktiviert, die der Sicherheit der Schiessvorhaben dienen sollen, aber nicht von allen Seefahren so erkannt werden.

Ein Wort zum TACCO: Der TACCO im SEA LYNX ist eigentlich ein Pilot, der sowohl vom rechten Sitz fliegen, aber auch den taktischen Einsatz inklusive Waffeneinsatz vom linken Sitz des BHS leiten und durchführen kann. Obwohl wir uns alle gerne als Piloten sehen, ist der Einsatz als TACCO die wichtigere Aufgabe, denn nur so erringt ein Waffensystem der Marine seinen Wert. Neben der aufwendigen Ausbildung zum Hubschrauberführer werden SEA LYNX-Piloten noch tiefer in den taktischen Verfahren geschult und müssen dort bestehen, denn sie erfüllen die Forderungen nur nach Ausbildung zum Gefechtskommandanten im BHS. Andere Staaten wie zum Beispiel die Royal Navy oder die niederländische Marine fliegen mit nur einem Piloten und einem ausschließlich für den taktischen Einsatz ausgebildeten Offizier. In der Royal Navy heißt dieser „Observer" und entspricht damit einem Kampfbeobachter, wie ältere Leser diesen vielleicht noch aus der deutschen F-4F PHANTOM II kennen. Im Hubschrauber ist der TACCO oder Oberserver das zentrale Gehirn und muss sowohl seinen Auftrag als auch den Auftrag des gesamten Verbandes verstehen, um abgesetzt wirken zu können. Die Aufgabe als TACCO ist die höchste Schule der maritimen Gefechtsfliegerei und wird auch recht schnell jungen Piloten zugemutet und in fordernden Lehrgängen nähergebracht.

Wenn also alle Einheiten der HAG auf Positionen sind und die Verfahren anlaufen, ist die Schussabfolge rasant und eindrucksvoll. Ist der richtige Flugkörper ausgewählt, das Ziel mit dem Radar gelockt und alle Waffenswitches und Settings korrekt angewählt, löst sich der SEA SKUA erst vom Bordhubschrauber, fällt einige Meter und zündet dann seinen Feststoff-Booster, der den LFK auf hohe Unterschallgeschwindigkeiten bringt. Vom leichten „klonk"-Geräusch beim Auslösen bis zur Zündung sind es bange Sekunden, die jedoch in über 99,99 % der Fälle durch eine spektakuläre Zündung des Triebwerks beendet werden. Der SKUA zieht dann Richtung Ziel von dannen und fliegt in einer von vier auswählbaren Höhen als sea skimmer knapp über der Wasseroberfläche. Die Trefferwahrscheinlichkeit liegt im 100 %-Bereich, wenn alle Schalter und Einstellungen richtig durch den TACCO gesetzt wurden und der Pilot die Launch-Parameter exakt erfliegt. Ob die Teilnehmer der HAG dann ihre salvo size von je zwei oder gar vier Flugkörpern wie im Fall der Royal Navy Lynx ansetzen, kommt auf den Gegner und seine Abwehrfähigkeit an. Die salvo size wird vom Commander der HAG, dem HAGC, befohlen und soll sowohl das Ziel neutralisieren als auch wirtschaftlich mit der vorhandenen Munition umgehen.

Sind die Ziele zerstört, verlegen die BHS zurück auf ihre „Mutter"-Einheiten oder tanken auf anderen Schiffen des Verbandes und stehen dann entweder erneut für ein weiteres Re-armament zur Verfügung oder bekommen komplett andere Aufträge. Angenommen, die taktische Lage hat sich zugespitzt und die Ubootgefahr ist nun weit höher als die Gefahr gegnerischen Überwasserverbandes. Dann wird der LYNX von der Überwasserseekriegsrolle (Above Water Warfare AWW) in die Ubootjagdrolle Anti Submarine Warfare (ASW) umgerüstet. Dauer einer solchen Maßnahme ist bei einer eingespielten Crew etwa vier Stunden. Die Waffenträger und Bedien-Panel im Cockpit werden ab- und ausgebaut und das Sonarsystem AN/AQS-18, einer Exportversion des AN/AQS-13 im damaligen SH-60F, dafür aufgerüstet. Eingeschlossen ist hier eine Konsole für die Sonarbedienung des Ortungsmeisters und ein Rollensystem mit mehreren hundert Metern Kabeln.

↑ Eine Lynx bringt vor dem Verband im Schwebeflug aus 40 ft Höhe den Sonar-Dome des AN/AQS-18 zum Einsatz.

Da das Sonar tiefenvariabel ist und im stationären Schwebeflug, dem Hovern, ausgebracht wird, greift das System zudem auf die automatische Flugkontrollstabilisierung ein. Das heißt, der Hubschrauber ist in der Lage, aus dem Vorwärtsflug bei Nacht, schlechtem Wetter und hoher See automatisch in einen Hover zu fliegen, wobei die Systeme natürlich durch den fliegenden Piloten, den Pilot Flying (PF), mit Argusaugen und hoher Konzentration überwacht werden. Hier sind insbesondere das Dopplersystem für die Geschwindigkeit und Richtung über See und der Radarhöhenmesser und -halter anzusprechen. Der Ausfall des Radarhöhenmessers kann dabei katastrophale Folgen haben und den BHS in die See fliegen.

Auch die beiden je 1200 PS starken Rolls Royce GEM Triebwerke müssen ihren Teil dazu beitragen und werden vom TACCO von links während des taktischen Anfluges aufmerksam überwacht. Obwohl der taktische Funkverkehr durch ggf. sechs bis sieben Schiffe und bis zu fünf weiteren Hubschraubern voll beschlagen ist, muss der TACCO hier priorisiert den Piloten unterstützen, bis der sichere Schwebeflug erreicht ist. Erst dann kann er sich erneut voll dem taktischen Szenario widmen. Schnellstmöglich muss das Sonar ins Wasser gebracht werden, um Zieldaten zu generieren. Dazu muss ein Unterwasserkontakt natürlich zuerst erfasst werden. Danach muss er anhand von Geräuschen, Dopplermerkmalen und Schallechos klassifiziert und identifiziert werden. Die Walschule unterscheidet sich von einem Wrack oder Untiefe. Verschiedene Uboote weisen deutliche Merkmale auf, die durch das Zusammenspiel des TACCO mit dem Hubschrauberortungsmeister (HOM) herausgearbeitet werden.

Sind die Einsatzregeln zum Waffeneinsatz erfüllt, kann der Sonarhubschrauber quasi aus der Hüfte mit seinem eigenen Torpedo schießen. Oder aber die Zieldaten werden an einen Hubschrauber oder Seefernaufklärer gegeben, der dann in den Angriff übergeht. Meist stehen auf den Schiffen die aufmunitionierten BHS in einem 5-Minuten-Alert zur Verfügung und werden dann „geactioned", also mit einer Alarmdurchsage „ACTION LYNX, ACTION LYNX" in die Luft befohlen. Auch hier muss die Einsatzzentrale im Schiff alle Faktoren wie Treibstoff und Munitionsbestände im Auge behalten. Ist der nun zwei Torpedos tragende Alarmhubschrauber in der Luft, bewegt er sich mit Maximalgeschwindigkeit (größer 140 Knoten) zur sogenannten Scene of Action. Er bekommt vom Sonarträger dabei immer aktuelle Zieldaten und wirft den Torpedo, wenn er über dem Auslösepunkt angekommen ist. Auch dieser Hubschrauber wird vom TACCO geleitet, der für den Waffeneinsatz verantwortlich zeichnet. Ist die Laufzeit des geworfenen Torpedos ohne Ergebnis zu Ende, wird sofort eine Re-Attack gestartet, und ein weiterer Alarmhubschrauber herangezogen. Ziel muss es sein, solange Torpedos ins Wasser zu bringen, bis das Uboot neutralisiert ist oder der Verband aus der unmittelbaren Gefahrensituation herausgefahren ist. Das Motto der Ubootjäger ist

→ Aus dem sogenannten Flyco beobachtet, landet eine Lynx „Fore-and-aft" auf der Fregatte Hamburg.

↓ Nicht umsonst gibt es die DLQ – Deck Landing Qualification, denn die raue See verzeiht keine Fehler. Hier ist eine Lynx im Verfahren „Crossdeck facing Starboard" gelandet.

„Don't track, ATTACK!", das Uboot also nicht unter Wasser zu verfolgen, sondern schnellstens zu finden, sofort mit Munition zu belegen und zu zerstören.

All diese Aufgaben sind nur in einer eingespielten Crew zu erreichen, bei der jeder Mann und jede Frau zählt. Obwohl die Nebenaufgaben wie Such- und Rettungsdienst, dem Verbringen von Spezialeinsatzteams mittels Fast Rope-Seil oder dem Außenlastfliegen natürlich im Portfolio eingebunden sind, zielt der Einsatz und die Daseinsberechtigung eines Marinehubschraubers darauf ab, das Gefecht auf See zu führen und sowohl Reichweite als auch Effektivität des Einsatzverbandes zu erhöhen. Diesem Ziel musste unser aller Einsatz und Mühe verpflichtet sein. Und dann kam 9/11.

Der 11. September. Der an diesem Tag durchgeführte terroristische Angriff auf unseren NATO-Verbündeten USA setzte 2001 eine ganze Reihe von Mechanismen in Gang. Der Bündnisfall gem. Artikel 5 wurde ausgelöst und es setzte eine Dekade der asymmetrischen Bedrohung ein, die ihren Niederschlag in Afghanistan fand. Und auch im uns damals nicht im mindestens bekannten Golf von Aden, der das Rote Meer mit dem Indischen Ozean verbindet. Die NATO entsendete den Einsatzverband 150, der im Wesentlichen ab 2002 erst einmal Aufklärung vor Ort betreiben musste, um die „Pattern of Life" einschätzen zu können. Das heißt, Seewege zu beobachten, Anrainerstaaten bezüglich ihrer Allianzen und Interessen einzuschätzen und sich eben grundsätzlich ein Bild von der Lage zu machen.

Verlegen ggf. terroristische Zellen über See von Somalia, einem „Failed State", nach Norden in den Jemen, ein Land mit sehr großen eigenen Problemen wie Armut, Bürgerkrieg und Extremismus. Welche wichtige Rolle die Meerenge Bab-el-Mandeb, die das Rote Meer nach Süden hin abschließt und einen der strategischen Engpässe für die Weltwirtschaft darstellt, spielt, kann man dieser Tage an den Raketen- und Drohnenangriffen der Houthi-Rebellen auf zivile Transportschiffe genau dort erkennen. Der persische Golf und der Indische Ozean, wie hängen sie zusammen bezüglich der freien Mobilität von Terroristen? Spielt Rauschgifthandel über diese Gewässer eine zentrale Rolle in der Finanzierung terroristischer Vorhaben? Wie nun macht „Marine" so etwas?

Die Task Force 150 umfasste etwa 7 bis 8 Kampfschiffe unterschiedlicher Nationen, die aufgrund der immensen Entfernungen und der Größe des Operationsgebietes quasi als Einzelfahrer auf Patrouille gehen. 12 Tagen Überwachung folgen zwei oder drei Tage Hafenaufenthalt in Djibouti, Salala, Mombasa oder Muskat im Oman. Ich war zu dieser Zeit erst einer der Piloten an Bord der Fregatte BREMEN, bis ich 2003 zum Leiter des Flugbetriebes auf der BRANDENBURG wurde. Damit war ich Hubschraubereinsatzoffizier und dem Kommandanten des Schiffes

← Das M3M dient nicht nur als Standardbordwaffe der deutschen Lynx, es wird auch bei der CH-53 und NH-90 verwendet.

für den gesamten Flugdienst mit allen relevanten Fragen und Herausforderungen verantwortlich. Da wir nun keine Torpedos mehr brauchten, und auch keine Lenkflugkörper, bekamen wir als neuere Waffe ein schweres Maschinengewehr, das M3M mit einem Kaliber .50, also Geschossen von 12,7 mm. Dieses wurde an der linken Seite angebaut und von einem Doorgunner bedient. In unserem Fall war das der altbekannte Hubschrauberortungsmeister, dessen Hauptaufgabe eigentlich das Auffinden von Ubooten ist. Aber die HOM, wie wir sie nennen, sind in dieser neuen Aufgabe aufgegangen und extrem gut geworden.

Man erkennt, dass in einem Marinehubschrauber der einzelne Pilot selbst, der die Maschine steuert, nur ein Teil dessen ist, was die Effektivität dieses Waffensystems ausmacht. Und so flogen wir jeden Tag Aufklärung, Stunde um Stunde, um unseren Schiffen ein bestmögliches Lagebild zu verschaffen. Wir nutzen dafür unser Seeraumradar, aber auch das auf der Nase des SEA LYNX angebaute FLIR, das Infrarotgerät, mit dem man vor allem nachts Kontakte extrem gut außerhalb deren Waffenreichweite identifizieren konnte. Der Golf von Aden war voll von Handelsschiffen auf dem Weg zu Suezkanal und lokalen Fischern aus dem Jemen, dem Oman oder Somalia, die mit sogenannten Dhows, nämlich Segelbooten lokaler Bauweise, dort ihren Lebensunterhalt verdienten.

↑ Wartung und Reparaturen finden an Bord der Fregatten auf engstem Raum statt. Hierzu werden die Rotorblätter gefaltet, um den Hubschrauber in den Hangar der Fregatte bringen zu können.

Fanden wir auf unseren Patrouillenflügen ein verdächtiges Seefahrzeug, konnte die Fregatte herangeführt und unser Ziel durch Marinespezialkräfte geboardet werden. Meist geschah das dann durch den einen Hubschrauber, der das Team in zwei Wellen durch Abseilen, dem Fast Roping, an Bord verbrachte, während der andere Hubschrauber das Ganze mit dem M3M aus der unmittelbaren Umgebung sicherte. Gefahr bestand für alle natürlich vor allem durch Schnellfeuergewehre wie AK 47 oder Luftabwehrraketen, die von einem Mann aus der Schulter abgeschossen werden konnten. Das sind sogenannte MANPADS, die auch im laufenden Ukrainekrieg zur Geltung kommen.

Beim Absetzen des Boarding Teams waren wir immer sehr vorsichtig, auch gerade was Flugmanöver angeht. Der SEA LYNX ist ein Hubschrauber mit halbstarrem Rotorsystem und grundsätzlich in der Lage, Rollen und Looping zu fliegen. Dies machte das Demo Team, die BLUE EAGLES der britischen Heeresflieger, immer wieder eindrucksvoll deutlich. Jedoch ist ein Hubschrauber auch immer den Umgebungsfaktoren ausgeliefert, nämlich der Temperatur, dem Druck und der Luftfeuchte. Und feucht war die Luft im Golf von Aden. Ich bezeichne dieses Gebiet als Achselhöhle dieser Welt. Es war feucht! Und es war heiß!

Die Dichtehöhe, die sich daraus ergibt, war auch für unseren starken, mit Rolls Royce Motoren bestückten LYNX keine Kleinigkeit und wir mussten auf jeden Fall immer auf Zuladung und den Gebrauch von Triebwerksleistung achten. Einen Moment der Unachtsamkeit gepaart mit einem „Armvoll Collective“, dem Leistungshebel des Hubschraubers, und die Triebwerkstemperatur, die T6, schoss über das Limit in die Höhe und die Triebwerke mussten boroskopiert und ggf. ausgetauscht werden. Dies kann natürlich durch die Techniker an Bord eines Kriegsschiffes geleistet werden, ist aber in keinem Falle dem Auftrag zuträglich und muss deshalb vermieden werden. Und so flogen wir immer sehr konservativ mit unseren Teams auf das Zielfahrzeug an, wissend das wir durch unseren Waffenträger und die hoffentlich schon nahe Fregatte geschützt werden.

Dort lagen Scharfschützen auf dem Brückendach und die 76 mm OTO Melara Kanone war auch beruhigend im Wirkbereich. Beim Anfliegen musste ich dann insbesondere auf dosierte Steuereingaben achten, während die Dhow wie ein Kronkorken auf den Wellen tanzte. Das Team muss punktgenau abgesetzt werden und der Leistungsbereich war nicht groß. Der relative Wind spielte eine große Rolle, aber auch wenn das Boardingziel nicht kooperativ war und keine geeigneten Kurse fuhr, musste der Auftrag ja nun erledigt werden. Um so dosierter und kleiner musste ich meist die Eingaben wählen, um den Hubschrauber punktgenau über dem Absetzpunkt zu positionieren. Abhängig von den Aufbauten und damit der Hinderniskulisse hatte ich oft wenig bis keine Referenzen und war auf die Einsprache unseres HOM angewiesen. In den allermeisten Fällen sind dies grundlegend ruhige, gemäßigte Verfahren, und man weiß genau, welche Kontrolleingaben nötig sind, wenn die Stimme lauter und deutlicher wird, ohne Panik zu verbreiten. Dies, gepaart mit den wenigen Energiereserven, machte solche Unterfangen immer zu etwas Besonderem. Eindrucksvoll waren zudem immer wieder die Distanzen. Eine für mich einmalige Story ereignete sich 2006, als ich wieder einmal in den Einsatz Enduring Freedom kommandiert war, diesmal auf der SCHLESWIG-HOLSTEIN, einer Fregatte Klasse 123, die eigentlich zum Konvoi-Schutz und zur Ubootjagd im Atlantik konzipiert worden war.

Beinamputation – SAR!

Vom 25. September bis zum 15. Dezember war ich wieder einmal wie so oft seit 2002 am Horn von Afrika, diesmal auf der berühmten „Sophie X", der SCHLESWIG-HOLSTEIN. Und wieder einmal waren viele Abenteuer zu erleben und neue Häfen in fernen Ländern zu bestaunen. Ich erinnere mich natürlich gerne an Aufenthalte in Dubai in den VAE, Salala im Oman, Fujeira in den VAE, Mombasa in Kenia und natürlich auf den Seychellen, die von den Schiffen meist für die 14-tägige Einsatzunterbrechung genutzt wurden, um deren Familien für eine kurze Schnaufpause zusammenzuführen. Denn während wir Flieger meist mehrmals im Jahr auf verschiedenen Schiffen etwa drei Monate unterwegs waren, wurden die seegehenden Einheiten für einen Zeitraum von sechs Monaten geplant, eine gerade für Familien belastende Dauer. Die hatten sich somit eine kleine Pause in der Mitte verdient.

Natürlich wurden die etwa drei Tage Transit vom Einsatzgebiet auf dem Hin- und Rückweg abgezogen, so dass sich eine Nettozeit zum Ausspannen von acht Tagen ergab. Nun, besser als nichts, sagt der Seemann. Entweder wir Flieger hatten Glück und konnten mit oder wir wurden kurz davor ausgetauscht, das war dann eben Pech. Aber mindestens einmal im Jahr konnten auch wir von einem Besuch der Insel Mahé ausgehen, meist öfter. Was aber die Einsatzzeit auf Sophie X so erinnerungswürdig macht, ist ein SAR-Einsatz vom 19. Oktober 2006. In der Abendzeit wurde unser Schiff auf einen Notfall auf dem spanischen Fisch-Trawler PLAYA DE BAKIO aufmerksam gemacht. Dort hatte es anscheinend einen Unfall gegeben. Einem Seemann aus Ghana, Vater von 5 Kindern, war eine Stahltrosse über den Unterschenkel geschnellt und hatte ihn schwer verletzt. Wir hatten natürlich,

← Hoist-Ausbildung auf der Lynx. Es stehen 30 m Seil zur Verfügung.

↓ Auf diesem Bild werden die beengten Platzverhältnisse, insbesondere die niedrige Decke deutlich.

wie immer im Einsatz, eine verstärkte Facharztgruppe inklusive Chirurg und Anästhesist sowie OP-Helfern dabei. Bereits kurz nach der Alarmierung konnten digitale Aufnahmen der Verletzung empfangen werden, worauf sich die Gegebenheiten wie folgt darstellten:

Der vorausberechnete Treffpunkt mit dem Trawler war eine Position um 09 Grad 41 Minuten Nord, 54 Grad 32 Minuten Ost und damit etwa 300 Seemeilen entfernt. Dies entspricht ca. 12 Stunden Fahrzeit bei durchhaltefähiger Geschwindigkeit der Fregatte. Die Verletzung war so gravierend, dass die Entscheidung zu einer Amputation des Unterschenkels wahrscheinlich wurde.

Damit erging nach eingehender Beratung des Command Teams des Kriegsschiffes der Entschluss, dass sich die 500er, also Flieger und Techniker der Bordhubschrauberkomponente, auf einen Start des Hubschraubers um den Tagesanbruch einstellen sollten. Der Gasmann, wie wir den Anästhesisten auch humorvoll nannten, sollte mitfliegen und nach dem Abwinschen auf die PLAYA DE BAKIO die Diagnose nochmals bestätigen. Gesagt, getan. In einer Entfernung von etwa 80 Seemailen machten wir uns los und erhielten beim Abflug noch eine gesicherte Position des Trawlers, die unmittelbar nach Erreichen von 1000 Fuß Flughöhe auch durch das Radarbild bestätigt wurde. Ein guter Track im Radar mit bekannten und korrelierten

Kurs- und Fahrtwerten ist für unseren Lagebildersteller, den TACCO, ein wahrer Grund zur Freude. Mit 140 Knoten ging es dann zum Treffpunkt, der zweistündige Spritvorrat unserer Lynx ist natürlich nicht dazu geeignet, große Urlaubsreisen zu planen, aber in Anbetracht der sich nähernden Fregatte auch kein Problem. Wir rechneten mit etwa 45 Minuten am Deck der PLAYA und inklusive der Transitzeit von etwa 35 Minuten zur Scene of Action hätten wir dann noch 45–50 Minuten Flugzeit verfügbar, um die dann 45 Seemeilen entfernte Sophie X zu erreichen. Ein paar Minuten hat man natürlich gerne in Reserve, um auf unvorhergesehene Vorkommnisse reagieren zu können.

↓ Übung mit Highline und dem Stretcher über dem Landedeck einer Fregatte.

Angekommen am Trawler winschten wir dann den Gasmann ab, dessen Aufgabe nun war, den Verunfallten zu diagnostizieren und dann die Restmannschaft in die Feinheiten der Hubschrauberbergung mittels Rettungswinde und Stretcher einzuweisen. In diesem Falle war es nämlich nötig, den Patienten mittels eines Führungsseiles an der Rettungstrage zu stabilisieren, dass sich keine Rotationsbewegungen aufbauen. Der Trawler „produzierte" Winde über seinen Bug von Grün 90, also querab von seiner rechten Seite. Dies ermöglichte mir als Piloten, gut und stabil über der Bugplatte zu stabilisieren und die Position zu halten, den Blick frei von der rechten Cockpitseite auf die Aufbauten der PLAYA DE BAKIO.

Peripheres Sehen und gut dosierte Steuereingaben sind beim Winschen an einem Schiff das A und O. Der Seegang lag bei ca. 1,5 m im Normalbereich und bereitete keine wesentlichen Probleme. Unsere Lynx hat die Rettungswinde an der Steuerbordseite, sodass wir optimal für diesen Einsatz stationiert waren. Nachdem wir den Anästhesisten abgewinscht hatten, verlegten wir mit Maximum Endurance Geschwindigkeit in einen Wartekreis hinter dem Schiff. Das bedeutet, mit etwa 65 Knoten zu fliegen, wo die Triebwerke am wenigsten Sprit verbrauchen. Dies können wir anhand des Torques verifizieren, unseres Leistungsbezuges. Bei etwa 45–50 % TQ ist Spritsparen angesagt. Also noch ein bisschen Sicherheit obendrauf, das beruhigt.

Nachdem an Bord alles vorbereitet und der Patient zum Transport auf den Stretcher verbracht worden war, konnten wir im selben Verfahren anfliegen und die Trage aufnehmen. Sie wurde hierbei durch den Arzt und seine neuen Helfer gefiert, wie wir sagen. Die frisch angelegten Verbände des Seemannes waren schon nach kurzer Zeit wieder durchgeblutet und der Rotorabwind unserer Lynx verteilte alles in feinem Blutstaub in der Kabine. Nach kurzem Stabilisieren der Trage auf Höhe der Kabinentür konnte unser Ortungsmeister den Verletzten in den Hubschrauber ziehen. Die Lynx ist als kleiner und kompakter taktischer Bordhubschrauber nicht sehr üppig mit Platz ausgestattet, so dass es viel Übung, Schweiß und Erfahrung braucht, die sperrige Trage sicher im Luftfahrzeug zu verstauen.

Dies nun vollendet, winschten wir unseren Arzt wieder von der Playa nach oben, stellten die Sicherheit zum Abflug her und winkten ein letztes Mal in Richtung Brücke, bevor ich die Nase nach unten legte und den kollektiven Blattverstellhebel zog, um schnell Geschwindigkeit im Abflug aufzunehmen. In der Kabine begutachtete der Notfallmediziner zusammen mit dem zusätzlich mitgebrachten Sanitätsmeister den Patienten. Der Tacco auf dem linken Sitz, Klonko, gab ständig Restflugdauer und Meldungen an die Fregatte durch, deren Command Team und Ärzteschaft dadurch immer ein Lagebild hatte. Nach einer Gesamtflugzeit laut meinem Logbuch von 1 h 30 m landeten wird dann wieder auf F 216, wo der Patient direkt in den OP verbracht wurde. Dort wurde ihm erst das Bein unterhalb des Knies abgetrennt. Dies geschah in der Hoffnung, das Knie trotz des fortgeschrittenen Wundbrandes noch retten zu können.

Wie sich später herausstellen sollte, war die Hoffnung leider vergebens. Nachdem unsere Sophie X mit Höchstfahrt Richtung Djibouti verlegt hatte, war das Feldhospital der französischen Streitkräfte dort bereits informiert und bereit, den Seemann aus Ghana aufzunehmen und die Wunde weiter zu versorgen. Wir konnten nur eines tun, nämlich für den Vater einer siebenköpfigen Familie zu sammeln, der nie wieder sein Seemannshandwerk würde ausüben können. Die Spendenbereitschaft der Besatzung erbrachte dann einen Betrag um die 2700 Euro zusammen, die geeignet waren, die ersten Monate zumindest überbrücken zu können. Am 20. Oktober 2006 flog ich laut Logbuch zwei Stunden Aufklärung im Golf von Aden, um danach unseren Patienten nach Djibouti-Ambouli (ICAO-Kennung HDAM) zu verlegen, wo er von französischen Medizinern übernommen werden konnte.

Ein Nachklapp und eine Kuriosität: Die französischen Chirurgen mussten dem Mann leider in einer zweiten OP das Knie amputieren, der Wundbrand war zu weit fortgeschritten, sie konnten es nicht mehr retten. Das Positive war, dass er überlebt hat. Einen weiteren Tag an Bord der Playa de Bakio hätte er wohl nicht mehr überlebt. Völlig erstaunt war ich, als ich nach der Amputation an Bord unserer Fregatte den Anästhesiehelfer mit einem länglichen Paket Richtung Heck wandern sah. Ein paar unserer Techniker und ich stießen dazu und mit einem letzten Gruß übergaben wir eine menschliche Extremität der aufgewühlten See.

Ein Wort zu den Einsätzen und den Flugstunden. Marineflieger bereiten ihre Flüge und Aufträge gewissenhaft und intensiv vor und üben bei jeder Gelegenheit den fliegerischen Ernstfall. Die Kehrseite hierbei ist jedoch, dass nur wenige Flüge wirklich im Gedächtnis bleiben, weil entweder etwas schiefgegangen ist oder weil der Auftrag doch so erinnerungswürdig ist. In der Mehrheit werden Flüge jedoch so durchgeführt wie geplant und sind mit der sicheren Landung und dem anschließenden Debriefing sofort aus dem Fokus gefallen. Ich bin froh, dass ich mein Logbuch habe, auf das ich mich oft beziehen kann. Und muss.

→↓ Die deutsche Lynx-Flotte: In der Welt zuhause. Im Lyseffjord in Norwegen (oben) genauso wie in der Upper Bay von New York City.

Seit diesem Vorfall kamen noch Unmengen von Flieger- und Seefahrerabenteuern dazu, die Piratenjagd der EU-Operation ATALANTA 2009 und 2010 erneut am Horn von Afrika, bevor ich 2012 dann als Austauschfluglehrer bei der US NAVY in San Diego 3 ½ Jahre den MH-60S SEA KNIGHT fliegen und lehren durfte. 2021 folgte dann das Indopazifische Deployment IPD der Deutschen Marine, wo ich unseren LYNX im (legalen) Tiefflug an der Westküste Australiens über das azurblaue Wasser des Indischen Ozeans geflogen bin und um die Insel Guam, die südlichste der Marianengruppe, die täglich von bis zu drei tropischen Regenstürmen heimgesucht wird. Dort übergab ich die weitere Reise an meinen Freund Schwede, der mit seinen 500ern dann einzigartige Formationsflüge über den heiligen Berg Fuji in Japan durchführen konnte.

Nach dem völkerrechtwidrigen Angriff Russlands auf die Ukraine 2022 beschäftigen wir uns nun erneut voll mit dem Aufklären des Gegners und der wiedererstarkten Ubootjagd, denn wir wollen für alle Eventualitäten gerüstet sein. Mit kurzer Alarmierungszeit waren meine Staffelkameraden allerdings beispielsweise seit Februar 2024 zudem auf der Fregatte HESSEN, als diese in einmal wieder in die Krisenregion Rotes Meer beordert wurde, um die zivile Handelsschifffahrt vor den Angriffen der jemenitischen Houthi-Rebellen zu schützen. In diesem Zusammenhang konnte eine Überwasserdrohne mit dem Bordgeschütz der LYNX, dem M3M, zur Explosion gebracht werden, bevor diese ihr Ziel zerstören konnte. Weitere Drohnen und Raketen wurden durch die HESSEN mit Bordwaffen zerstört. Und hier sind wir wieder am Anfang. Als Marineflieger müssen wir eines: FLIEGEN wo die Flotte KÄMPFT.

Zur Person:

Markus Gawlitza wurde 1970 in Frankenthal, Rheinland-Pfalz, geboren und war schon in seiner Jugend von Hubschraubern beeindruckt. Er meldete sich am 1. Juni 1989 zur Grundausbildung als Offizieranwärter bei der Luftwaffe mit dem Ziel, Huey-Pilot zu werden. Es folgte das Offizierpatent und ein Studium an der UniBw in München. Da es sich zwischenzeitlich abzeichnete, dass Truppenoffiziere der Luftwaffe primär auf Jet oder Transportern ausgebildet wurden, wechselte Markus auf Antrag zur Marine. Dort nahm er 1994 erfolgreich an der Eignungsfeststellung für fliegendes Personal in Goodyear, Arizona, teil. Die Ausbildung zum Hubschrauberpiloten durchlief er bei der US Marine in Whiting Field, Florida. Hier startete er seine Ausbildung interessanterweise zuerst auf Flächentrainer T-34C Turbomentor, bevor er auf der TH-57B, die Marinevariante des Hubschraubers Bell 206, seine Ausbildung fortsetzte. Es folgten Einweisungen auf SH-60F Seahawk in den Grundlagen der Ubootjagd in San Diego, Kalifornien. Nach einem weiteren Stop in Whiting Field mit 100 Stunden auf TH-57B/C wegen fehlender Lehrgangskapazitäten in Nordholz kehrte Markus im Juli 1997 dann nach Deutschland ins Marinefliegergeschwader 3 zurück. Dort wurde er auf dem taktischen Waffensystem und Bordhubschrauber Sea Lynx Mk.88 geschult und konnte sowohl die Ausbildung als Hubschrauberführer, als auch des taktischen Waffenoffizieres samt Decklandequalifikation auf Schiffen abschließen. Seit 1999 fährt Markus für die deutsche Flotte zur See und hat seitdem viele Seegebiete dieser Erde gesehen. Neben den Westmannayar-Inseln bei Island, Halifax in Kanada, New York, den Panama Kanal, Hawaii, bis Perth in Australien ist er auch im Mittelmeerraum und dem Golf von Aden zuhause. Nach über 30 Einsätzen von jeweils 6 Wochen bis 3 1/2 Monaten ist er der Standardisierungsoffizier und Fluglehrer der 3. Bordhubschrauberstaffel. Ein Höhepunkt seiner Marinefliegerzeit war die Verwendung als Fluglehrer bei der US Navy in San Diego von 2012 bis 2015. Dort bildete er als Austauschoffizier auf MH-60S Knighthawk aus. Mit über 5000 Gesamtflugstunden sieht er der Außerdienststellung der Sea Lynx Ende 2026 entgegen.

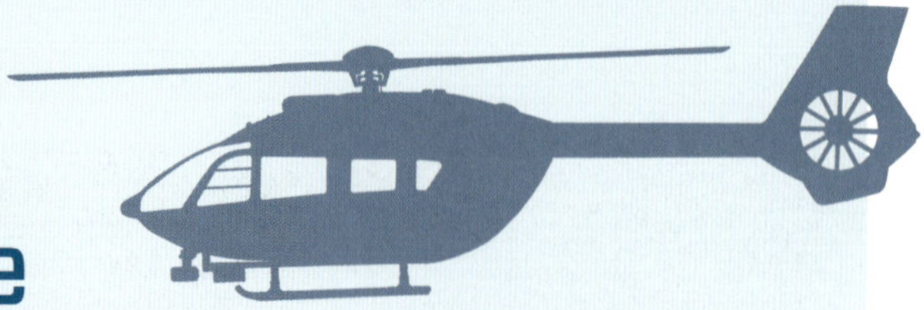

Nächtliche Windenrettung in den Alpen – die Königsklasse der Rettungsfliegerei

Wir finden uns in Reutte im nördlichen Tirol wieder, jenseits der Grenze zu Deutschland. Hier betreibt die ARA Flugrettung den „RK 2", eine Airbus H145 als Rettungshubschrauber mit Winde. Die ARA (Air Rescue Austria) ist eine Tochter der deutschen DRF Luftrettung, die neben zwei anderen Standorten in Österreich hier einen Rettungshubschrauber mit Randzeitenerweiterung anbietet. Was das bedeutet und was es heißt, nachts einen Windeneinsatz im Gebirge durchzuführen, erfahren wir im folgenden Einsatzbericht.

Von Jörg Straub

Es war im November 2022, als wir abends einsatzbereit auf Station saßen. Bis Juli 2019 war zu Sunset wie an vielen anderen Luftrettungsstationen Dienstschluss, seitdem fliegen wir mit Nachtsichtgeräten nach österreichischer Gesetzeslage bis 22:30 Uhr weiter, in Ausnahmefällen auch noch länger. Zu Beginn noch ohne die Möglichkeit, auch bei Dunkelheit die Rettungswinde einzusetzen, denn dies bedurfte einer weiteren Genehmigung. Nach vielen Vorbereitungen in Form von Papier und Übungen sind wir seit Herbst 2022 nun die erste zivile Rettungsorganisation in Österreich, die genau diese Lücke füllt: Windenrettung bei Nacht. Auf deutscher Seite konnte dies zuvor nur Bundeswehr und bayerische Polizei darstellen, auf österreichischer Seite alleinig das Bundesheer, allerdings ohne Notarzt. Somit waren in alpinem Gelände Bergwachten bei Unabkömmlichkeiten der genannten Organisationen bislang auf sich allein gestellt. Und genau das war es auch, was uns an diesem Abend abverlangt werden sollte.

↑ Bestes Flugwetter auf dem Weg zum Einsatzort mit Blick auf Innsbruck.

Als der Alarm gegen 19 Uhr Uhr einging, bekamen wir von der Leitstelle Tirol folgende Meldung mitgeteilt: „Abgestürzter Paraglider nach stundenlanger Suche durch Polizeihubschrauber im Stubaital auf ca. 2400 m Höhe in Felsrinne entdeckt." Für uns war sofort klar, dass dieser Einsatz ein Windeneinsatz wird.

← RK2 nach der Rückkehr von einem Nachteinsatz an seiner Station.

Das Wetter stellte an diesem Abend kein Problem dar, ich hatte wie immer über den Tag hinweg dessen Entwicklung verfolgt. Also machten wir uns am Computer über Re-

↑ Jörgs Perspektive aus dem Cockpit: Während der Windenrettung befindet sich die Felswand in unmittelbarer Nähe zum Hubschrauber.

scuetrack – einem Programm speziell für den Rettungsdienst entworfen – einen schnellen Überblick über eventuelle Hindernisse, Leitungen und sonstige spezielle Begebenheiten vor Ort. Zudem nahmen wir telefonisch Kontakt zum Einsatzleiter der Bergwacht in Neustift auf, der uns mit weiteren Details versorgte.

Der Paraglider, der zusammen mit seinem Freund an diesem Tag im Stubaital am Fliegen war, verunglückte bereits nachmittags. Dies allerdings unbemerkt, denn die beiden flogen getrennt voneinander. Erst als sein mittlerweile gelandeter Kamerad ihn kurz vor Sonnenuntergang weder am Himmel sehen noch per Telefon erreichen konnte, verständigte er die Behörden, die umgehend die Suchmaßnahmen einleiteten. Neben dem Polizeihubschrauber kam auch eine Drohne zum Einsatz. Per Taschenlampe konnte der Verunglückte in der mittlerweile eingebrochenen Dunkelheit erfolgreich auf sich aufmerksam machen. Ein Polizeibergführer versuchte noch vergeblich, von oberhalb zum Verunglückten abzusteigen, nachdem er dort durch seinen Hubschrauber über die Kufe abgesetzt wurde. Das Gelände war dort jedoch zu steil und winterlich.

Keine zehn Minuten nach Alarmeingang machten wir uns also auf den Weg. Da es wie beschrieben keine wettertechnischen Einschränkungen gab, konnten wir den direkten Weg über Fernpass und Inntal nehmen und mussten nicht erst durch Talverläufe unseren Weg suchen, was allerdings auch oft genug vorkommt. Ebenso war durch die hervorragenden Sichten schon von weitem das Anti Collison Light der „Libelle" – des Polizeihubschraubers, der den Verletzten ausfindig gemacht hatte – durch die Nachtsichtbrille zu erkennen.

Nun begannen wir mit unserem standardisierten Prozedere, vorne im Cockpit wie auch hinten in der Kabine. Hubert, mein Winch Operator und HEMS-TC, der während dem Streckenflug praktisch als mein Copilot fungiert, ging mit mir die Pre Landing Checklist durch. Gleichzeitig wurde die Kabine durch Notarzt und Bergretter, der bei uns übrigens zur festen Besatzung gehört, für den Windeneinsatz vorbereitet. Hierzu stellt vor allem die Eigensicherung und die Kontrolle des Gegenübers bzw. Partners einen wichtigen Punkt dar. Doppelt hält bekanntlich besser und Fehler könnten hier fatal enden.

Über die Air-to-Air Koordinierungsfrequenz 122.100 nahmen wir Kontakt zur Polizeihubschraubercrew auf. Sie beschrieben uns die Position des Opfers und leuchteten im Schwebeflug mit ihrem Scheinwerfer auf ihn, sodass wir ihn im Anflug sehr zügig ausfindig machen konnten. Auf ihre Frage hin, ob sie weiterhin mit ihrem Scheinwerfer die Einsatzstelle ausleuchten sollten, schaltete Hubert, mein Winchoperator, unser HISL (High Intensity Search Light) an und richtete es ebenfalls auf den abgestürzten Paraglider, was der Polizeihubschrauberpilot mit einem schmunzelnden „Ja gut ich dreh ab" aufgrund der Leistungsfähigkeit des HISL kommentierte und wegflog. Im Anschluss nahmen sie noch ihren

↑ Florian (rechts), bereits zusammen mit medizinischen Equipment am Windenhaken gesichert, unmittelbar vor dem Hoist Vorgang.

→ Blick in die Tiefe: Hubert beim Winchen direkt über der Absturzstelle des Opfers.

eigenen Bergretter 300 m über der Einsatzstelle angestützt – sprich mit einer Kufe am Berg, mit der anderen in der Luft – wieder auf und flogen zum Zwischenlandeplatz im Tal bei der Bergrettung Neustift, welchen die örtliche Feuerwehr bereits ausgeleuchtet hatte.

Kurz vor der Einsatzstelle ging ich langsam in den Schwebeflug über, wir nennen das in Position gehen. Hierbei konnte ich sofort verifizieren, dass wir mehr als genügend Triebwerksleistung zur Verfügung hatten und auch der Wind glücklicherweise kein beeinflussender oder gar einschränkender Faktor war. Vieles sind hier Erfahrungswerte – natürlich neben denen, die man sich täglich minutiös berechnet und bereits im Kopf hat. Allerdings stets mit dem Bewusstsein, dass es jederzeit anders kommen könnte. Darauf muss man gefasst sein. Hierfür legte ich mir wie immer eine „Escape Route" fest, also einen Korridor, den ich zum ungeplanten Abflug bei auftretenden, gravierenden Problemen, sicher nutzen konnte. So vereinen sich hier erlerntes, schulmäßiges Gebirgsflughandwerk aus meiner Militärzeit mit der pragmatischen, einsatznahen Luftrettung in den Bergen.

← RK-2 bei einer nächtlichen Windenübung. Auf diesem Bild wird deutlich, welch große Hilfe das HISL darstellt und damit zur sicheren Durchführung eines solchen Einsatzes beiträgt.

Aus dieser Position konnten wir feststellen, dass eine notärztliche Versorgung unmöglich wäre, denn die Stelle, an der sich das Opfer befand, war wie schon eingangs beim Alarm beschrieben viel zu steil, absturzgefährdet und mit Neuschnee bedeckt. Es gilt hier immer, die Crew nicht auch noch selbst zu gefährden. Also entschieden wir uns umgehend für eine Crashbergung. Bedeutet: Nur der Flugretter wird samt Equipment abgeseilt, „verpackt" das Opfer und man bringt beide schnellstmöglich per Winde wieder an Bord. Bemerkenswert war jedoch, dass sich der Paraglider trotz seiner schweren Verletzungen in seinen eigenen Schirm eingewickelt hatte, um der Kälte wenigstens ein kleines Stück weit entgegenzuwirken.

Jetzt kam der wohl kritischste Part: Der Umstieg des Windenbedieners aus dem Cockpit in die Kabine. Hierzu sicherte sich erst einmal Hubert mit einer zweifachen Selbstsicherung an einer Schlaufe, die im Hubschrauber befestigt ist und meldete mir den Voll-

← Die Einsatzstelle in der steilen Felsrinne konnte durch das High Intensity Search Light aus der Warteposition gut ausgeleuchtet werden, damit Flori sicher am Patienten arbeiten kann.

↑ Sternenklare Vollmondnacht über den Alpen – Hochgenuss und Belohnung für den anspruchsvollen Job bei der ARA Flugrettung.

zug per Funk und durch Vorzeigen. Ich kontrollierte nochmals per Griff und Sichtung die Doppelsicherung. Hubert öffnete seine Türe vorne links und gleichzeitig öffnete Flugretter Florian die hintere Schiebetür. Hubert schnallte sich ab, stieg über die Trittkufe von vorne nach hinten, schloss zuerst seine und nach Einsteigen hinten die Schiebetür. Denn: Unsere Winde befindet sich in Flugrichtung rechts, also hinter mir.

Allein beim Umsteigen wird wahrscheinlich schon deutlich, welch großes Vertrauen wir uns untereinander entgegenbringen. Jeder „Winchi" kennt seine Piloten, weiß wie jeder von uns fliegt und wir Piloten wissen im Gegenzug ganz genau wie eingesprochen wird. Gemeinsames Üben schafft neben den Einsätzen Sicherheit. Zweimal pro Jahr führen wir mit der gesamten Crew Windentrainings durch, um standardisierte Verfahren zu festigen und in den Einsätzen umzusetzen.

Und genau das konnten wir jetzt anwenden. Die Kabine war bereit, die rechte Schiebetür ging auf und ich schaltete die Winde am Overhead Panel scharf.

Aufgrund des steilen Geländes musste ich sehr stark überhöht anfliegen und die Wand kam mir langsam immer näher. Unter der Nachtsichtbrille ist die Gebirgsfliegerei nochmal eine andere Hausnummer. Man sieht nur ein zweidimensionales Bild, inmitten einer massiven Hinderniskulisse. Hubert sprach mich langsam ein und gab mir die Anweisung, das HISL nun senkrecht nach unten zu richten sowie den Zoom auf weit zu stellen. So wird die Einsatzstelle unter dem Hubschrauber maximal ausgeleuchtet: Zusätzlich fuhr ich noch mein Search Light nach rechts oben in Richtung der Felswand vor mir. So konnte ich mir eine gute, erhellte Referenz an den Felsen schaffen, was mir ermöglichte, die Nachtsichtbrille hochzuklappen. Nichts schlägt das periphere Sehen! Hubert führte mich weiter mit seiner Stimme über den Paraglider:" Drei vor, zwei vor, eins vor, eins rechts, Position halten. „Request to hoist." Ich gab ihm die Freigabe „Cleared to hoist."

Das Seil fuhr aus, so dass Hubert unsern Flugretter Florian samt Material in den Windenhaken einklinken und daraufhin dessen Sicherung im Hubschrauber lösen konnte, bevor er ihn in die kalte Winternacht hinabließ, die wir dank unseres Equipments vor Ort fast zum Tag machen konnten. Hier zeigte sich dann mal wieder die große Stärke der H145, denn ich konnte den Vierachs-Autopiloten aufschalten und kleine Positionskorrekturen manuell eingeben, die die Maschine sehr präzise umsetzt. Auch die Übersichtlichkeit beim Powercheck ist durch den FLI (First Limit Indicator) genial, er fasst etliche potentiell limitierende Triebwerksparameter zu einer Anzeige zusammen und zeigt mir ganz einfach mein Leistungslimit durch Symbolik auf einer digitalen Skala an – ohne, dass ich sämtliche Werte von einer Eieruhr ablesen muss, wie es eben noch beim Vorgängermodell, der BK 117 C1 der Fall war.

Wir mussten fast die komplette Seillänge von 90 m ausnutzen, denn zum einen diktierte uns die steile Felswand vor uns dies. Zudem wollten wir auf keinen Fall riskieren, dass unser eigener Abwind den Gleitschirm des Paragliders aufwirbelt und ihn dieser womöglich nochmal ins Rutschen bringt. Er kauerte wie beschrieben in einer Rinne, die er vermutlich bei seinem Absturz zuvor auch noch hinuntergerutscht war, wobei er sich wohl schon nach dem Aufprall Verletzungen zuzog.

↓ Nach erfolgter Übergabe wieder einsatzbereit auf dem Dach des Innsbrucker Universitätsklinikums.

Beim Opfer angekommen konnte sich Flori schnell einen sicheren Stand im Neuschnee verschaffen und sich samt Ausrüstung aus dem Haken lösen. Er begann sofort mit einer ersten Bestandsaufnahme beim Paraglider, während wir uns zurück in unsere Warteposition begaben. Das machen wir, damit am Boden dann im wahrsten Sinne des Wortes in Ruhe und vor allem ohne Rotorabwind das Opfer versorgt werden kann.

Nach nur knapp 6 Minuten war Flori fertig und gab uns über Funk Bescheid zur Abholung. Also selbiges Prozedere nochmal. Wieder sprach mich Hubert ein – man darf hier nicht vergessen, dass ich ihn dringend als zweites Augenpaar brauche, denn die Einsatzstelle verschwindet unter dem Hubschrauber und ist für den Piloten dann nicht mehr einsehbar. Im Scheinwerferkegel klinkte Flugretter Florian den Patienten und sich selbst im Windenhaken ein und Hubert holte sie zügig an Bord. Tagsüber wäre ich jetzt schon abgedreht und gen Tal geflogen, doch in der Nacht sehen all unsere Verfahren, egal ob Umsteigen in der Luft oder das Winchen selbst sehr viel statischer aus – der Sicherheit halber. Als die beiden an Bord waren und die Schiebetür geschlossen war, nahm ich zügig Fahrt auf und flog ins Tal zum Zwischenlandeplatz der Bergrettung Neustift, wo uns bereits bodengebundene Einsatzkräfte erwarteten.

Dort gelandet fuhr ich die Triebwerke runter und die Medcrew begann mit der Erstversorgung direkt neben dem Hubschrauber. Hierbei bestätigte sich unser Eindruck aus der Luft, dass es ihn schlimm erwischt hatte: Polytrauma und eine starke Unterkühlung, welche ihn in dieser kalten Nacht wohl das Leben gekostet hätte, hätte er nicht per Hubschrauber geborgen werden können.

Nach abgeschlossener Erstbehandlung und Stabilisierung des Verletzten auf unserem Zwischenlandeplatz luden wir ihn auf der Trage ein und flogen ihn nach Innsbruck ins Universitätsklinikum. Nach 11 Minuten Flugzeit übergaben wir ihn dort dem Schockraumteam, welches die weitere Behandlung einleitete. Später erfuhren wir, dass er das Krankenhaus nach geraumer Zeit wieder verlassen konnte.

Dass die Randzeitenerweiterung bis weit in die Nacht hinein bei uns Sinn macht, bestätigte uns ein weiterer Nachteinsatz noch am gleichen Abend, als wir für eine Notfallverlegung herangezogen wurden. Keine 24 h später flogen wir einen weiteren Nachtwindeneinsatz, dieses Mal „vor der Haustüre“ an der Schüsselkarspitze im Leutascher Gebiet: Zwei Kletterinnen steckten bei Nacht mitten in der Wand auf über 2500 Metern fest, nachdem sich beim Abseilen das Seil in den Felsen verfangen hatte, kamen weder hoch noch runter und mussten gerettet werden. Es ist ein befriedigendes Gefühl, helfen zu können. Egal ob bei Tag oder Nacht.

Zur Person:

Geboren im Mai 1966 am Bodensee, verpflichtete sich **Jörg Straub** nach dem Abitur 1985 bei der Bundeswehr. Dort wurde er zuerst zum Taucher und danach nach eigenem Wunsch und Bestehen der nötigen Prüfungen zum Bo 105 Panzerabwehrhubschrauber Piloten ausgebildet. Über die Regimenter in Fritzlar und Roth landete er in schließlich in Laupheim als VBH (Verbindungshubschrauber) Pilot, wo er bis zu seinem Ausscheiden im Jahr 2001 diente. Anschließend machte er eine Umschulung zum Zeppelin-Piloten, wo er u. a. auch bei der Diamantensuche in Afrika eingesetzt wurde. 2006 kehrte er in die Hubschrauberfliegerei zurück. Zuerst bei der ADAC Luftrettung als Springerpilot, im Jahr 2008 zur ARA Flugrettung GmbH, bei der er an der Station Reutte bis heute seinen Dienst als Rettungshubschrauberpilot versieht. Jörg Straub blickt aktuell auf rund 8000 Flugstunden zurück.

Hochwasser-katastrophe 2021

Wenn eine Katastrophe Deutschland in den letzten Jahren bewegt hat, dann war es das Hochwasser von 2021. Vor allem in Rheinland-Pfalz und Nordrhein-Westfalen richteten die Naturgewalten enorme Schäden an und bedrohten Menschenleben. Zur Hilfe kamen Rettungskräfte aus allen Bereichen und Ecken des Landes. Natürlich waren auch hier Hubschrauber ein unverzichtbarer Teil der Rettungskette. Neben Stefan und Tim, die bereits zuvor in diesem Buch Anekdoten aus ihrem Fliegerleben erzählt haben, schildert auch Ben König aus der Perspektive eines Bundeswehr-Piloten das dort Erlebte.

Von Stefan Schaubensteiner

← Bilder, die man nicht mehr vergisst: Wassermassen haben einen Erdrutsch ausgelöst, der ganze Häuser mit sich riss.

Der Himmel über Erftstadt: Eine Geschichte von Mut und Rettung

Am frühen Morgen des 15. Juli 2021 herrschte hektische Betriebsamkeit im Hangar der Northern Helicopter in Emden. Der Wetterbericht versprach nichts Gutes, doch die alarmierenden Nachrichten aus Westdeutschland ließen keinen Raum für Zögern. Ein Hochwasser ungeahnten Ausmaßes hatte die Region heimgesucht, und jede helfende Hand wurde dringend gebraucht. Als Hubschrauberpilot des EC 155 wusste ich, dass die bevorstehende Mission alles von uns abverlangen würde.

Mit einer erfahrenen Crew bestehend aus zwei Piloten, einem Windenbediener und einem Notfallsanitäter machten wir uns bereit für den Flug. Die Wolken hingen tief und schwer am Himmel, als wir abheben. Der Anflug nach Nordrhein-Westfalen gestaltete sich aufgrund des schlechten Wetters und der eingeschränkten Sicht schwierig. Der Wetterradar zeigte uns ständigen Regen auf, die Turbulenzen rüttelten an unserem Hubschrauber. Doch wir wussten, dass das, was uns am Boden erwartete, noch herausfordernder sein würde.

Als wir endlich das Einsatzgebiet erreichten, bot sich uns ein erschreckendes Bild: Die Wassermassen hatten ganze Häuserzeilen verschluckt und ließen nur noch Dächer und Baumkronen aus den Fluten ragen. Straßen waren zu reißenden Flüssen geworden, Autos wurden wie Spielzeug weggespült. Die Not der Menschen war förmlich zu spüren, und wir wussten, dass wir schnell handeln mussten. Unser erster Rettungseinsatz führte uns zu einem überfluteten Wohngebiet, wo verzweifelte Menschen auf den Dächern ihrer Häuser auf Hilfe warteten.

Unser Windenbediener positionierte uns über das Hausdach um am Balkon den Medic hinabzulassen und brachte eine Person nach der anderen sicher in unseren Hubschrauber. Der Prozess war mühsam und erforderte höchste Präzision. Jede Bewegung musste sitzen, jedes Kommando klar und deutlich verstanden werden. Wir flogen die Geretteten zu einem nahegelegenen Sportplatz, der als Sammelstelle für die Evakuierten diente. Hier warteten das Kriseninterventionsteam und andere Helfer darauf, die Menschen in Empfang zu nehmen und ihnen erste Hilfe zu leisten. Es war beruhigend zu sehen, wie die geretteten Personen von warmherzigen Helfern umsorgt wurden, die ihnen Decken reichten und sie in Sicherheit brachten.

↓ Die NHC Maschine im Einsatz über dem Marien-Hospital von Erftstadt.

In der Luft war die Koordination über Funk mit den Militärhubschraubern unerlässlich, um Kollisionen zu vermeiden. Trotz der Anspannung arbeiteten alle Hand in Hand, um möglichst viele Leben zu retten. Jeder Anflug und jede Rettung verlangten höchste Konzentration. Immer wieder mussten wir improvisieren, um auf die sich ständig ändernden Bedingungen zu reagieren.

Eine Rettungsaktion blieb mir besonders im Gedächtnis: Eine junge Fa-

↑ Wasser überall – die Überflutungen in NRW und Rheinland-Pfalz waren verheerend.

milie stand auf dem Balkon ihres Hauses, das Wasser schoss durch das Erdgeschoss des Hauses. Die Mutter hielt ein kleines Baby im Maxi-Cosi in den Armen, während der Vater verzweifelt um Hilfe winkte, wir durften keine Zeit verlieren. Mit größter Vorsicht und Präzision wurde der Medic auf den Balkon platziert und sicherte zuerst das Baby, dann die Eltern. Der Anblick des kleinen Kindes in Sicherheit, während die dankbaren Eltern in Tränen ausbrachen, war ein Moment, der uns alle tief berührte und uns die Bedeutung unserer Mission vor Augen führte.

Doch die Herausforderungen hörten nicht auf. Während des gesamten Tages mussten wir uns durch widrige Wetterbedingungen und schwierige Rettungssituationen kämpfen. Wir retteten Menschen von Dächern, Balkonen und Carports. Jede Rettung war eine Erfolgsgeschichte, doch sie bedeutete auch immense Anstrengung und Risiko. Die Zeit drängte, und mit jedem erfolgreichen Flug wuchs unsere Erschöpfung, doch die Entschlossenheit und das Adrenalin hielten uns aufrecht.

Kurz vor Einbruch der Nacht verlegten wir unseren Hubschrauber in den nahegelegenen Fliegerhorst Nörvenich. Erschöpft, aber erfüllt von dem Wissen, dass wir an diesem Tag Leben gerettet hatten, bereiteten wir uns auf weitere Einsätze vor. Das Hochwasser in NRW hatte eine Spur der Verwüstung hinterlassen, doch es hatte auch den unermüdlichen Einsatz und die Solidarität von Rettern und Helfern aus dem ganzen Land hervorgebracht.

Dieser Tag im Juli wird mir immer in Erinnerung bleiben, nicht nur wegen der Herausforderungen, die wir meistern mussten, sondern auch wegen der vielen Leben, die wir retten konnten. Der Himmel über Erftstadt war an diesem Tag dunkel und bedrohlich, aber inmitten des Sturms erstrahlte der Mut und die Menschlichkeit aller Beteiligten heller als je zuvor. Die Erlebnisse und die Menschen, die wir retten konnten, haben uns allen gezeigt, wie wichtig Zusammenarbeit und Mut in den dunkelsten Stunden sind.

Von Tim Pittelkow

Wenn Wasser einen Brand auslöst und die Feuerwehr aus der Luft kommt

Um 04:30 Uhr am 15. Juli 2021 geht der Wecker und reißt mich viel zu früh aus den tiefsten Träumen. Draußen regnet es in Strömen, was meine Stimmung nicht gerade besser macht. Aber schnell fertig machen und auf zur Staffel die Crew vom Nachtdienst ablösen, damit wenigstens die ihren wohl verdienten Schlaf bekommen.

Auf dem Weg zur Staffel höre ich im Radio die Nachrichten. Die anhaltenden Unwetter haben zu schweren Überschwemmungen im westlichen Bundesgebiet geführt. Die Ahr ist über die Ufer getreten und ganze Ortschaften sind von der Außenwelt abgeschnitten. In NRW droht der Damm eines Stausees zu brechen. Was sich an dem Morgen wie normale Krisenmeldungen anhört sollte sich sehr bald als ein ausgewachsenes Katastrophenszenario entpuppen. An der Staffel angekommen werden wir vom Nachtdienst empfangen, der die ganze Nacht damit verbracht hat, Überschwemmungen und drohende Staumauerbrüche aufzuklären.

Noch während der ersten Worte, die ich mit der Nachtcrew wechsle, klingelt das Einsatztelefon. Die Kollegin der Landesleitstelle fragt mit ruhiger Stimme, ob wir bereit sind mit dem Bambi Bucket zu löschen. Das Bambi Bucket ist ein Löschbehälter, der unter dem Hubschrauber gehangen werden kann. Taucht man diesen in eine Wasserquelle ein, füllt sich dieser und das Wasser kann über ein Ventil gesteuert abgelassen werden. Im Fall der Staffel NRW kann das Bucket 820 Liter Wasser aufnehmen. Somit wiegt die Außenlast komplett ca. eine Tonne.

Ich bin mir zu dem Zeitpunkt noch nicht über die Tragweite und Schwere der Situation bewusst und frage mit einem Lächeln nach, ob wir was von dem Hochwasser abschöpfen sollen, da ich denke, dass es sich um einen Scherz handelt. Die Kollegin macht mir allerdings sehr schnell klar, dass es eine ernst gemeinte Anfrage ist. In einer Kleinstadt steht ein Haus in Vollbrand, die örtliche Feuerwehr kommt mit ihren Fahrzeugen jedoch nicht heran, da alle Straßen unter Wasser stehen.

In diesem Moment wird mir bewusst, dass die Lage außergewöhnlich und bedrohlich ist. Ich werfe einen prüfenden Blick auf die im Dienst befindlichen Piloten und Operator. „Wir können in einer halben Stunde einsatzklar sein. In spätestens einer Stunde wären wir vor Ort und können mit dem Löschen beginnen." melde ich. „Dann seid ihr hiermit angefordert. Meldet euch bei Bodo!"

Um den Einsatz wahrnehmen zu können, muss die Besatzung aus Dortmund nach Düsseldorf kommen, da der zweite für das Verfahren qualifizierte Pilot, den wir benötigen, dort im Frühdienst ist. In der Zeit, die die Kollegen für den Flug von Dortmund nach Düsseldorf brauchen, bereite ich den Löschhubschrauber mit dem Operator vor und hole alle Informationen zum Einsatz ein.

Nachdem der Pilot aus Dortmund eingetroffen ist, nehmen wir uns kurz 5 Minuten zum Briefing. Ich werde Pilot in Command sein und den Einsatz fliegen, da ich mich bereits über

← Luftiger Arbeitsplatz: Gesichert an einem Gurt steht der Operator auf der Kufe, um das Bambi Bucket zu beobachten und zu bedienen.

Luftbilder aus dem Internet mit der Einsatzörtlichkeit vertraut gemacht und mit den Einsatzkräften vor Ort telefoniert habe. Mein Co-Pilot unterstützt mich mit seinen Augen in und außerhalb des Cockpits. Der Operator steht auf der Kufe und beobachtet, ob das Bucket richtig unter dem Hubschrauber hängt und lässt das Wasser im richtigen Moment ab.

Da der Einsatzort nur wenige Flugminuten entfernt liegt, entscheiden wir uns, das Bucket direkt beim Start unter den Hubschrauber zu hängen. Damit können wir zwar nicht so schnell fliegen, sind aber sofort bei Eintreffen am Brandort einsatzbereit.

Die schwarzen Rauchschwaden sind schon aus einiger Entfernung zu erkennen. Bei Eintreffen bietet sich uns ein unwirkliches Bild. Leichlingen befindet sich durch die über die Ufer getretene Wupper komplett unter Wasser. Der eigentlich nur wenige Meter breite Fluss hat sich auf mehrere hundert Meter ausgedehnt und erinnert eher an Überschwemmungsgebiete vom Amazonas.

↓ Wasseraufnahme während einer Übung aus einem stehenden Gewässer.

Und obwohl überall Wasser ist, wissen wir auf den ersten Blick nicht, wo wir Löschwasser entnehmen sollen. Das Wasser ist tiefbraun und voller treibender Gegenstände. So wäre eine Entnahme viel zu gefährlich, da man nicht weiß, was man mit ins Bucket aufnimmt, oder wo sich das Bucket evtl. verhakt und den Hubschrauber somit gefährdet.

Schnell fällt unser Blick auf ein Freibad. Das klare Wasser fällt jetzt besonders auf. Zudem befindet sich das Freibad nur wenige hundert Meter von der Brandstelle entfernt.

Wir beginnen Wasser aus dem Sprungbecken zu entnehmen. Trotz der Sprungtürme als Hindernisse

↑ Schon aus der Ferne konnte man den Brand früh morgens ausmachen. An ein Vorkommen mit konventionellen Feuerwehrfahrzeugen war durch das Hochwasser jedoch kaum zu denken.

↑ Die Heli Crew löscht das Haus im direkten Überflug.

bietet es sich an, da die Tiefe von uns als ausreichend angenommen werden kann und dem ist glücklicherweise tatsächlich so. Wir fliegen mehrere Runden mit dem Bucket und werfen jedes Mal 800 Liter Wasser auf den brennenden Dachstuhl des Hauses ab.

Wir sehen, wie die Mitarbeiter im Freibad alle losen Gegenstände in der Nähe des Sprungbeckens, die uns gefährlich werden könnten, wegräumen. Alles funktioniert perfekt. Auch wenn man dieses Szenario nie trainiert hat, weiß jeder was zu tun ist. Innerhalb von 40 min und gut 10 Tonnen abgeworfenem Wasser ist der Brand gelöscht.

Die Feuerwehr ist nun in der Lage, ein Schlauchboot heranzuführen und Einsatzkräfte in das Haus zu schicken. Dort wird leider festgestellt, dass ein Bewohner im Keller von den Wassermassen überrascht wurde und eben diese zur Explosion der Ölheizung geführt haben.

Das Übergreifen des Feuers auf angrenzende Häuser konnte durch den Einsatz des Löschhubschraubers verhindert werden. Wer hätte gedacht, dass Naturgewalten wie Feuer und Wasser gemeinsam auftreten und uns bedrohen können?

Wir kehren zur Staffel zurück, werfen das Bambi Bucket ab, tanken voll und sind schon wieder auf dem Weg zum nächsten Einsatz: Das Krankenhaus in Eschweiler ist von Wassermassen eingeschlossen, die Notstromversorgung ist stark gefährdet. Das Krankenhaus muss evakuiert werden und dies ist lediglich über den Dachlandeplatz auf dem Luftweg möglich. Doch dies ist eine weitere Geschichte…

Von Ben König

„Mama macht das schon" – Hochwasserhilfe mit der CH-53

Es war der letzte Donnerstag meines Urlaubs. Ich saß auf meiner Couch und verfolgte, wie jeder andere, die schockierenden Bilder aus dem Ahrtal in den Nachrichten. Natürlich wusste ich, dass meine Kameraden bereits seit Tagen vor Ort waren, um zu helfen. Dann klingelte mein Telefon. Auf dem Display erschien die Nummer meines Einsatzoffiziers,

↑ Schon Tage zuvor war neben NH-90, H145M und EC135 der Bundeswehr auch die CH-53 im Ahrtal im Einsatz, welches ein Bild der puren Verwüstung bot.

der bei unserer Staffel für die Flugplanung verantwortlich ist. Ich wusste sofort, worum es ging und begrüßte ihn noch bevor er fragen konnte mit den Worten: „Ja, Alex, kann ich machen. Wann geht's los?"

Alex konnte mir am Telefon nur wenige Details nennen, da die Lage vor Ort ziemlich unübersichtlich schien. Wir waren zu diesem Zeitpunkt bereits seit fast einer Woche mit zwei CH-53 im Einsatz. Allerdings schien das Chaos in der Einsatzleitung auch vor der Bundeswehr nicht haltzumachen. Es wurden Trinkwasser und andere Dinge in die betroffenen Gebiete geflogen, zum Teil standen meine Kameraden aber auch einfach nur herum und warteten auf den nächsten Einsatz. Vom Einsatzspektrum her konnten wir mit der CH-53 im Grunde genommen alles anbieten: Fünf Tonnen Innen- oder Außenlast bei Tag und Nacht. Nachts dann natürlich mit Hilfe von NVIS, also Restlichtverstärkerbrillen, mit deren Hilfe man eingeschränkt auch bei Dunkelheit sehen kann. Der große Vorteil der CH-53 war im Ahrtal gleichzeitig auch ihre größte Schwäche: Anders als man annehmen könnte, ist die schiere Landeplatzgröße dabei gar nicht das Problem. Man kann eine CH-53 wie jeden anderen Hubschrauber sehr nah an Hindernisse heranfliegen. Aber der Downwash, also der Rotorabwind der CH-53 erreicht fast Orkanstärke. Und das ist wirklich das Letzte, was man in einem Gebiet brauchen kann, in dem Häuser unterspült und halb eingestürzt wie ein Kartenhaus auseinanderzufallen drohten. Der Einsatz einer CH-53 war dadurch sowohl für die Einsatzleitung als auch für die Besatzungen somit keine einfache Aufgabe.

↓ Aufgereiht in einer Linie werden die Big Packs von den CH-53 Hubschraubern aufgenommen.

↑ Die Soldaten des Luftumschlagszugs hängen unter der Maschine die „Sandsäcke XXL“ ein. Man beachte dabei auch den Bordtechniker, der in der Tür sitzt und die Piloten zusammen mit seinem am Lasthakenschacht liegenden Kollegen einspricht.

Aber ich schweife ab, zurück zum Anruf. Alex konnte mir aufgrund der unklaren Lage also nicht viel sagen, und so wusste ich nur, dass ich morgen in aller Frühe mit einer CH-53 von unserer Basis in Laupheim ins Ahrtal fliegen sollte, um den dortigen Kommandoführer abzulösen, der bereits seit einer Woche vor Ort war.

Am Freitag früh befand ich mich also als Passagier mit meinem "Geraffel" (Bundeswehrsprech für Ausrüstung/Gepäck) im Laderaum der CH-53. Ich verfolgte über mein EKB (Electronic Kneeboard) den Flug und begab mich, als wir in die extra für den Katastropheneinsatz eingerichtete ED-R „Bad-Neuenahr" einflogen, ans Fenster, um mir einen Überblick zu verschaffen. Vom Wasser war eigentlich keine Spur mehr zu sehen, der Anblick auf das unter uns liegende Ahrtal war trotzdem surreal. Steckt da wirklich ein auf dem Dach liegendes Auto im ersten Stock eines halb abgerissenen Hauses? Mein Hirn brauchte einige Sekunden, um den Anblick zu verarbeiten. Das ist völlig verrückt!

Wenige Minuten später wurde es nach der Landung am Flugplatz Nörvenich sofort hektisch. Ich stieg aus, teilte die verbleibenden Aufgaben meiner Crew zu (Schlafplätze und Essen organisieren, Gepäck auf die Buden bringen, Admin) und nahm direkt Kontakt zur Flugberatung in Nörvenich auf, die mehr oder weniger die Anlaufstelle für alle in Nörvenich stationierten Katastrophenhelfer war. Ronny, mein Vorgänger, war gerade noch mit der Maschine, die ich übernehmen sollte, in der Luft.

↑ **Präzision beim Absetzen: Die Big Packs mussten punktgenau verbracht werden, um eine Eindämmung der Wassermassen und Stärkung des Damms zu erreichen.**

Er landete ca. 30 Minuten später. Ohne zu wissen, was konkret zu tun war, stellte ich mich auf eine längere Übergabe ein. Im Normalfall besprechen wir bei sowas, wer der Ansprechpartner für Einsätze ist, was bisher geflogen wurde, wo wir tanken können, wo es ggf. Hotspots im Einsatzgebiet gibt usw. Doch weit gefehlt: Ronny landete und gab mir in fünf Minuten die schnellste, aber auch beste Übergabe, die ich je erlebt habe.

„Ihr müsst sofort weitermachen. Wir fliegen seit gestern Big Packs bei Erftstadt und bauen einen provisorischen Damm. Die Erft ist aus ihrem natürlichen Flussbett geraten und neben dem Ort ist eine Kiesgrube. Dort fließt die Erft jetzt rein, und nun droht der Ort unterspült zu werden die Häuser dort abzurutschen."

Alles klar, also Eile ist angesagt. Etwas, was ich von bisherigen Katastropheneinsätzen eher nicht kannte.

Ich rief sofort die Jungs an. „Lasst alles stehen und liegen, wir legen sofort los. Kommt sofort zum Hubschrauber." Dankenswerterweise kümmerten sich unsere Mechaniker um alles Organisatorische wie Unterkunft und Verpflegung und Ronny um den administrativen „Kram“ für meine Crew.

Mein Co-Pilot Max flog zu meinem Glück schon seit gestern am besagten Damm und wusste somit genau, wo die Einsatzstelle war, wo die Außenlasten zur Aufnahme bereitstanden und wie der "Kreisverkehr", den wir mit zwei CH-53 fliegen wollten, aussehen sollte. Die Entfernung zwischen Aufnahmestelle der Big Packs und des Dammes betrug ca. drei Flugminuten. Idealerweise würde eine CH-53 also Big Packs aufnehmen, während die andere gerade welche absetzt. Auf diese Weise würde man sich gegenseitig nicht im „Weg“ stehen. Ich stimmte mich noch kurz mit Bob, dem Kommandanten der anderen Maschine ab, und dann ging es am frühen Mittag direkt los. Take-off in Nörvenich, vier Minuten Flugzeit zu den Big Packs. Direkte Aufnahme der Außenlast und von dort aus nochmal drei Minuten Flugzeit zum Damm.

↑ **Eine CH-53 GA beim Dammbauen – hier erkennt man deutlich im Vergleich zu den zwei vorherigen Bildern das Fehlen der Außenzusatztanks.**

Pro Aufnahme konnten wir jedes Mal drei Big Packs mit je 1,4 Tonnen Sand oder Kies aufnehmen und blieben somit immer knapp unter den fünf Tonnen, die die deutsche Variante der CH-53 vollgetankt maximal aufnehmen kann. Die Big Packs selber kennt der ein oder andere vielleicht vom Bau. Letztlich sehen sie aus wie überdimensionierte Einkaufstaschen mit zwei Schlaufen am oberen Ende.

Wir flogen also Richtung Osten zur Aufnahmestelle. Diese lag unmittelbar am Rand eines örtlichen Kieswerks. Dessen Mitarbeiter legten Sonderschichten ein, füllten die Big Packs vor Ort mit Sand oder Kies im Akkord und reihten diese mithilfe von Baggern entlang eines Feldweges auf. Da das Kieswerk an einer Straße lag, die wir nach der Aufnahme überfliegen mussten, sperrte die örtliche Polizei jedes Mal die Straße, wenn wir diese mit angehängten Big Packs im Take-off überflogen. Ein Vorgehen, dass, wie sich später noch rausstellen sollte, absolut notwendig war. Aber dazu später mehr…

Die Big Packs wurden vom Boden aus durch Soldaten des Luftumschlagszuges des Fallschirmjägerregiments 26 eingehängt. Hierzu halten die Mädels und Jungs die Schlaufen der Big Packs hoch, während wir anfliegen. Irgendwann überfliegt man die Last und verliert sie somit aus dem Sichtfeld, da der Lasthaken sich mittig unter dem Hubschrauber,

↑ Der Bordtechniker, der in der Tür steht, trägt ein sogenanntes Face Shield vor seinem Gesicht und Mikrofon. Es minimiert im Bordfunk Störgeräusche wie den Lärm der Maschine und des Abwindes. Zudem schützt es vor Staub.

also ungefähr vier Meter hinter dem Piloten befindet. Ab hier übernehmen unsere Bordtechniker sozusagen als unsere Augen und sprechen uns Piloten punktgenau auf die Last ein. Dabei stehen sie entweder mit dem Kopf auf der seitlichen Einstiegstür gelehnt oder liegen auf der göffneten Laderampe und schauen nach vorne.

Im eingeschliffenen Zustand hört sich das dann ungefähr so an: „Zwei vor ... zwei rechts ... vor halt, eins rechts ... über der Last, drei tief, zwei tief, eins tief ... Last wird eingehangen, Last ist eingehangen". Während wir vorne möglichst versuchen, den Hubschrauber präzise im Schwebeflug zu halten, machen sich die Mädels und Jungs vom Luftumschlagzug ans Werk, erden den Hubschrauber und hängen die Last in den Haken. Es ist also sehr viel im Funk los und bedarf viel Koordination unter allen Beteiligten – zuletzt auch, um die Sicherheit des Bodenpersonals nicht zu gefährden.

Wir hatten also unsere erste Last eingehängt. Max schlug vor, dass er den ersten Umlauf macht, damit ich mir als Kommandant alles in Ruhe anschauen kann. Den Vorschlag habe ich natürlich dankend angenommen. Die Verantwortung bleibt immer beim Kommandanten, aber: Führen tut der, der Ahnung hat – unabhängig von Dienstgrad oder Status. Des weiteren kannte ich Max und seine Fähigkeiten schon lange. Er ist ein hervorragender Pilot und mittlerweile nicht umsonst selbst Kommandant und Fluglehrer.

Wir machten also Take-off und flogen entlang der Autobahn A61 in Richtung Damm. Schon aus der Ferne konnte ich erkennen, dass es diesmal anders als sonst laufen würde. Normalerweise mussten wir bei Einsätzen mit Big Packs nicht sehr präzise arbeiten: Hinfliegen, die Big Packs grob über dem Zielpunkt bringen und absetzen oder auslösen. Da ging es mehr um „Masse statt Klasse. Doch diesmal sah ich eine Armada von Leuten von verschiedenen Organisationen am Damm stehen: THW, Feuerwehr, DLRG und Bundeswehr (vergebt mir bitte, falls ich jemanden vergessen haben sollte). Im Wasser selbst standen mehrere Leute der Wasserwacht in Neoprenanzügen, die quasi als Bauleiter agierten und Lücken suchten, in die die Big Packs gebracht werden sollten. Die Wasserwacht gab Handzeichen und diese wurden dann per Funk an uns übermittelt damit wir wussten, wo genau wir die Big Packs absetzen sollten. Das ganze Prozedere glich tatsächlich eher einem Hausbau und war alles andere als unpräzise. Fliegerisch nicht ganz einfach, da jeder Big Pack fast zentimetergenau platziert werden musste.

Obwohl die Crews am Tag zuvor schon knapp 10 Stunden geflogen waren, schien der Damm nicht wirklich zu wachsen. Angesichts der verbleibenden Flugzeit und der sich vor mir auftuenden Kulisse hatte ich kein gutes Gefühl. Mir saß die Zeit im Nacken, und der Gedanke an ein abrutschendes Erftstadt ließ mich nicht los. Hektik hilft in solchen Situationen jedoch überhaupt nicht – im Gegenteil. Dadurch schleichen sich nur Fehler ein, und am Ende dauert alles noch länger. Allerdings konnten wir uns mit dem Absetzen der Last auch nicht ewig Zeit lassen, da der Kreisverkehr mit unserer Schwestermaschine zeitlich abgestimmt war. Wie immer dauerte es ein paar Umläufe, bis sich alles eingespielt hatte. Dann begann es aber zu „flutschen". Max und ich wechselten uns bei jedem Umlauf mit der Steuerführung ab. Während einer flog, übernahm der andere die Kommunikation mit den Mädels und Jungs am Boden und konnte sich auch einfach mal ein wenig ausruhen und einen Schluck trinken. Ich hatte noch gar nicht erwähnt, dass es an diesem Freitag um die 27°C „kühl" war. Die CH-53 verfügt über keine Klimaanlage, dafür aber über eine wunderbar große Scheibenfront, die das Cockpit schön aufheizt. Bedeutet: Es war einfach furchtbar warm im Cockpit. Ein Grund mehr, sich dauernd abzuwechseln. Aber nicht nur uns war heiß. Da die Wasserwacht im bauchhohen Wasser arbeiten musste, trugen sie Neoprenanzüge – sicherlich nicht der angenehmste Anzug bei diesen Temperaturen. Alle gingen hier auf irgendeine Art an ihre Grenzen – und darüber hinaus.

Wir „groovten" uns immer mehr ein. Das merkt man meist daran, dass die Kommunikation abnimmt, sowohl zwischen den Maschinen als auch an Bord selbst. Auch das Einsprechen durch die Bordtechniker reduzierte sich immer mehr. Nach ein paar Anflügen auf die endlosen Big Pack-Reihen kannten wir unsere Referenzpunkte ziemlich gut, auch ohne die Last sehen zu müssen. Aus dem oben beschriebenen Sermon wurde ein zügiges: „Über der Last, eins tief, Last ist eingehangen." Wir waren im Flow. Ein unfassbar schönes Gefühl, selbst im Angesicht der sich vor uns darbietenden Katastrophe. Das Einzige, was uns aus unserem Rhythmus holte, waren die Tankpausen. Wir hatten die CH-53 der Baureihe GA (German Advanced), diese ist mit moderner Avionik und einem 4-Achs-Autopiloten inklusive automatischem Schwebeflug ausgestattet ist. Bei präzisem Außenlastfliegen ist man jedoch „händisch" immer noch zügiger als der Autopilot, da man kleine Korrekturen viel schneller umgesetzt. Der große Nachteil der GA ist jedoch, dass sie nur Sprit für ca. 1:45 Stunde fassen kann. Aufgrund der gesetzlich vorgeschriebenen VFR-Reserve von zehn Minuten und dem etwas höheren Verbrauch beim Außenlastfliegen mussten wir somit spätestens alle 1,5 Stunden an die Tankstelle. Unsere Kameraden mit der Baureihe GS hatten da etwas mehr Glück, da die GS über Außentanks verfügt und somit deutlich mehr Endurance aufweist.

Bei unseren Tankstopps beschränkten wir uns auf das sogenannte Hot Refueling, um Zeit zu sparen. Das bedeutet, dass mit drehendem Rotor betankt wird. Die Piloten bleiben dabei vorne sitzen, während ein Bordtechniker den Betankungsvorgang von draußen überwacht. Zudem muss die Flugplatzfeuerwehr mit ihrem Löschfahrzeug direkt am Hubschrauber stehen. Die Zeit zum Betanken reduziert sich so auf ca. fünf Minuten, während wir bei „kaltem Betanken" ungefähr 25 Minuten gebraucht hätten.

Die nächsten zwei Stunden verliefen ziemlich reibungslos. Die Anflüge wurden immer schneller, das Team am Damm war super auf uns abgestimmt, und auch meine anfängliche Befürchtung, dass alles zu lange dauert, verflog ein wenig, als ich sah, wie der Damm immer mehr wuchs und der Wasserpegel hinter ihm immer niedriger wurde. Auch die unzähligen Pumpen, die das THW zusammen mit DLRG und der Bundeswehr verlegt hatte, um das Wasser vor dem Damm wieder in die ursprüngliche Bahn der Erft zu lenken zeigte Wirkung. Die Stimmung an Bord war entsprechend gut. Bis zu diesem Geräusch… Wir waren nach der Aufnahme auf dem Weg zum Damm entlang der A61, als es einen lauten Schlag aus dem Laderaum gab. „Was war das? Alles okay da hinten?", fragte ich über Bordfunk. Bei der CH-53 kann man den Laderaum von vorne aus dem Cockpit nämlich nicht sehen.

Es gab einen kurzen Austausch. Alle hatten den Schlag gehört, konnten sich aber nicht erklären, woher er kam. Im Laderaum war alles normal, die Instrumente zeigten nichts Ungewöhnliches an. Alles war in den Limits – und wir im leichten Steigflug … Shit! In dem Moment sagte Taube über den Bordfunk aus dem Laderaum: „Äh, Leute, wir haben gerade die Last verloren." Bitte was? Jeder von uns hat schon hunderte Außenlasten geflogen, aber verloren? „Taube, bitte nochmal. Die Last ist weg? Ja, es hängt nur noch ein Big Pack statt drei dran." Scheiße! Wir notierten unsere aktuelle Position und gaben Nörvenich Tower über den Verlust Bescheid. Dieser informierte die Polizei, damit diese sich die „Absturzstelle" anschauen kann.

↑ Anflug auf den Damm aus Sandsäcken. Eine CH-53GA setzt gerade weitere Big Packs ab.

Normalerweise wäre an dieser Stelle jeder Trainingsflug beendet gewesen. Aber nach Rückversicherung mit meinen Bordtechnikern, dass es definitiv die Säcke waren, die scheinbar einfach gerissen sind und kein mechanischer Defekt am Hubschrauber selbst, entschieden wir uns, vor allem im Hinblick auf den Grund, warum wir da waren, weiterzumachen. In der Ausbildung wird einem beigebracht, mit Außenlasten niemals über bebautes Gebiet zu fliegen. Obwohl der Grund dafür klar war, hat uns dieser Zwischenfall nochmal verdeutlicht, warum. Später bekamen wir Bilder der Polizei: Zwei Big Packs sind in ein kleines Wäldchen neben der Autobahn gekracht und haben mehrere kleine Bäume einfach abrasiert. Nicht auszudenken, was passiert wäre, wenn so etwas über bebautem Gebiet geschehen wäre.

Aber: Alles nochmal gut gegangen, wir setzten unseren Auftrag also fort. Vom Damm aus nahmen wir etwas Anlauf nach Südwesten, um dann Richtung Nordwesten zu den aufgereihten Big Packs abzudrehen. Dabei streiften wir immer leicht die Ortskante von Erftstadt. Bei einem Abflug meldete sich Philipp völlig euphorisch aus dem Laderaum: „Jungs, wie geil ist das denn! Schaut mal auf 10 Uhr tief im Garten." Ich suchte die Gärten unter uns ab, konnte aber zunächst nichts Ungewöhnliches erkennen. Dann: Gänsehaut, Freude, ein warmes Gefühl ums Herz! In einem der letzten Gärten am Ortsrand standen ein paar Kinder mit ihren Eltern und winkten uns springend und wild gestikulierend zu. Dazu hielten sie ein selbstgemaltes Schild hoch, auf dem in großen Lettern das Wort „DANKE" geschrieben stand. Alle an Bord jubelten und waren zeitgleich tief ergriffen von dieser kleinen, aber für uns so bedeutsamen Geste. Einfach nur fünf Buchstaben und lachende Kinderaugen. Mehr Motivation ging nicht!

Mittlerweile hatten wir irgendetwas um die 5:30 Stunden Flugzeit ohne Pause auf der Uhr. Der Damm wurde immer höher, und wir mussten mal wieder tanken. Ich sah nach links zu Max rüber. Sein Gesichtsausdruck passte zu meinem Befinden: Wir waren fertig. Die Hitze und der Lärm, gepaart mit dem hohen Konzentrationslevel, hatte durchaus an uns genagt. „Wir gehen tanken, diesmal kalt. Alle mal fünf Minuten durchschnaufen und was trin-

↑ Nicht nur ein Spruch sondern vielmehr der Spirit der CH-53 Flotte, was sich in dieser Story abermals gezeigt hat.

ken. Danach machen wir weiter", entschied ich. Ich gab Bob kurz Bescheid, dass sie die nächsten 20 Minuten alleine sind, und wir flogen Richtung Nörvenich. Der Rotor stand nach der Landung noch nicht still, und ich sah schon unsere Techniker auf uns zulaufen…und zwar mit kalten Getränken für uns im Gepäck. Alleine diese kleinen, kameradschaftlichen Gesten machen das Team CH-53 wirklich aus. Egal ob man Pilot, Bordtechniker, Doorgunner oder Mechaniker ist: Wenn es um etwas geht, sind alle da und arbeiten gemeinsam für- und miteinander.

Wir nahmen uns beim Tanken nur die wenigen Minuten Zeit, um die kalten Getränke zu genießen. Die Bordtechniker sprangen zusammen mit unseren Mechanikern über den Hubschrauber und machten eine kurze Zwischenflugkontrolle. Die ist nach sechs Stunden Flugzeit vorgeschrieben. Es wurde langsam Abend, und ich musste mit dem Rechnen beginnen. Die maximal zulässige Flugdienstzeit der Crew im Blick, sollten wir dann auch zügig wieder weitermachen.

An diesem Tag flogen wir noch ca. zwei Stunden weiter bis unsere zulässige Flugdienstzeit verstrichen war. Die Sonne ging langsam unter, das Wasser hinter dem Damm floss immer langsamer. Ich informierte alle Beteiligten über Funk, dass wir für heute Feierabend machen.

Wir machten uns dann auf den Weg in die Unterkunft in der Kaserne. Im Bett liegend ließ ich den Tag nochmals an mir vorbeiziehen. Da waren diese surrealen Eindrücke vom Katastrophengebiet, den vielen Helfern, die unermüdlich Hand in Hand arbeiteten, und nicht zuletzt die Kinder mit dem DANKE-Schild. Was blieb, war eine tiefe Zufriedenheit über diesen Tag. Rein fliegerisch war dieser Einsatz nicht die größte Herausforderung der ich begegnet bin, aber dafür ein wirklich besonderer: Hier hat einfach alles super zusammengepasst. Jedes Zahnrad in diesem Uhrwerk hat an diesem Tag perfekt ineinandergegriffen. Ja, es hatte einfach gepasst. Jeder, egal wer und wo, hat auf dieses eine Ziel hingearbeitet. Und es hat funktioniert!

Zur Person:

Ben König wurde 1985 in Hessen geboren und absolvierte seine Offiziersausbildung ab 2006 in der Luftwaffe. Nach seinem Studium an der Uni Bw München begann er 2012 seine fliegerische Ausbildung an der Heeresfliegerwaffenschule in Bückeburg auf EC135. Im Anschluss wurde er in Holzdorf und Laupheim auf CH-53 ausgebildet, wo er vom Co-Piloten über den Kommandanten bis zum Fluglehrer geschult und eingesetzt wurde. Während seiner Zeit in der Luftwaffe absolvierte er mehrere Auslandseinsätze in Afghanistan und Mali sowie mehrere Katastropheneinsätze im Inland. 2024 hat er die Bundeswehr verlassen und ist heute als Rettungshubschrauberpilot bei der ADAC Luftrettung tätig.

Einer dieser Tage – Search and Rescue über See

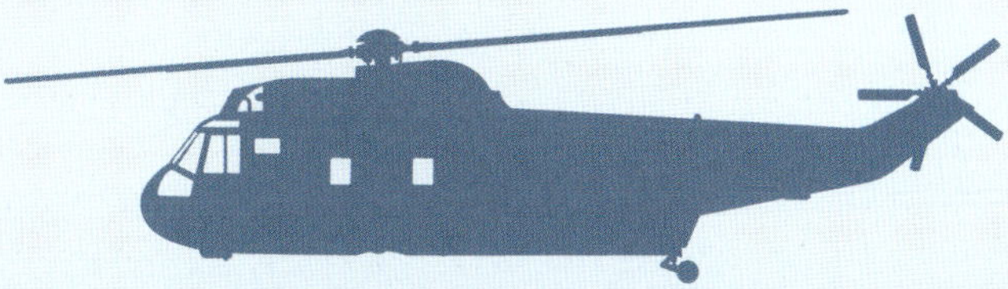

Im Leben eines Fliegers finden viele Dinge und Situationen statt, die ihn beeinflussen und im Gedächtnis bleiben. Manch schöne, andere jedoch nicht so schöne Erlebnisse. Im besonderen Maße trifft dies auf Rettungsflieger zu. Sie werden zu Notfällen gerufen und haben zu Beginn eines Einsatzes nur wenig Informationen was zu erwarten ist. So wissen sie meist nicht, was sie am Einsatzort vorfinden werden, wie lange der Einsatz dauert oder wie der Einsatz ausgehen wird. Normalität für die Besatzungen der Such- und Rettungshubschrauber.

Von Sönke Nielsen

Einer dieser Tage war für mich der 14. Januar 1993. Eigentlich sollte es ein relativ entspannter Tag in der Staffel werden. Es war ZwoDoMo, der zweite Donnerstag im Monat. Am ZwoDoMo fand immer der Staffeltag statt, an dem Vorträge gehalten wurden, Unterrichte stattfanden und Standardisierungsrunden bei den Piloten, den LOPOs – Luftoperationsoffizieren und den Bordmechanikern abgehalten wurden. Nachmittags trafen sich alle Offiziere des Geschwaders im Offiziersheim zur Kommodore Runde. Zu diesem Zeitpunkt war ich noch Bootsmann, also zur Kommodore Runde hätte ich nicht gebraucht.

Erst im Jahr zuvor hatte ich die Ausbildung zum Piloten auf der Sea King abgeschlossen, war somit Co-Pilot. Genaugenommen gibt es auf der Sea King keinen Co-Piloten, sondern einen ersten Piloten, den Kommandanten und einen zweiten Piloten. Damals waren beide voll ausgebildete Piloten, die sich nur im Einsatzstatus und den Flugstunden unterschieden. Um meine gesamte Ausbildung abzuschließen, fehlte mir nur noch der Offizierslehrgang an der Marineschule Mürwick.

An diesem Morgen fuhr ich noch völlig ahnungslos zum Dienst. Natürlich hatte ich den Sturm, der über Norddeutschland fegte und dies immer noch tat, mitbekommen, aber ich hatte noch keine Nachrichten gehört. Erst in der Staffel bekam ich mit, dass bei Rügen ein Fährschiff gekentert war und das die SAR Parow und die SAR Kiel dort im Einsatz waren. Wie an Staffeltagen üblich zog ich die erste Geige, die Ausgehuniform an und ging in den Briefingraum in dem kurz darauf das erste Briefing stattfinden sollte.

Doch bevor es los ging, kam der Einsatzoffizier in den Raum und nannte vier Namen, darunter auch meinen und schloss mit den Worten: „Sofort umziehen, ihr geht fliegen!" Schnell waren wir umgezogen und bekamen vom Einsatzoffizier erste Informationen. Wir sollten in Eckernförde Kampfschwimmer aufnehmen und dann zur Unglücksstelle fliegen, um bei der Suche zu unterstützen. Bis jetzt war bekannt, dass neun Personen gerettet werden konnten aber noch viele weitere vermisst wurden. Die Flugvorbereitung war schnell gemacht, da die Aufgaben innerhalb der Besatzung aufgeteilt waren. Der Bordmechaniker kümmert sich um die Ausrüstung des Hubschraubers, der LOPO um den Flugplan, den wir dieses Mal aber nicht brauchten, da wir ja als SAR unterwegs sein würden. Ganz wichtig war natürlich, das Wetter einzuholen, was ich als Pilot erledigte. Flugtechnisch war das Wetter kein Problem, aber es war immer noch sehr stürmisch. 70 bis 80 Knoten Wind, also 130 bis 150 km/h, aus westlicher Richtung.

Als alles vorbereitet war, fuhren wir zu R & S, der Einheit, die sich um unsere Rettungs- und Sicherheitsgeräte kümmert. Dort zogen wir den Kälteschutzanzug an und empfingen unsere Rettungswesten, die wir bei Flügen über See immer tragen. Dann weiter zum Hubschrauber. Nachdem alle Checks durchgeführt wurden, waren wir kurz darauf auch in der Luft. Bereits auf dem kurzen Weg von Kiel nach Eckernförde bekamen wir den heftigen Wind zu spüren. Sieht man im Normalfall durch die Frontscheibe, um in Flugrichtung zu sehen, hatten wir hier schon so heftigen Seitenwind, dass wir die Nase des Hubschrau-

↓ **Das Cockpit der Sea King war noch ein klassischer „Uhrenladen". Alt aber bewährt.**

↑ Suche nach vermissten Fischern – Zwischenlandung zur Lagebesprechung.

bers sehr stark in den Wind drehen mussten, um nicht abgetrieben zu werden. Wir sahen unser Ziel, den Landeplatz in Eckernförde, nur durch die Seitenscheibe.

In Eckernförde gelandet warteten die Kampfschwimmer mit ihrer Ausrüstung bereits. So konnten wir sie Rotor running, also ohne, dass wir den Hubschrauber abstellen mussten, aufnehmen und gleich weiterfliegen. Auch hier machte sich der Wind deutlich bemerkbar. Die Sea King hat eine Reisegeschwindigkeit von 100 Knoten durch die Luft, aber jetzt hatten wir über Grund eine Geschwindigkeit von rund 180 Knoten. Bei normalen Wetterbedingungen hätte die Flugzeit knapp zwei Stunden bis zur Unfallstelle betragen. An diesem Tag waren wir schon nach einer Stunde vor Ort.

Über Funk haben wir mitbekommen wie viel dort los ist. Mehrere Boote von Bundesgrenzschutz, heute Bundespolizei, DGzRS sowie zivile Schiffe waren im Einsatzgebiet an der Suche beteiligt. Aber auch in der Luft war viel los. Hubschrauber des Bundesgrenzschutzes, zwei von unseren Sea Kings, ein schwedischer Hubschrauber sowie einer aus Polen. Wir meldeten uns beim OSC, dem On Scene Coordinator, an und bekamen Anweisungen für unsere erste Suche. Doch zuvor wollten wir einen unserer Kampfschwimmer übergeben, da sich eine unserer Sea Kings im Suchgebiet befand. Die zweite Maschine war gerade auf dem Weg nach Parow um aufzutanken. Doch dies gestaltete sich schwieriger als gedacht. Der Plan war eigentlich den Kampfschwimmer an Bord des OSC, dem Rettungskreuzer Arkona, abzusetzen. Jedoch war die Arkona bei dem starken Seegang nicht in der Lage, Kurs und Fahrt zu halten. Hinzu kam noch, dass die vierköpfige Besatzung des Rettungskreuzers mit den Aufgaben des OSC und nach so vielen Stunden in stürmischer See an die Grenzen des machbaren gekommen waren. Also nahmen wir die bessere Alternati-

↑ **Winchvorgang bei bestem Wetter – wünschenswert, aber nicht vorhanden am 14. Januar 1993.**

ve, um einen Kampfschwimmer für die andere Sea King abzusetzen – das Schwesterschiff der Jan Heweliusz, was sich ebenfalls an der Suche beteiligte.

Warum hatten wir eigentlich Kampfschwimmer dabei? Nun, wie ich schon erwähnt hatte besteht die Besatzung der Sea King aus vier Mann. Zwei Piloten, dem LOPO und dem Bordmechaniker. Der Bordmechaniker ist auch derjenige, der die Rettungswinde bedient und ausgebildeter Rettungssanitäter ist. Wenn von der Besatzung jemand ins Wasser muss, um den Verunglückten zu helfen, ist es der LOPO. Die LOPOs haben aber keine große Ausbildung darin. Sie sind weder Rettungsschwimmer noch Marinetaucher, sondern bekommen im Rahmen ihrer Ausbildung eine Einweisung darauf. Auch haben sie keine besondere Ausrüstung, sondern nur den Kälteschutzanzug für fliegende Besatzungen, was eine Notausrüstung ist. Also alles nicht wirklich geeignet, um über Stunden immer wieder ins eiskalte Wasser gehen zu müssen. Die Kampfschwimmer dagegen sind auf Extremsituationen ausgebildet und das Wasser ist ihr Element. Auch wenn sie nicht genau für so einen Einsatz ausgebildet wurden, sind sie in der Lage bei Wind, Wetter und Kälte den Verunfallten zu helfen. Auch ihre Ausstattung mit dicken Neoprenanzügen ist deutlich besser als unsere Kälteschutzanzüge.

Nachdem wir den Kampfschwimmer abgesetzt hatten, gingen wir zur Suche über. Wir suchten nach Personen im Wasser und flogen auch Rettungsinseln an, in denen sich noch Schiffbrüchige befinden konnten. Die erste Rettungsinsel, die wir anflogen, war halbvoll mit Wasser aber ansonsten leer. Auf Grund der Zeit und des starken Windes waren die Inseln und Trümmerteile schon über eine große Fläche verteilt. Der Seegang mit den vielen Schaumkronen erschwerte das Entdecken. Dann sahen wir eine zweite Rettungsinsel. Wir flogen sie an und ließen unseren Kampfschwimmer an der Winde herunter. Dieses Mal war sie nicht leer. Doch wir konnten die eine Person, die darin war, nur noch leblos bergen. Die

Zeit hatte offensichtlich nicht für ihn gereicht, den Kälteschutzanzug komplett anzuziehen. Kaltes Wasser ist unerbittlich. Er konnte sich den Anzug nur zur Hälfte anziehen, bevor ihn die Kälte bewegungsunfähig machte. Zusammen mit unserem Kampfschwimmer zogen wir ihn nach oben. Oben angekommen, mussten wir feststellen, dass wir Schwierigkeiten hatten, ihn an Bord zu bekommen.

Mit halb ausgebreiteten Armen war er starr wie ein Brett. So konnten wir nicht nach weiteren Vermissten suchen. Wir entschieden uns dafür, ihn an der Winde hängend zum Schwesterschiff zu bringen und dort abzusetzen. Der Umgang mit den Toten an Bord des Schwesterschiffes war für mich erst einmal ein Schock. Haben wir sie doch auf das Brückendeck abgewincht, wurden die Körper dann von den Besatzungsangehörigen auf das zwei Decks tiefere obere LKW-Deck fallengelassen. Sicher, die Niedergänge auf den Schiffen sind eng und die Besatzung war mit Sicherheit auch in einer Stresssituation aber ein respektvoller Umgang mit Toten war das nicht. Mir haben sich diese Bilder auf jeden Fall für immer eingebrannt. Aber wir mussten uns weiter konzentrieren und uns wieder an die Suche machen, wir hatten ja noch Hoffnung Überlebende zu finden. Wir nahmen die Suche an unserer letzten Position wieder auf und kamen der Jan Heweliusz immer näher.

Beim ersten Durchqueren des Suchgebietes, auf dem Weg zum Rettungskreuzer Arkona, hatten wir es schon kurz, Kiel oben treibend, gesehen. Jetzt sahen wir es wieder. Nur noch der Bug mit den Bugstrahlrudern war zu sehen, alles andere war schon unter Wasser. Unser LOPO gab die neue Position weiter und meldete uns, dass ein Schiff genau darauf zu fahren würde. Über Funk meldeten wir das weiter an den OSC und über den Seefunk Kanal 16 versuchten wir das Schiff vor der Gefahr zu warnen. Es antwortete niemand. Das Schiff fuhr jedoch weiter auf die Position des Havaristen zu. Immer weiter versuchten wir das Schiff über Funk zu erreichen, ohne Erfolg. Wir überlegten, was wir noch tun konnten.

↑ **Anfang der 90er Jahre erfuhr die Sea King eine Kampfwertsteigerung. Diese umfasste u. a. die Ausrüstung mit Sea Skua-Lenkflugkörpern. Angebracht wurden diese an Maschinen, die nicht aktiv im SAR-Dienst eingesetzt wurden. Auch wenn diese Maschine auf einem Manöver in Dänemark noch die Lackierung dafür trug.**

→↓ Wie nah man den Schiffen beim Winchen kommt, verdeutlichen diese Bilder.

Wenn vielleicht auch keiner auf der Brücke des Schiffes war, der englisch verstand, sehen mussten sie uns. Also stellten wir uns genau vor den Havaristen in den Schwebeflug. Geschafft! Im letzten Moment dreht das Schiff ab und umfährt die Gefahrenstelle.

Wie es sein kann, dass einfach ein Schiff durch eine laufende Rettungsaktion fahren kann? Es ist ein offenes Seegebiet, wo jeder fahren kann. Über Seefunk wird auf den Seenotfall hingewiesen und durchfahrende Schiffe, die sich nicht an der Suche beteiligen können, gebeten beim Durchfahren verstärkt Ausschau zu halten. Auch die Position des Havaristen wird über Seefunk bekanntgegeben aber durch die Strömung und den Sturm ändert sich diese ständig. Unser Kraftstoffvorrat erinnerte uns daran, dass wir uns demnächst auf den Weg nach Parow machen müssten, um zu tanken. Da entdeckten wir noch eine weitere Rettungsinsel. Bevor wir sie nach dem Tanken nicht wiederfinden würden, entschlossen wir uns einen Blick in die Insel zu werfen. Wir flogen sie an und ließen wieder unseren Kampfschwimmer runter. Leider das gleiche wie bei der Insel zuvor. Auch diesen leblosen Körper setzten wir auf dem Schwesterschiff ab. Jetzt wurde es aber höchste Zeit nach Parow zu fliegen, waren wir doch schon fast zweieinhalb Stunden im Suchgebiet. Vorausschauend haben wir die Maschine in Kiel schon auf fünf Stunden auftanken lassen. Standardbetankung lag zu jener Zeit bei Kraftstoff für vier Flugstunden.

Der Wind war immer noch heftig. Für die Strecke hätten wir ohne Wind nur eine halbe Stunde benötigt, aber so brauchten wir eine Stunde und zehn Minuten. Von den Sichten war das Wetter immer noch gut, auch wenn sich die Wolkendecke etwas abgesenkt hatte. Wir waren mitten über Rügen als die Warnleuchte „low on fuel aft" auf dem Caution Panel anfing zu flackern. Kurz darauf kam eine Hochspannungsleitung quer zu unserem Flugweg. Die Spitzen der Masten waren schon in den Wolken. Unser LOPO hatte alles auf dem Radar. Zum Unterfliegen der Leitung fehlte uns die Zeit. Also zogen wir kurz vor der Leitung hoch in die Wolken, um nach dem Passieren wieder zu sinken, um aus den Wolken rauszukommen. Mit der Ausstattung unseres Hubschraubers, unserer guten Ausbildung als Crew und wenn man weiß, was man tut ist es kein Problem, auch wenn es nicht wirklich legal ist. Inzwischen leuchtet das „low on fuel aft" ständig. Bei Erreichen der Küstenlinie kündigte sich auch noch die „low on fuel fwd" an. Es waren gefühlt sehr lange Minuten, die wir für die Überquerung des Kubitzer Bodden brauchten. Damals hatte Parow noch eine kurze Landebahn. Wir entschieden uns auf der Landebahn eine „running landing" zu machen, um nicht unnötig die Nase des Hubschraubers nach oben nehmen zu müssen. Wir wollten, dass die Triebwerke so lange wie möglich den letzten Rest Kraftstoff aus den Tanks bekommen kann. Hätten wir die Nase hochgenommen, wäre der Kraftstoff nach hinten gelaufen und die Pumpen wären trocken gelaufen.

Wir landeten also auf der Bahn und rollten dann zu unserem Abstellplatz, was sich aber auch als nicht ganz so einfach darstellte. Der Rollweg war durch Hubschrauber versperrt, die auch an der Suche beteiligt waren. Die einzig freie Abstellfläche hätten wir durch Schwebeflug erreicht, doch dann wären unsere Triebwerke ausgegangen. Es blieb für uns nur ein Weg übrig: Unseren Hubschrauber durch leichtes Anheben leicht machen, ohne abzuheben und über den unebenen Rasen zur Abstellfläche rollen. Dort stellten wir die Triebwerke aus und mir war schon zu dem Zeitpunkt klar, so niedrig will ich unsere Tankanzeigen nie wieder sehen! Angezeigt haben sie eigentlich schon ein Minus.

Nach einer kleinen Pause, in der wir etwas gegessen und getrunken haben und unser Hubschrauber

↓ Der Arbeitsplatz des LOPO: Vor den Radar und FLIR-Bildschirmen (Forward Looking Infra Red).

↑ Blick in den Innenraum der Sea King: Vorne das Cockpit, dahinter der Platz des LOPO. Daneben die Behelfstrage. Links im Bild die hauptsächlich genutzte Trage, hier zum Schutz abgedeckt.

aufgetankt wurde, flogen wir wieder raus, um weiter zu suchen. Das Schiff war dieses Mal nicht mehr an der Oberfläche zu sehen. Nur als wir direkt darüber flogen, konnte man den Rumpf flach unter der Wasseroberfläche erkennen. In dieser Suche wurden wir neben Wrackteilen, leeren Rettungsinseln und Treibgut noch vier Mal fündig. Doch leider keine Überlebenden mehr. Nach knapp fünf Stunden sind wir zum zweiten Mal in Parow. Dieses Mal ohne nennenswerte Probleme. Eine kurze Pause, auftanken und wieder bereit ein weiteres Mal ins Suchgebiet zu fliegen. Doch es waren zu der Zeit noch drei Hubschrauber im Einsatzgebiet und wir wurden aus der Suche entlassen.

Es war uns klar, dass wir über unsere erlaubte Flugzeit von 12 Stunden kommen würden. Ein Telefonat mit dem Heimatverband brachte uns die Erlaubnis und so machten wir uns auf den Weg nach Hause. Es war ein langer, anstrengender Weg. Der Wind war immer noch sehr stark, so dass wir das Gefühl hatten, die Traktoren am Boden würden uns überholen. Aber nicht nur, dass wir so langsam waren, machte uns zu schaffen. Die lange Flugzeit, die schon hinter uns lag und die anstrengende Suche über See sorgten dafür, dass unsere Konzentration nachließ, die Müdigkeit aber zunahm. Auch dass wir keine Überlebenden retten konnten, sondern nur noch Tote geborgen haben, machte uns zu schaffen. Immer wenn das Schweigen an Bord zu lange andauerte, fing einer in der Besatzung an über das Erlebte und andere Dinge zu reden, um so die Müdigkeit und Konzentration unter Kontrolle zu halten. Denn die Anspannung war nun weg, es war ja nur noch der Weg nach Hause.

Nach über drei Stunden landeten wir wieder in Kiel Holtenau. Auf dem Weg nach Hause und den ganzen anschließenden Abend drehten sich meine Gedanken um das an diesem Tag Erlebte und die Verunglückten. Meine Frau sagte später, so hätte sie mich noch nie erlebt. Der Tag, an dem ich mehr Flugzeit als an jedem anderen Tag meiner fliegerischen Karriere geflogen bin. 13 Stunden und 20 Minuten sollte am Ende des Tages im Bordbuch stehen. Viele Eindrücke haben mein Fliegerleben geprägt und fliegerische Entscheidungen beeinflusst. Von den 64 Personen an Bord der Jan Heweliusz konnten neun gerettet werden. 37 konnten nur noch tot geborgen werden. 18 blieben vermisst. Es wird davon ausgegangen, dass sie sich immer noch im Wrack der Jan Heweliusz befinden. Das Wrack wurde später zur Seegrabstätte erklärt. Von Polen wurden alle an der Rettung Beteiligten für diesen Einsatz mit der Medaille für Aufopferung und Mut ausgezeichnet. Von deutscher Seite erhielten wir das Ehrenkreuz der Bundeswehr in Gold, die zu der Zeit höchste militärische Auszeichnung.

Noch ein paar Worte zur Sea King. 1972 bis 1975 wurden 23 Hubschrauber bei Westland in Yeovilton gebaut. Ursprünglich als Seenotrettungshubschrauber in der Marine eingeführt bekam die Sea King Ende der 1980er Jahre eine Kampfwertsteigerung. Sie fungierte nun auch als Kampfhubschrauber mit Lenkflugkörpern gegen Seeziele sowie als Radarsensor für die Schnellboote. Durch Ende des Kalten Krieges wurde diese Fähigkeit aber wieder aufgegeben. Als Bewaffnung sollte sie stattdessen das M3M, schwere Maschinengewehr, erhalten. Mit Einführung der Einsatzgruppenversorger in die Marine wurde die Sea King auch zum Bordhubschrauber. Zwei King's gingen jeweils mit den EGV auf Reisen. 2007 war die Sea King das erste Luftfahrzeug in Deutschland, welches für den Einsatz mit Spezialkräften zertifiziert wurde.

2024 wurde sie beim MFG 5 in Nordholz außer Dienst gestellt.

Zur Person

Sönke Nielsen wurde 1964 in Husum geboren. Nach seinem Eintritt in die Marine 1985 absolvierte er die fliegerische Ausbildung zum Militärhubschrauberführer. Die fliegerische Grundausbildung erhielt er bei der US Army in Fort Novosel (ehemals Fort Rucker), Alabama auf der legendären Huey. Auf diesem Muster, der Bell UH-1D, fand auch die Europäisierung beim HTG 64 in Ahlhorn statt. Nach rund 400 Stunden Huey absolvierte er dann die Musterschulung auf der Westland Sea King MK 41 beim MFG5 in Kiel/Holtenau. Seitdem flog er in der 1. Staffel des MFG5 hauptsächlich im Such- und Rettungsdienst und hat, bis zu seinem Dienstausscheiden Ende September 2020, unzähligen Menschen das Leben gerettet. Aber auch Auslandseinsätze gehörten zu seinem Dienst. So wurde er zwei Mal bei UNIFIL und zwei Mal bei Operation Enduring Freedom eingesetzt. Neben der Fliegerei ist die Fotografie seine große Leidenschaft und oft hat er beides miteinander verbunden. Eine seiner Nebentätigkeiten während seiner Dienstzeit war die des Presseoffiziers. Das journalistische und schreiberische Handwerk ist ihm alles andere als fremd. Zahlreiche Artikel in marine- und luftfahrtspezifischen Publikationen hat er verfasst und zusammen mit Ulf Kaack zwei Bücher geschrieben. Die Bücher „Sikorsky Sea King" sowie „Westland Sea Lynx" sind im Motorbuchverlag erschienen.

Gerade nochmal gut gegangen

„Aus Fehlern lernt man." Dieser Spruch passt perfekt zum nächsten Erlebnis. Und manchmal helfen dabei die Augen und Sinne eines weiteren Crew-Mitglieds, das wie in dieser Story kein Pilot, sondern ein Bordtechniker auf der legendären Bell UH-1D war. Jürgen Stirn war dabei, als aus einem vermeintlichen Routineflug plötzlich fast sein letzter wurde. Denn die Fehlertoleranz, die in der Fliegerei existiert, war, ist und bleibt verschwindend gering.

Von Jürgen Stirn

Der 14.09.1977 war ein wunderschöner Mittwoch und der dritte Tag einer Nato-Übung. Wir waren bereits den Tag über 4,5 Stunden über dem Waldecker Upland (im hessischen Sauerland) für unterschiedliche Einsätze unterwegs. Das Wetter an jenem Tag war von blauem Himmel und vereinzelten Wolken geprägt.

Wir, das war die Besatzung der Bell UH-1D 72+46. Der Pilot Oberfeldwebel ‚PR', der Co Pilot Stabsunteroffizier ‚HT' und ich, der Bordmechaniker Feldwebel ‚SN'.

‚PR' war bereits ein alter Hase, war er doch schon länger im Verband und galt als erfahren mit der Huey. ‚HT' hatte vor kurzem seine Umschulung von der Alouette II auf die UH-1D abgeschlossen und war relativ neu in unserem Heeresfliegerregiment 30.

Im Verlauf meines Werdegangs zum Bordmechaniker hatte ich schon sowohl in der Theorie, vor allem aber in der Praxis gelernt und begriffen, dass die Sicherheit im Flugbetrieb maßgeblich vom gegenseitigen Vertrauen der Mannschaft auf ihr professionelles Handeln und ihrem Können abhängig ist.

So wie die Piloten sich darauf verlassen können, dass ich im Vorwege sämtliche technische flugvorbereitenden Maßnahmen gewissenhaft erledigt habe und der Crew einen einsatzfähigen Hubschrauber präsentiere, verlasse ich mich darauf, dass das Cockpit mich heil und sicher durch die Luft bewegt und wir am Ende des Tages wieder heil bei unserem Lieben weilen können.:

Unser Auftrag während dieser Übung war es, von der Artillerie eingesetzte Aufklärungsdrohnen über dem angenommenen Feind zu simulieren. Diese waren in der damaligen Bundeswehr relativ neu und befanden sich in Teilen noch in der Erprobung. Für die Nacht erhielten wir einen neuen Einsatzauftrag mit ähnlichem Inhalt. Dieser lautete, für die an der Übung beteiligte Artillerieschule aus Idar-Oberstein, unserem sog. Bedarfsträger, erneut eine Drohnensimulation zu fliegen, nur eben bei Dunkelheit. Ein „normaler" Auftrag, den wir bereits diverse Male zuvor mit den Idar-Obersteinern durchgeführt hatten.

Zum Hintergrund sei erläutert, dass es zum damaligen Zeitpunkt den unbemannten Drohnenaufklärungssystemen luftrechtlich nicht gestattet war, sich im öffentlichen Luftraum zu bewegen. Aus diesem Grund ging man dazu über, die Optronik der Drohnen an Außenlastträger der Huey, der UH-1D zu befestigen. Das Flugprofil übernahm das Cockpit nach Anweisung der mitfliegenden Angehörigen der Artillerietruppe. Diese hatte auch entsprechendes Gerät zur Auswertung der Optronik Daten im Laderaum des Hubschraubers installiert.

Zu diesem Zeitpunkt war ich ein verhältnismäßig junger Bordmechaniker der 3. Staffel im damals auf dem Heeresflugplatz Fritzlar stationierten Fliegenden Abteilung Heeresfliegerregiment 30. Mit etwa 600 Flugstunden flog ich im zweiten Jahr als sogenannter Bordmixer. Allerdings hatte ich als einer der Wenigen meiner Einheit durch die bisher gesammelten Erfahrungen mit den Artilleristen die Genehmigung, die Drohnenköpfe als Außenlast anzubringen.

Aber jetzt zu unserem heiklen Nachtflug. Gegen Abend wurde uns vom Bedarfsträger, den „Modellfliegern" wie wir Sie zu nennen pflegten, der vorgesehene Auftrag vorab im Groben eröffnet. Der Nachteinsatz sah vor, mit einer am Außenlastträger angebauten Infrarotkamera bei vollkommener Dunkelheit, Teile des „Feindes", der Übungstruppe „ROT" zu überfliegen und aufzuklären. Doch bis zum endgültigen Briefing hieß es für uns jedoch noch zunächst abwarten und Kaffeetrinken. Nach dem Abendessen in Milchenbach, wo wir mit unserer Maschine auf einem Liegeplatz der Artillerietruppe befanden, warteten wir in der 72+46 auf den Einsatz. Irgendwann gegen Mitternacht, wir dachten schon das wird Heute nichts mehr, kamen unsere Spezialisten mit der Kamera. Die war eisgekühlt in einem Spezialbehälter untergebracht. Eisgekühlt deswegen, weil die Wärmebildsensorik auf Minusgrade gebracht werden musste, um entsprechend zu funktionieren.

Sie waren also da. Das hieß für mich: Kamera anbauen, Funktionsprüfung, Eintrag ins Bordbuch, die Kamerabediener in die Passagierliste eintragen. Schließlich die Startklar Meldung an die Cockpitcrew. Unsere Gäste brieften derweil die Piloten über die Missionsdaten und wiesen sie in die Details des Auftrags ein. Demnach sollte uns die genaue Route von Milchenbach in Richtung Osten nach Frankenberg führen. Die genaue Order lautete dann, die Trup-

↑ Jürgen Stirn (Mitte) vor seiner Huey, deren Laderaum gerade für den Auftrag vorbereitet wird. Fun Fact: Der Schriftzug „HEER" wurde von den Crews gerne mit Tape abgeändert, HELP, BEER oder CHEERS waren gern genommene Begriffe.

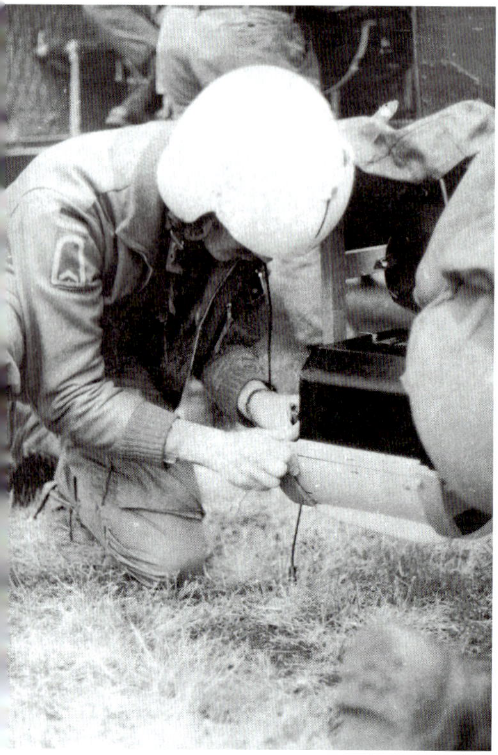

↑ Der Autor beim Ausrüsten des Hubschraubers mit Missionsequipment. Eine Besonderheit in diesem Bild: Der damals standardmäßig noch weiße Helm. Heutzutage undenkbar bei durchdachter Tarnung der Maschinen und Crews.

penbewegungen auf und um die Bundesstraße 252 von Frankenberg nach Korbach aufzuklären.

Abschließend der Folgeauftrag, die vom Drohnenkopf gefertigten Aufnahmen an den Auswertetrupp der Artillerie zu übergeben. Schließlich waren die Ergebnisse auf den Bildern für den weiteren Übungsverlauf von Bedeutung. Neben dem Einsatzbriefing oblag es den Bedarfsträgern zur damaligen Zeit allerdings auch, der Besatzung die neuesten Erkenntnisse über neue Wetterentwicklung zu übermitteln. In der damaligen Zeit, ohne die Möglichkeit auf Handys zurückgreifen zu können, war das eigentlich Usus. Und wie seinerzeit üblich, waren wir natürlich selbst darauf erpicht, die Wünsche zur Auftragserfüllung unserer Bedarfsträger immer zu erfüllen, rückte uns doch ein positives Feedback nach einem Einsatz immer in ein gutes Licht.

Dann war es so weit: Die Cockpitbesatzung startete die Maschine und führte die erforderlichen Checks durch. Zwischen 1:00 Uhr und 1:30 Uhr hoben wir ab und flogen in die dunkle Nacht. Die Route führte uns von Milchenbach in Richtung Osten nach Frankenberg. Für den Flugweg wurde eine Höhe von ca. 1500 Fuß über Grund gewählt, was in etwa 300 m entspricht.

Der Himmel über uns stockdunkel, nutzten wir die zu diesem Zeitpunkt gut erkennbaren Straßenbeleuchtungen der Ortschaften zur Orientierung. Der Flug wurde nach VFR (Sichtflug) Regeln durchgeführt, beide Piloten besaßen keine „Instrumenten-Flugberechtigung“. Bei den vorherrschenden Wetterbedingungen war diese auch ohnehin nicht erforderlich.

Von Frankenberg, die Kamera eingeschaltet, ging es, dem Verlauf der Bundesstraße auftragsgemäß folgend, weiter in Richtung Norden. Alles war Friede Freude Eierkuchen, so sagt man doch, wenn alles glatt und nach Plan läuft und auch die Bedarfsträger in der Kabine zufrieden sind. Die sich bewegenden Truppenteile des „Feindes“, also der Übungstruppe „Rot“ konnten ausgemacht und aufgeklärt werden.

Als wir den Ort Korbach erreichten, setzten wir an die Stadt im Uhrzeigersinn zu umfliegen und auf Bitte der mitfliegenden Artilleristen die eben geflogene Strecke in entgegengesetzter Richtung erneut aufzuklären. In der daraufhin eingeleiteten geflogenen Rechtskurve hatten wir die Ortschaft bereits zur Hälfte umkreist und urplötzlich passierte das, was sich kein Pilot oder sonstiger Besatzungsangehöriger bei einem Nachtflug nach Sichtflugregeln wünscht: Wir flogen in einer Höhe von ca. 1500 Fuß vollkommen unerwartet in dichte Wolken ein, mit denen niemand gerechnet hatte. Dann geschah folgendes.

Mein sehr guter Pilot rief auf einmal: „Ich weiß nicht mehr, wo ich bin!“ Bei mir und allen anderen, die in der internen Bordkommunikation miteinander sprechen konnten: Verwirrung unter dem Helm. Was ist passiert? Auch ich wandte meinen Blick durch die Fenster in der Schiebetür nach draußen und konnte nur die vorbeidrehenden roten Lichtkegel der auf der Abgasabdeckung des Triebwerks angebrachten Antikollisionsleuchte sehen. Bodensicht? Fehlanzeige! Körpergefühl zur Fluglage? Fehlanzeige!

Der Grund dafür lag darin, dass uns das damalige rote „Rundumlicht" (Antikollisionslicht „Anti Coll"), von einer dichten Wolke umgeben, optisch vorgaukelte, wir drehen uns um die eigene Achse, wie auf einem Drehstuhl. Der Lichtkegel, der sich im Kreis drehenden Rundumleuchte wurde durch die dichten Wolken derart reflektiert, dass bei den fehlenden Referenzpunkten außerhalb des Cockpits der optischen Effekt erzeugt wurde, dass nicht der Lichtschein in den Wolken sich drehen würde, sondern wir uns! Die dichten Wolken ließen zudem keine Sicht mehr auf den Boden zu, so dass weder Körper noch Gehirn in diesem Moment in der Lage sind, die aktuelle Fluglage richtig zu erfassen.

Als erste Reaktion hierauf nahm ‚PR' Hände und Füße aus den Controls, griff mit der linken Hand nach oben in Richtung der Overheadkonsole zum Schalter des Antikollisionslichts und schaltete das Anti Coll aus. Genau das Richtige in diesem Moment. ‚HT' bemerkte die Situation, ging es ihm doch ähnlich, was das „Lost in Clouds" anbelangte und entgegnete mit einem „I have it", dass er die Steuerführung übernommen hatte.

Durch die aufgekommene Hektik im Cockpit – ich war zuvor auf unsere mitfliegenden Gäste und deren Bedienung der Anbauten fokussiert – wurde mein Blick in Richtung Cockpit und Instrumentenbrett gelenkt. Nun sah ich etwas, was ich weder zuvor, noch später je wieder gesehen habe:

↑ **Die betroffene Maschine 72+46 vor beeindruckender Bergkulisse. Sie ist heute im Privatbesitz von Robert Busse, Autor des Buches „Bell UH-1D Huey", ebenfalls erschienen beim Motorbuch Verlag.**

Alle Zeiger, sämtlicher Instrumente drehten sich, die meisten linksherum. Sie tanzten scheinbar vollkommen unkontrolliert und ohne Zusammenhang über ihre Ziffernblätter. Nichts schien mehr in einem geordneten Zustand zu sein. Erschreckend mein Blick auf den künstlichen Horizont: Wo sonst durch farbliche Abstufung (hellgrau alles über der Horizontlinie, schwarz alles darunter) die Fluglage zu erkennen ist, war nur noch eine einzige Fläche zu erkennen, von der ich nicht mal sagen konnte, ob es sich um schwarz oder grau handelte. Für mich somit nicht mehr deutbar. Noch weniger aufmunternd mein Blick auf den Fahrtmesser! Die Nadel, die auf dem ca. bierdeckelgroßen Instrument die Geschwindigkeit zeigte, bewegte sich schnell abnehmend und zeigte nur noch 20 Knoten an!

Ich schrie, ohne dabei auf den Sprechknopf der bordeigenen Verständigungsanlage, dem Intercom zu drücken: „ Fahrt, Fahrt, Fahrt, Stick nach vorne", in der Hoffnung, dadurch die Crew zu einer Handlung zu bewegen, war ich mir zu diesem Zeitpunkt nicht sicher, ob die beiden vorne meine Wahrnehmung teilten. Für mich erschien es instinktiv wichtig, die verlorene Fahrt wieder aufzunehmen. Daraufhin nahm ‚PR' beide Hände auf den Steuerknüppel und drückte ihn voll nach vorne.

Die 72+46 stampfte wie verrückt, es war ungeheuerlich, von allen Seiten wurde Sie gestoßen. Die Maschine machte Geräusche, die mir bis dahin vollkommen unbekannt waren. Auch ich hatte inzwischen vollkommen die Orientierung verloren und versucht anhand der Anzeigen der Instrumente ein vages Bild zu bekommen. Ohne Erfolg. Kurz darauf fielen wir mit dem Heckrotor nach unten aus den Wolken und rechneten mit dem Schlimmsten!

Die Stadt und den Boden konnten wir wieder sehen, endlich wieder Referenzpunkte. ‚PR', jetzt wieder voll in den Controls, gelang es, den Hubschrauber wieder in eine stabile Fluglage zu bringen. Unser Fall wurde von ihm in einer Höhe von 250 Fuß abgefangen! Wir waren dicht über den Dächern von Korbach, unsere Flughöhe immer noch unverändert bei ca. 200–250 Fuß. ‚PR' begann damit die Maschine in Kreisen zu fliegen und wollte etwas sagen. Aber als er den Sprechknopf betätigte, kam nur ein Krächzen. Niemand anderes bekam auch nur ein Wort über die Lippen, der Puls auf Maximalbetrieb. Nach der xten Runde über der Stadt, (inzwischen waren bei vielen Häusern der Bewohner die Lichter angegangen) konnte er wieder reden. Und sprach – mehr zu sich selbst: „Was machen wir denn jetzt?"

Ich sagte: „Es wurde ein Landeplatz für uns vorbereitet, 120 Knoten auf den Stau und zurück."

‚PR' blieb in aller Aufregung besonnen und erwiderte: „Die haben uns das Wetter nicht weitergegeben, hier habe ich Bodensicht ich war schon mal in Korbach am Krankenhaus, dort fliegen wir hin und landen wir jetzt." Trotz der Ruhe in seiner Stimme war ein gewisser Unterton nicht zu überhören. Ohne auch nur ein weiteres Wort über die Bordsprechanlage zu vernehmen, landeten wir etwa 45 Minuten später wie nicht geplant auf dem unbeleuchteten Landeplatz des Klinikums in Korbach.

Unsere Passagiere vom Bedarfsträger hatten von all dem nichts mitbekommen. Zu sehr waren sie zuvor mit der Bedienung ihrer Anlage beschäftigt und waren ohnehin nicht mit uns über Intercom verbunden. Selbst die unkontrollierte Fluglage schienen sie nicht mitbekommen zu haben, oder interpretierten diese als schlichtweg „normal", zumindest für ihre Verhältnisse.

Nach der Landung am Krankenhaus, wurde die 72+46 abgestellt, ohne dass auch nur ein Wort über die Kopfhörer drang. ‚PR' begab sich anschließend zur Rezeption des Krankenhauses, um von dort mit dem Flugplatz in Fritzlar zu telefonieren und unserem Verband unsere „Sicherheitslandung" zu melden. Von dort aus veranlasste er auch, dass die Auswertestelle unserer Mitflieger über unseren Landeplatz informiert wurden.

Wie ferngesteuert aber trotzdem irgendwie routiniert, erledigte ich in der Zwischenzeit meine Aufgaben als Mixer nach einer Landung. Nachdem ich den Hauptrotor verzurrt hatte, sah ich, wie ‚PR' vom Krankenhausgebäude zu uns zurückkehrte. Er erblickte, dass wir anderen im Hubschrauber saßen oder lagen und zum Teil schliefen.

Etwa zwei oder zweieinhalb Stunden später kamen die Filmauswerter und der Teileinheitsführer (im Dienstgrad eines Oberleutnants) der Drohneneinheit mit einem KFZ zum Krankenhaus gefahren. Offensichtlich hat hier die Informationsweitergabe vernünftig funktioniert. Schon auf die Ferne war am Gesichtsausdruck des Oberleutnants zu erkennen, dass dieser wohl wenig amüsiert über seinen unfreiwilligen Ausflug vom ursprünglichen Liegeplatz, an den wir eigentlich wieder hätten zurückkehren sollen, war. Als er unsere Maschine erreicht hatte und schon Luft geholt hatte, um uns an seinem Unmut teilhaben zu lassen, wurde er von ‚PR' jäh unterbrochen: „KEIN WORT!!! IHR HÄTTET UNS FAST UMGEBRACHT!" war alles, was der Herrn Oberleutnant zu hören bekam.

Am Stimmfall von ‚PR' hatte er wohl erkannt, dass es durchaus besser war nichts mehr zu sagen.

↓ Die Crew, die fast aus den Wolken fiel von links nach rechts: Jürgen Stirn, ‚PR' und ‚HT'.

Kommentarlos wurde von ihm anschließend sein Material in Empfang genommen und er verschwand in Begleitung seiner Kameraden wieder in Richtung seines Fahrzeugs.

Wir flogen später, der Tag war wieder angebrochen, in das Übungsgebiet nahe Marburg zu dem Schwarmliegeplatz unserer Staffel zurück. Unser Erlebnis hatte sich bereits herumgesprochen. Wir brauchten am Rest der Übung nicht mehr teilnehmen und warteten quasi ohne Auftrag bis Übungsende am nächsten Tag, um mit den anderen Hubschraubern nach Hause, also nach Fritzlar zu fliegen. Ich erinnere mich daran, dass ich nach Dienstende stumpf ins Bett gefallen bin und sofort in einen tiefen, fast komatösen Schlaf fiel.

Erst deutlich später wurde uns allen bewusst, was wir eigentlich er- oder besser überlebt hatten. Das Adrenalin war aus dem Körper gespült und rationelle Gedanken übernahmen die Kontrolle. Die letztendlich richtigen Reaktionen von ‚PR' und ‚HT' verhinderten schlimmeres. Und natürlich: Eine Riesenportion Glück, die wir wohl in jener Nacht für uns gebucht hatten.

Ich persönlich wurde, im Gegensatz zur Cockpitbesatzung, zu diesem konkreten Vorfall nicht befragt. Doch alle bekamen später die Auswirkungen, bzw. die Folgen der Auswertung des Ereignisses zu spüren:

Seitens der Führung wurde zunächst beschlossen, zukünftig solche Flugvorhaben noch mit mindestens einem IFR-Piloten als Besatzungsteil zu bestücken. Darüber hinaus befasste man sich seitens der Führung erstmals ernsthaft damit, sich Gedanken über Flug- und Ruhezeiten zu machen.

Eine technische Folge war, dass dieses Ereignis dazu beigetragen hat, dass die komplette UH-1D Flotte, sowohl Luftwaffen- als auch Heeresmaschinen, mit einer neuen Antikollisionslichtanlage ausgestattet wurden. Die Drehleuchte wurde gegen abwechselnd pulsierende Blitzleuchten (eine weitere wurde unter dem Rumpf des Hubschraubers angebracht) ausgetauscht.

Inoffiziell musste man sich allerdings als Besatzungsmitglied bewusst machen, dass man tunlichst darauf verzichten sollte, die Wünsche des Bedarfsträger unter allen Umständen durchzusetzen. Wenn dieses Erlebnis von damals dazu beigetragen hat, andere Besatzungen vor ähnlichen Situationen zu bewahren, war es nicht umsonst.

Allen die mit der praktischen Fliegerei zu tun haben, wünsche ich immer das notwendige Quäntchen Glück und einen herzlichen Hals und Beinbruch. Uns zu Gute kamen (eingebrannte) Bemerkungen, die von erfahrenen Besatzungsmitgliedern bei irgendwelchen Zusammenkünften Wartezeiten, Feiern, auch Briefings oder während normalen Übungsflügen erwähnt wurden.

Die Flächenpiloten pflegten zu sagen „Sprit ist Leben", „Fahrt ist Leben" oder „meide die Wälder, flieg über Felder." Solches und oder ähnliches mehr fällt einem hoffentlich dann ein, wenn man es braucht.

Wie auch bei diesem Flug. Es prägt mit.

Zur Person:

Jürgen Stirn, geboren 1952, wuchs in Borken (Hessen) auf. Nach Abschluss der Hauptschule erlernte er den Beruf des Kfz-Mechanikers. Nach einer kurzen Zeit in

der zivilen Berufswelt absolvierte er 1972 die militärische Grundausbildung bei der Luftwaffe in Budel, Niederlande. Diese von Deutschland genutzte Kaserne entstand aus einem Staatenvertrag, der einen Stationierungsaustausch von Truppen beider Länder beinhaltete. Es folgten dreieinhalb Jahre im damaligen Heeresfliegerregiment 30 in Fritzlar als Hubschrauber-Mechaniker. Danach wurde er in die fliegende Abteilung versetzt, um als Bordtechniker auf Bell UH-1D ausgebildet zu werden. Nachdem Jürgen 1980 zum Berufssoldaten ernannt wurde, erfolgte im gleichen Jahr die Versetzung nach Niederstetten. 1983 wurde er dort der erste ÜLB (Überprüf- und Lehrberechtigter) der Heeresflieger auf Huey. Nach einer Verwendung als Bordtechniker in Faßberg ab 1999 kehrte er nach dreieinhalb Jahren wieder nach Niederstetten zurück, wo er 2005 in den Ruhestand versetzt wurde. Jürgen Stirn blickt auf 7600 unfallfreie Flugstunden zurück.

Fliegen im Unruhestand – ein zweites Berufsleben in Afrika

Torsten war jahrzehntelang Soldat und Pilot. Nach seiner Pensionierung wollte er aber nicht so einfach den Steuerknüppel loslassen und begann, als Freelancer in Afrika zu fliegen. Dass ein solch gebeutelter Kontinent so manche Besonderheit mit sich bringt, sollte jedem klar sein. Was es aber heißt, dies in der dritten Dimension kennenzulernen, erzählt Torsten uns hier.

Von Torsten von Scheffer

Eigentlich wollte ich mit dem letzten Flug am 27.03.2004 die Fliegerei völlig aufgeben – obwohl es so eine kleine Hoffnung gab, als Reservist doch noch einmal gerufen zu werden. Ein paar Monate nach dem Abschied weckte mein Nachbar, ein pensionierter britischer Chief Warrant Officer, mein Interesse neu. Er arbeitete damals als Feuerwerker und EOD-Spezialist (Explosive Ordnance Disposal) im Irak für eine Sicherheitsfirma und meinte, ich solle doch eine Umschreibung meines Scheins versuchen. Seine Firma plante, mindestens einen Hubschrauber zu beschaffen und suchte Piloten mit militärischer Erfahrung.

Bei der Recherche zu den Umschreibungsmodalitäten (mein MFS – Militärluftfahrzeugführerschein – war glücklicherweise nochmals für ein ganzes Jahr verlängert worden) stellte ich fest, dass ausgerechnet zum 01.07.2004 die Bedingungen zur Umschreibung vereinfacht worden waren. Also stellte ich, ohne zu ahnen, wie langwierig das Verfahren trotz der Vereinfachung werden würde, Mitte August 2004 meinen Antrag zur Umschreibung des MFS/H über das Luftwaffenamt an das Luftfahrtbundesamt (LBA).

Der Weg zum zivilen Flugschein

Schon im November erhielt ich die erste Nachricht vom LBA mit einem Prüfungsvorschlag für Anfang Februar. Die Aussicht, für die Firma meines Nachbarn zu fliegen, hatte sich inzwischen zerschlagen, da die US-Streitkräfte nach dem Blackwater-Skandal sämtliche zivilen Hubschrauberflüge im Irak untersagt hatten. Aber ich hatte das Verfahren bereits in Gang gesetzt und wollte es durchziehen. Mein Schein wäre mit meinem Geburtstag im März 2005 verfallen, also wurde die Zeit langsam knapp.

Gleich nach der Einladung zur Prüfung beim LBA begann ich, nach offenen Stellen für UH-1/Bell-205-Piloten zu suchen, und fand einige interessante Angebote im Bereich Waldbrandbekämpfung in Kanada.

Der Gedanke, in Kanada zu fliegen, hatte zweierlei Gründe: Zum einen war ich in Faßberg als freiwilliger Feuerwehrmann engagiert – unter anderem als „Smokey-Beauftragter“, bis hin zur Mitarbeit an einem Kapitel der HDV. Zum anderen habe ich enge Verwandtschaft in Kanada.

Leider entschied ich mich für die falsche Firma – ihr Firmensitz war in Québec, wo nur Französisch gesprochen wurde. Als es um Details zum Einsatz, insbesondere um Arbeitserlaubnis und Kommunikation ging, wurde mit „Unverständnis“ reagiert.

Erste Perspektiven mit HELOG und UN-Einsätze

Durch ein Gerücht und mit der Unterstützung eines ehemaligen Bundeswehrkameraden, kam ich in Kontakt mit der Firma HELOG. Diese hatte eine UN-Ausschreibung für einen Einsatz von Rettungshubschraubern im Sudan im Rahmen der Mission UNMIS (United Nations Mission in Sudan) gewonnen. Gesucht wurden dringend Hubschrauberpiloten mit BIV-Erfahrung.

Die erste beim LBA in Braunschweig durchgeführte Prüfung zur Umschreibung meines militärischen Luftfahrzeugführerscheins in eine zivile Lizenz, verpatzte ich, weil ich nicht den korrekten Fragenkatalog erwischt hatte. Glücklicherweise erhielt ich wenige Tage später per Post einen neuen Prüfungstermin – in dem Schreiben wurde zudem kritisch hinterfragt, wie ich mit dem Ablaufdatum meines Scheins umgehen wollte. Mein ehemaliger Regimentskommandeur half mir in dieser Situation auf sehr pragmatische Weise: Mein Schein wurde – wie bei aktiven Kameraden, die aus verschiedenen Gründen vorübergehend nicht fliegen konnten – um drei Monate verlängert.

↓ **Die Puma, der Lastenesel vieler Militärs, Polizeieinheiten und Arbeitsfirmen.**

So konnte ich die zweite Prüfung beruhigt angehen und bestand sie fehlerfrei – sowohl den Sichtflug- als auch den Instrumentenflugtest.

Nun lag es an HELOG, die Umschulung bzw. das Typerating für die SA330J PUMA rechtzeitig bis zum 12.06.2005 zu organisieren. Tatsächlich fand mein erster Flug am 09. 06.2005 auf der ehemaligen Bundespolizeipuma D-HAXU statt – nach intensiver Theorieschulung in Salzburg.

Unser Schulungsort war der Bundeswehrflugplatz der WTD 61 in Manching, wo die zivil genutzte Nordbahn für die HELOG zur Verfügung stand. Nach einem freien Wochenende in Ingolstadt wurde die Ausbildung am Dienstag fortgesetzt und am Donnerstag, dem 16.06.2005, mit einem Checkflug abgeschlossen.

Erste Flüge mit der PUMA und internationale Einsätze

Mit den erreichten 09:20 Stunden Flugerfahrung fühlte ich mich alles andere als sicher im Umgang mit der PUMA – aber sie tat, was ich von ihr wollte, und das beruhigte.

Mein erster Auftrag war das Testen des BIV-Trainingsprogramms der Royal Air Force im Simulator der RAF-Station Benson in Reading, England. Ich nahm an einem normalen BIV-Auffrischungslehrgang britischer PUMA-Piloten teil.

BIV steht für Bildverstärkerflug – dabei wird das vorhandene Licht in einem Nachtsichtgerät (Night Vision Goggles, NVG) um ein Vielfaches verstärkt. Das Gerät wird am Helm befestigt, und man sieht alles in Grüntönen – allerdings mit reduziertem Gesichtsfeld, was mehr Kopfbewegung beim Fliegen erfordert.

Leider flogen die britischen RAF-Piloten mit einem völlig anderen Verfahren als beim deutschen oder amerikanischen Heer. Daher war diese Simulator Weiterbildung für unseren geplanten UN-Einsatz im Sudan ungeeignet.

Überführungsflug in den Sudan

Der nächste Auftrag bestand in der Planung und Durchführung der Überführung der vierten HELOG-PUMA, D-HAXW, nach Khartoum im Sudan. Die ersten drei Überführungen hatten sich als teuer und teils ineffizient erwiesen – vor allem wegen hoher Nebenkosten wie Landegebühren, Betreuungsdiensten und Übernachtungen.

Ich wurde als Co-Pilot einem französischen Luftwaffenoffizier zugeteilt, der zwar nur eingeschränkt Englisch sprach, dafür aber sehr sicher im Umgang mit der PUMA war. Somit übernahm ich die gesamte Organisation des Fluges – sowohl in der Luft als auch bei Stopps am Boden, obwohl ich gern noch mehr Flugpraxis gesammelt hätte.

Unsere Route führte uns zunächst entlang der italienischen Adriaküste bis nach Brindisi. Von dort sollte es weiter über die Adria nach Zakynthos und dann nach Kreta gehen. Doch eine gelbe Warnlampe und zunehmend schlechte Sicht zwangen uns kurz nach dem Start in Brindisi zur Rückkehr. Der Fehler – eine defekte Kraftstoffpumpe – konnte rasch behoben werden, doch der Weiterflug war erst am nächsten Morgen möglich.

Dieser brachte perfektes Wetter, und so genossen wir den Flug über das glitzernde Mittelmeer. Nach einem Tankstopp in Zakynthos erreichten wir am frühen Nachmittag schließlich Sitia auf Kreta.

Am folgenden Tag stand der schwierigste Flug meines bisherigen Fliegerlebens bevor: Sitia – Alexandria, über 660 Kilometer und größtenteils über Wasser. Die Standardreichweite der PUMA reichte dafür nicht aus. Schon in Salzburg hatten wir daher zwei 200-Liter-Fäs-

↑ Im Anflug auf Khartoum wurde bereits deutlich, was einen dort erwartete.

ser mit Kerosin in der Kabine befestigt, um die nötige Reichweite zu erzielen.

Die Maschine war damit an ihrer maximalen Startmasse, und der Start in der morgendlichen Hitze erforderte einen sogenannten Rollstart. In der Steigphase erreichten wir nur rund 80 Knoten – zu wenig, um unser Ziel sicher zu erreichen. Doch je länger der Flug dauerte und je mehr Kraftstoff verbraucht wurde, desto besser wurde unsere Leistung. Nach knapp drei Stunden erreichten wir Alexandria sicher – und mussten nicht einmal die Reservefässer anbrechen.

Der weitere Flug über Asyut und Assuan verlief problemlos. In Assuan erhielt ich jedoch die Anweisung aus Salzburg, wegen politischer Spannungen nicht weiter in den Sudan zu fliegen. Unser französischer Kamerad flog daher allein weiter, unterstützt durch unseren Mechaniker. Ich organisierte meine Rückreise selbstständig über Kairo und München nach Hause.

Erste Einsätze in Khartoum und Khadougli

Am 5. Oktober 2005, nachdem sich die politische Lage etwas beruhigt hatte, begann mein zweiter Versuch, im Sudan zu fliegen. Innerhalb von nur vier Tagen waren alle Formalitäten erledigt: Visum, medizinische Untersuchung und Gültigkeitsnachweis meines Flugscheins. Anschließend reiste ich weiter zu meinem Einsatzort Khadougli – einer Stadt an der Grenze zu Darfur und dem heutigen Südsudan.

Dort begann meine Einweisung mit einem südafrikanischen Supervision-Kapitän, einem erfahrenen PUMA-Piloten der südafrikanischen Luftwaffe. In den ersten vier Wochen absolvierten wir gemeinsam zahlreiche Trainingsflüge und vertieften die theoretischen Kenntnisse zur PUMA. Zwei Einsätze aus dieser Zeit blieben mir dabei besonders in Erinnerung:

1. Notfall bei Sonnenuntergang
Ein medizinischer Notfall bei ägyptischen UN-Soldaten erforderte unseren sofortigen Einsatz. Zwei schwer verletzte Soldaten mussten in völliger Dunkelheit geborgen werden. Gerade noch ohne BIV-Brille konnten wir landen – der Rückflug erfolgte unter BIV-Bedingungen. Der Kontrast zwischen aufgeklapptem Nachtsichtgerät und völliger Schwärze außerhalb war extrem. Wir flogen die Patienten nach El Obeid, wo eine ägyptische Hercules C-130 zur Weiterverlegung bereitstand. Der Nachtflug bei Vollmond war eindrucksvoll – und erinnerte mich daran, wie dunkel der Sudan im Vergleich zu Somalia war.

2. Improvisierter Solo-Flug nach Abyei
Nur fünf Tage später fiel unser südafrikanischer Supervision-Kapitän aus, und ein geplanter Ersatzpilot kam nicht mit dem UN-Flugzeug an. Trotz anfänglicher Irritation und der

ausdrücklichen Anweisung aus Salzburg, den Flug auf jeden Fall durchzuführen, flogen ein dänischer Kollege und ich allein nach Abyei – ein wichtiger UN-Auftrag. Dank doppelter Satellitennavigation war die Navigation kein Problem.

Der Anflug auf die improvisierte Landezone war herausfordernd, insbesondere für meinen jungen dänischen Co-Piloten. Doch mit etwas Coaching (z. B. „Instrumentenstart im Staub") gelang die Landung sicher. Nach stundenlangem Warten in der Gluthitze Afrikas traten wir den Rückflug an. Mein Kollege meisterte den staubigen Start souverän, und bei unserer Rückkehr wartete auch schon der verspätete Supervision-Kapitän auf uns – erleichtert, aber etwas nervös.

Die folgenden Tage verbrachten wir mit Routineflügen und der Vorbereitung einer BIV-Ausbildung für zivile Piloten. Besonders in Erinnerung blieb mir die Zusammenarbeit mit einem pensionierten französischen (aus dem Elsass stammenden) Militärpiloten (ALAT), der hervorragend Deutsch und Englisch sprach.

Ein Highlight in dieser Zeit war ein UN-Einsatz für António Guterres, den damaligen Hochkommissar für Flüchtlinge. In Kutum im Darfurgebiet wurde er von zwei PUMAs abgesetzt. Nach dem Aussteigen beobachtete ich einen Tumult um ein Fahrzeug der SPLA. Als gelernter Autoschrauber schaute ich nach – ein festhängendes Schwimmernadelventil im Vergaser war die Ursache. Ich reparierte es in wenigen Minuten. Zu meiner Überraschung wurde ich anschließend auf den Schultern der SPLA-Kameraden zurück zur Maschine getragen – ein surrealer Moment inmitten eines Flüchtlingscamps.

↓ Warten in der heißen Mittagsonne von Abyei.

→ Dass im Sudan vieles anders läuft als im strukturierten Deutschland, war schnell klar.

↓ Die Armut war allgegenwärtig.

Nachtflüge, BIV-Ausbildung und Entdeckungen im Sudan

Ab Mitte November konnten wir endlich mit dem fliegerischen Teil der BIV-Ausbildung beginnen. Von anderen UN-Standorten kamen zwei weitere HELOG-Besatzungen nach Khadougli, um an der Ausbildung teilzunehmen. Ich selbst durfte – obwohl noch kein Kapitän – gemeinsam mit zwei erfahrenen Kollegen (einem französischen Piloten aus Dilling und einem südafrikanischen von Starlite Helicopters) als Instructor mitfliegen.

Offiziell übernahmen die Kapitäne die Verantwortung nach VFR-Regeln, in der Praxis übten wir gezielt die BIV-Nachtflugverfahren. Alle Flüge verliefen problemlos und führten zu wertvollen Lernerfolgen auf beiden Seiten.

Zwei Besonderheiten machten das Fliegen im Sudan zu einer echten Herausforderung:

1. Die Dunkelheit: Afrikanische Nächte sind tiefschwarz – ohne Lichtverschmutzung, ohne Horizont.
2. Die Feuer: Nach Ende der Regenzeit wird die Steppe großflächig abgebrannt. Die hellen Flammen blenden stark, da sie viel Infrarotstrahlung abgeben – genau das, was die BIV-Brillen verstärken.

↑ **Kurz vor dem Nachtflug – malerische Sonnenuntergänge gab es stets kostenlos von Mutter Natur.**

Ein zusätzlicher Lerneffekt war, dass dichter Rauch für Nachtsichtgeräte nahezu undurchdringlich ist. Während Dunst oder Nebel durchlässig bleiben (Wassertröpfchen), bestehen Rauch- und Staubpartikel aus festen Bestandteilen, die das Licht vollständig blockieren. Bei Landeanflügen im Gelände führte das zu Sichtverlust, den wir mit Probeanflügen und gezielter Staubverdrängung umgehen konnten.

Ein kurzfristiger BIV-Nachtflug bestätigte zudem, dass die französischen Kameraden exakt nach demselben Verfahren flogen, wie wir es aus dem deutschen Heer kannten: Lautes „Route-Briefing", klare Hinweise auf Navigationspunkte und wechselseitige Bestätigung – eine enorme Hilfe bei der Orientierung in völliger Dunkelheit.

Ein besonders anspruchsvoller Flug führte uns über Bentiu nach Malakal am Nil. Der Rückflug durch einen über 100 km langen Bergrücken war trotz GPS-Navigation fordernd. Unser damaliges Navigationsgerät hatte keine Geländedarstellung, und nach jedem Höhenrücken kam ein weiterer. Die blendenden Feuer erschwerten zusätzlich die Sicht.

Im Laufe des Jahres 2006 wurde das BIV-Programm aus Kostengründen durch die UN eingestellt. Unsere Maschinen fanden schnell neue Einsatzbereiche – diesmal bei multinationalen Ölgesellschaften im Sudan. Einer dieser Kunden war die GNPOC (Greater Nile Petroleum Operating Company), für die wir bald regelmäßig flogen – unter anderem auch mit einer südafrikanischen PUMA von Starlite.

Abenteuerliche Überführungen und erste Kapitänserfahrungen

Anfang Februar 2006 erhielt ich einen neuen Auftrag: Ich sollte gemeinsam mit einem jungen südafrikanischen Kollegen eine PUMA der Firma Starlite von Córdoba (Spanien) nach Khartoum überführen. Mein Kamerad war zwar erfahren im Umgang mit leichten Hubschraubern (VBH), hatte jedoch keinerlei Instrumentenflugerfahrung.

→ Die Starlite Puma im Olympic Hangar des Flughafens Athen.

Der Flug verlief grundsätzlich wie geplant: über Algerien und Tunesien nach Sizilien, weiter über Zakynthos und Kreta, und schließlich über Ägypten nach Khartoum. Einen Schreckmoment erlebten wir in Flight Level 85 über der Wüste: Der Autopilot schaltete sich ohne Vorwarnung ab.

Ich erinnerte mich an ähnliche Probleme bei der CH-53 – dort kann sich die Flugregelanlage bei ungünstigem Schwerpunktverlauf selbst „aufschaukeln". Aufgrund der langen Flugstrecke, der Beladung und des Kraftstoffverbrauchs hatten wir möglicherweise die Grenzen der Schwerpunktlage erreicht. Das Thema „Schwerpunktberechnung" war meinem südafrikanischen Kollegen bis dahin völlig fremd – wir führten eine lebhafte Diskussion darüber.

Nach unserer sicheren Ankunft verbrachte ich sechs Wochen in Athen. Dort sollte ich eine weitere Starlite-PUMA (SX-HSA), die aus steuerlichen Gründen griechisch zugelassen war, nach Salzburg überführen – mein erster Flug als Kapitän, auch wenn die offizielle Ernennung noch ausstand.

Der Zustand der Maschine war abenteuerlich: Seit Sommer 2004 war sie nicht mehr geflogen, und wir durften vor dem Abflug lediglich einen einzigen Bodenlauf durchführen. Trotzdem erweiterten wir diesen heimlich zu einem zehnminütigen Schwebeflug. Danach hieß es warten – insgesamt sechs Wochen lang, mit mittwöchlichen Gebührenzahlungen von bis zu 10.000 Euro über einen griechisch-südafrikanischen Anwalt.

Als endlich die Ausfluggenehmigung kam, war sie streng limitiert: nur für Samstag, den 26. März 2006, und ohne jede Zwischenlandung auf griechischem Boden. Das Wetter war durchwachsen, aber wir beschlossen, es zu versuchen – jetzt oder nie.

Der erste Flugabschnitt nach Brindisi verlief problemlos. Doch über der Adria war das Wetter so schlecht, dass wir befürchteten, in ein Frachtschiff zu fliegen. Kurz überlegte ich,

←↓ Formationsflug der zwei Pumas auf dem Weg nach Spanien.

auf IFR umzuschalten – letztlich entschieden wir uns aber, in geringer Höhe weiterzufliegen, da uns das wegen des nicht vollständig getesteten Schwimmersystems sicherer erschien. Doch die Maschine hielt durch – trotz aller Unsicherheiten.

Im Sommer 2006 folgte schließlich die offizielle Schulung zum Kapitän im Simulator in Toulouse sowie ein Praxis-Check in Manching. Danach durfte ich zwei PUMAs nach Spanien überführen. Der Flug führte von Bonn-Hangelar nach Albacete – mit einer langen Flugzeit von über zwölf Stunden.

→ Ganz egal in welcher Ecke der Erde man landet, es dauert maximal fünf Minuten, bis man Kinder um sich und seinen Hubschrauber hat.

Nach der Ankunft mussten wir noch zwei Stunden im Auto nach Alicante zurücklegen, da dort das Hotel und der Rückflug mit Air Berlin gebucht waren – außerdem befand sich dort der Firmensitz der neuen PUMA-Besitzer. Ich übergab am nächsten Morgen einen Millionenscheck an HELOG in Salzburg – mein erster „offizieller" Abschluss als VLF (verantwortlicher Luftfahrzeugführer).

UN-Posten in Malakal und Missionen zwischen Krieg und Frieden

Im Oktober 2006 erfolgte meine offizielle Ernennung zum Kapitän – und damit mein erster längerer Einsatz als verantwortlicher Luftfahrzeugführer (VLF) auf einem UN-Posten in Malakal im Südsudan.

Der Alltag dort war weitgehend unspektakulär: Wir flogen regelmäßig mit einem indischen Militärkommando in Dörfer, in denen die Einwohner dazu überredet wurden, ihre Waffen abzugeben. Zwei Tage später mussten wir sie jedoch meist wieder hinbringen, weil benachbarte Dörfer ihre Viehherden gestohlen hatten.

Zwei Einsätze stachen dennoch hervor:

1. Der letzte Wunsch eines Häuptlings: Ein sterbender Stammesältester sollte an seinen Geburtsort gebracht werden. Wir setzten ihn dort ab – keine Stunde später begann die Beerdigungszeremonie. Die UN-Delegation konnte ohne Verzögerung teilnehmen, und wir flogen am selben Nachmittag nach Malakal zurück.
2. Der „unsichtbare" Flugplatz bei Paloich: Bei einem routinemäßigen Personalwechsel landeten wir bei einer UN-Station nahe Paloich. Dort entdeckten wir einen voll ausge-

bauten Flugplatz, der auf keiner Karte verzeichnet war und über keinerlei ICAO-Kennung verfügte. Nach einer Diskussion mit dem Sicherheitsoffizier überzeugte ich einen Vertreter der chinesischen Betreiberfirma, den Platz offiziell in Khartoum anzumelden – nicht zuletzt, um Konflikte mit der sudanesischen Luftwaffe zu vermeiden. Kurz darauf erhielt der Platz die ICAO-Kennung HSPG, heute bekannt als HSFA.

Zwischen Afrika und Europa – Notflüge, Zahnprobleme und VIP-Missionen

2007 begann für mich bereits am zweiten Weihnachtstag 2006: Ich wurde kurzfristig nach Salzburg gerufen, um eine PUMA für den Einsatz bei der GNPOC fertigzustellen. Die Maschine war fast noch in Einzelteilen. Am 27. Dezember fand ein erster Werkstattflug statt – allerdings mit auffälligen Abweichungen in den Messwerten. Bis tief in die Nacht wurde weitergearbeitet.

Am 28. Dezember, pünktlich zum Sonnenaufgang, absolvierten wir einen erfolgreichen Kontrollflug. Gegen 13:15 Uhr starteten wir in Richtung Sudan. Doch kurz vor Triest zeigte sich ein Problem: Eine Warnleuchte des Ölkühlergebläses leuchtete auf. Nach der Landung in Ronchi stellten wir fest, dass ein Keilriemen gerissen und das Antriebsvorgelege beschädigt war.

Glück im Unglück: Eine Technikcrew aus Salzburg konnte noch am selben Abend anreisen und reparierte den Schaden bis Mitternacht. Am nächsten Tag flogen wir weiter über Korfu, Kreta und Alexandria. Am Silvesterabend landeten wir bei Vollmond um 21:45 Uhr in Khartoum – noch rechtzeitig, um die Maschine an GNPOC zu übergeben.

↑ Ausgiebige Regenfälle führen auf Grund der sonst so trockenen Böden schnell zu Überflutungen.

Im Jahr 2007 wurde ich zunehmend als Springer eingesetzt – acht verschiedene Einsatzorte allein in der zweiten Jahreshälfte. Neben Werkstattflügen in Salzburg, Lommis (Schweiz) und Freetown (Sierra Leone) sprang ich regelmäßig für erkrankte Kollegen im Sudan ein.

Ein besonders intensiver Einsatz ereignete sich am 18. Juli in El Fasher, als wir vom UN-Dispatcher die knappe Anweisung erhielten, am nächsten Morgen um 09:00 Uhr eine achtköpfige UN-Delegation in die Jebel Moon-Region zu fliegen – ein bekanntes Rückzugsgebiet der Volksgruppe Fur an der Grenze zum Tschad.

Das Ziel war geheim, Koordinaten würden wir erst unterwegs erhalten. Wir tankten in El Geneina auf – dort erhielten wir von einem holländischen UN-Mitarbeiter einen kaum leserlichen Zettel mit einer MGRS-Koordinate. Nach dem Start folgten wir dem GPS ins Gebirge. In einem abgelegenen Tal entdeckten wir einen einsamen Beduinen, der völlig unbeeindruckt von unserer Landung war. Unser Passagier stieg aus, erhielt vom Beduinen ein neues Koordinatenblatt, und wir flogen weiter.

Die nächste Landung erfolgte bei einer schwarz gekleideten Frau, die uns wortlos ein weiteres Blatt überreichte. Es war wie eine reale Version einer geheimen Übergabeoperation. Erst beim dritten Landeplatz trafen wir auf eine größere Gruppe – mindestens fünfzig Personen. Unsere Delegation stieg aus, und die Gespräche begannen im Schatten einer kleinen Baumgruppe.

Während wir warteten, wurden wir regelmäßig von einem sonderbaren Brummen gestört: Große Mistkäfer – wahrscheinlich Scarabaeus – flogen im rechten Winkel zur PUMA, prallten an der Triebwerksverkleidung ab und flogen dann quer durch die offene Kabine weiter. Alle zehn Minuten wiederholte sich dieses Phänomen. Wir vermuteten, wir hätten unabsichtlich eine Insektenflugroute blockiert.

Die Besprechung dauerte mehrere Stunden – kurz vor dem kritischen Zeitpunkt 14:00 Uhr beendete unser Delegationsleiter das Treffen, und wir hoben wieder ab. Auf dem Rückflug suchten wir uns mit dem Wetterradar einen Weg durch die ersten Gewitter der Regenzeit. Trotz widriger Bedingungen erreichten wir El Fasher pünktlich, und die UN-Delegierten konnten wie geplant mit dem Shuttle ausfliegen.

Kurz darauf wurde ich für einen Werkstattflug nach Baleela entsandt, wo wir für eine rein chinesische Ölgesellschaft flogen. Die D-HAXU, unsere Maschine, stand die meiste Zeit still, da der Chefingenieur keine Flüge genehmigte. Der Einsatz war wenig fordernd – nur gelegentlich flogen wir Versorgungsgüter oder überzeugten lokale Dorfchefs mit kurzen Flügen, in deren Region bohren zu dürfen.

Nach meiner Abreise wurde die D-HAXU bei einem Sturm durch eine Böe am Boden beschädigt. Obwohl der Schaden repariert werden konnte, verweigerte das LBA die Wiederzulassung. Sie erhielt stattdessen eine sudanesische Registrierung (ST-AXU) und steht heute im Hubschraubermuseum Bückeburg.

Missionen an der Belastungsgrenze – Rettungseinsätze, Habubs und Abschied

Im Oktober 2007 wurde ich erneut zu einem besonderen Einsatz gerufen. Beim Frühstück in unserer Unterkunft in Khartoum erreichte uns um 07:00 Uhr ein Notruf: Eine PUMA sollte schnellstmöglich nach Niala verlegt werden. Dort erwartete uns ein UN-Mitarbeiter mit weiteren Anweisungen.

↑ Milizen und Locals standen ebenfalls am Rande der Landezone, in der Hoffnung, auch mitgenommen zu werden.

Vor Ort erfuhren wir, dass ein Markt in Muhajiriah, etwa 80 km östlich von Niala, von Janjawid-Milizen überfallen worden war. Das dortige UN-Camp war unter Beschuss geraten, und die Zivilangestellten mussten evakuiert werden. Niemand wusste genau, wie viele sich noch im Lager befanden.

Nach Rücksprache mit meiner Besatzung entschieden wir uns zur Durchführung. In militärischem Tiefstflug näherten wir uns der Zone – Rauch stieg über dem Ort auf. Vom Westen her setzten wir zur Landung an, wo uns UN-Blauhelme bereits mit sporadischem Gewehrfeuer und einem Radpanzer sicherten.

Etwa vierzig Menschen standen verängstigt am Rand des Platzes – allesamt NGO-Mitarbeiter. Wir luden die ersten zehn ein und versprachen, umgehend zurückzukehren. In Niala trafen wir auf eine ukrainische Mi-8, deren Crew wir in einem Zustand seliger Gleichgültigkeit am Hubschrauber sitzend antrafen – die Sonnenbrillen tief ins Gesicht gezogen und offenbar nicht in Eile.

Mit einer Mischung aus Bitten und unmissverständlichem Nachdruck konnten wir die Mi-8-Crew schließlich motivieren, mit uns zurückzufliegen. Gemeinsam schafften wir es, alle übrigen Passagiere einschließlich eines verletzten Blauhelms zu retten. Das war mein erster bewusster Einsatz unter Beschuss – wir überstanden ihn ohne Schäden.

Der letzte Flug – Rückblick und Abschied von der Fliegerei

Im Frühjahr 2008 war ich noch immer im Sudan im Einsatz – zuletzt auf der Bell 212. Ich betreute einen jungen kanadischen Piloten bei seinen ersten Missionen für GNPOC. Während eines routinemäßigen Shuttleflugs nach Rubkona wurde ich von der Einsatzleitung angerufen: Eine Delegation mit einem hochrangigen UN-Vertreter sollte dringend nach Heglig ausgeflogen werden – keine Stunde später saßen wir im Cockpit.

Der Flug war ruhig, doch in Heglig wartete bereits eine weitere Überraschung: Ich wurde gebeten, die Delegation gleich weiter nach Bentiu zu fliegen. Die Crew vor Ort hatte

→ Sumpflandschaft soweit das Auge reicht.

↓ Die Bell 212 erwies Torsten und seinen Kollegen stets treue Dienste.

technische Probleme. Ohne Pause hoben wir erneut ab – über die endlosen Sümpfe, die ich inzwischen im Schlaf kannte. Nach der Rückkehr in den Stützpunkt wurde mir bewusst, dass ich meinen letzten Flug bereits hinter mir hatte – ohne es zu merken. Kein feierlicher Abschied, kein Wasserbogen auf der Rollbahn. Nur ein kurzer Blick aus dem Cockpitfenster über den flimmernden Horizont.

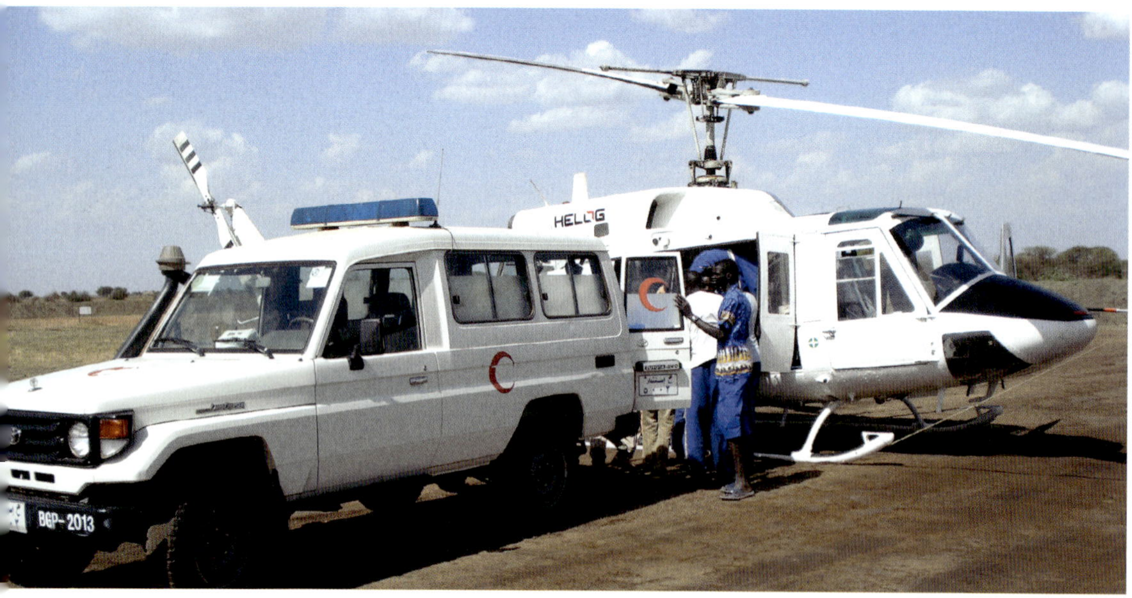

Im Sommer 2008 kehrte ich endgültig nach Deutschland zurück. Die folgenden Monate nutzte ich, um mich gesundheitlich zu regenerieren. Die Strapazen der letzten Jahre, insbesondere die Belastung durch Hitze, Staub, Stress und ständige Ortswechsel, hatten Spuren hinterlassen. Trotzdem blicke ich mit Dankbarkeit zurück: Ich durfte Länder sehen, in denen kaum jemand freiwillig Urlaub macht. Ich arbeitete mit Menschen unterschiedlichster Herkunft – Ukrainer mit Goldkettchen und grimmigem Humor, Südafrikaner mit beneidenswertem Fluggefühl, Chinesen mit unergründlicher Disziplin, Briten mit Tee im Fluganzug.

Ich war Zeuge von Not, Chaos, Improvisation – und zugleich von Solidarität, Menschlichkeit und fliegerischem Können auf höchstem Niveau. Auch wenn ich das Steuer heute nur noch im Traum in der Hand halte, bleibt die Erinnerung an diese Jahre lebendig. Sie haben mich geprägt. Nicht nur als Pilot. Sondern als Mensch.

Zur Person:

Geboren 1950 in Nordhessen, absolvierte **Torsten von Scheffer** nach der mittleren Reife zunächst eine Ausbildung zum Kfz-Mechaniker. Danach verpflichtete er sich 1970 bei den Heeresfliegern. Ab 1971 wurde er in Fort Wolters, Texas sowie Fort Rucker, Alabama auf Bell UH-1H zum Piloten ausgebildet, bevor er nach Deutschland zurückkam, um seine Umschulung auf die deutsche Huey abzuschließen. Direkt danach folgte in einem Pilotprojekt die Weiterbildung zum Fluglehrer, bei der er zuerst auf Huey, ab 1977 dann auf Alouette II Flugschüler ausbildete. 1980 wurde Torsten einer der ersten Lehrer für das Fliegen mit Nachtsichtbrille. Ein kurzes Intermezzo fand 1983 statt, als er auf die CH-53 geschult wurde, bevor es dann doch als Austauschlehrer bis 1987 nach Fort Rucker, Alabama ging. Danach verbrachte Torsten zwölf Jahre in Faßberg, wo er als Staffelpilot und Fluglehrer eingesetzt wurde. In dieser Zeit bestritt er etliche Einsätze, darunter mehrere Feuerlöschmissionen in Deutschland, zwei Monate bei der Kurdenhilfe im Irak, vier Monate in Somalia sowie insgesamt sieben Monate am Balkan. Es schlossen sich zwei fliegerische Verwendungen in Itzehoe und Bückeburg an, bevor er 2004 wiederum in Faßberg in den Ruhestand versetzt wurde. Von 2005 bis 2009 war Torsten als Freelancer für die Firma Helog im Sudan, in Sierra Leone sowie an der Elfenbeinküste im Einsatz. Sein Logbuch umfasst knapp 11.500 Flugstunden, die er allesamt unfallfrei absolvierte. Torsten ist verheiratet, Vater zweier erwachsener Kinder und genießt seine Pension in der Lüneburger Heide. Wer ihn persönlich treffen möchte, sollte sich ins Bückeburger Hubschraubermuseum aufmachen, wo er ab und an ehrenamtliche Führungen für Besucher leitet.